工信精品**网络技术**系列教材

U0740198

软件定义网络（SDN）

应用基础

微课版

正月十六工作室｜组编　黄君羡 赵景｜主编　蔡君贤 林嘉燕 任超｜副主编

NETWORK

人民邮电出版社

北　京

图书在版编目（CIP）数据

软件定义网络（SDN）应用基础：微课版 / 正月十六工作室组编；黄君羡，赵景主编. -- 北京：人民邮电出版社，2025. --（工信精品网络技术系列教材）.

ISBN 978-7-115-66717-5

Ⅰ. TP393

中国国家版本馆 CIP 数据核字第 2025PT9829 号

内 容 提 要

本书系统梳理软件定义网络（SDN）技术体系，深入解析其核心概念、协议标准和实现方法。全书共分为 9 个项目，分别为 SDN 概述及环境搭建、基于 OVS 构建 SDN 环境、基于 Mininet 模拟 SDN 环境、Mininet 项目实践、基于 OpenDayLight 构建 SDN 控制面、基于 ONOS 搭建 SDN 集群、SDN 控制与监控、使用 SDN 控制器管理锐捷 SDN 设备、使用 RG-ONC 管理锐捷 SDN 设备。通过完成本书提供的项目和任务，读者可以深入理解 SDN 协议、原理和组网需求，熟练掌握 SDN 实现方法。本书将理论知识与工程实践进行深度融合，帮助读者在实际操作过程中掌握 SDN 的部署方法。

本书可以作为高职高专院校计算机相关专业"软件定义网络"课程的理实一体化教材，也可作为网络从业人员学习与实践的参考书，以及广大软件定义网络开发爱好者的自学用书。

◆ 组　　编　正月十六工作室

　　主　　编　黄君羡　赵　景

　　副主编　蔡君贤　林嘉燕　任　超

　　责任编辑　顾梦宇

　　责任印制　王　郁　周昇亮

◆ 人民邮电出版社出版发行　　北京市丰台区成寿寺路 11 号

　　邮编　100164　　电子邮件　315@ptpress.com.cn

　　网址　https://www.ptpress.com.cn

　　北京天宇星印刷厂印刷

◆ 开本：787×1092　1/16

　　印张：14　　　　　　　　　　2025 年 6 月第 1 版

　　字数：403 千字　　　　　　　2025 年 6 月北京第 1 次印刷

定价：59.80 元

读者服务热线：(010)81055256　印装质量热线：(010)81055316
反盗版热线：(010)81055315

前　言

本书融合了编者多年的高校教学、企业培训和教材编写经验，采用场景化的编写方式，使读者的学习过程更具画面感。此外，本书通过引入标准化业务实施流程，帮助读者熟悉真实的工作过程，巩固实际业务能力，促进规范的职业行为的养成。全书通过 9 个精心设计的项目，让读者循序渐进地掌握 SDN 的应用技术，引导其成为一名合格的网络系统管理工程师。

本书的主要特点如下。

1. 课证赛融通，校企双元开发

本书由高校教师和企业工程师联合编写。内容融入了全国职业院校技能大赛"网络系统管理"赛项中 SDN 的相关考点，教学项目导入了福建中锐网络股份有限公司提供的典型项目案例和标准化业务实施流程规范。高校教师团队按网络专业人才培养要求和教学标准，对企业资源进行教学化改造，形成工作过程系统化教材，并使其符合网络系统管理工程师岗位技能的培养要求。

2. 项目贯穿，课产融合

本书采用递进式、场景化的项目教学法重构课程序列，围绕网络系统管理工程师岗位在 SDN 服务部署项目实施与管理过程中需要掌握的核心技能，同时基于工作过程系统化方法，设计了 9 个进阶式的项目，并将 SDN 知识分块融入其中。通过进阶式项目的学习，读者可以逐渐掌握相关的知识和技能，培养网络系统管理工程师的岗位能力。

3. 实训项目具有复合性和延续性

本书精心设计的 9 个项目不仅涵盖与真实项目相关的知识、技能和业务流程，还涉及前序知识与技能，从而可以强化各阶段知识点与技能点之间的关联，让读者熟悉各类知识与技能在不同场景中的应用。

此外，书中各个项目均按照企业真实的项目实施流程分解为若干工作任务，各个项目的结构和其中各模块的主要作用如业务实施流程图所示。项目背景、项目需求分析、项目相关知识为实际操作环节打基础；实际操作环节则由项目实践模块构成，符合工程项目实施的一般规律；在各项目末尾处设置了项目习题，以巩固读者对本项目重点知识的掌握。

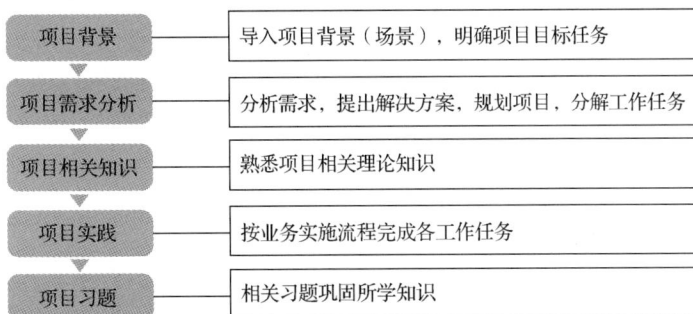

项目背景	→	导入项目背景（场景），明确项目目标任务
项目需求分析	→	分析需求，提出解决方案，规划项目，分解工作任务
项目相关知识	→	熟悉项目相关理论知识
项目实践	→	按业务实施流程完成各工作任务
项目习题	→	相关习题巩固所学知识

业务实施流程图

本书的参考学时为 46~84 学时，各项目的参考学时如学时分配表所示。

学时分配表

内容模块	课程内容	学时
课程概述	课程性质、定位、目标、主要内容及要求	2
基础配置	项目 1　SDN 概述及环境搭建	4～8
拓扑组建及实践应用	项目 2　基于 OVS 构建 SDN 环境	4～8
	项目 3　基于 Mininet 模拟 SDN 环境	4～8
	项目 4　Mininet 项目实践	4～8
	项目 5　基于 OpenDayLight 构建 SDN 控制面	4～8
	项目 6　基于 ONOS 搭建 SDN 集群	4～8
	项目 7　SDN 控制与监控	4～8
项目拓展	项目 8　使用 SDN 控制器管理锐捷 SDN 设备	4～8
	项目 9　使用 RG-ONC 管理锐捷 SDN 设备	8～10
课程考核	综合项目实训/课程考评	4～8
学时总计		46～84

本书由正月十六工作室组编，广东交通职业技术学院的黄君羡和许昌职业技术学院的赵景任主编，正月十六工作室的蔡君贤、福建信息职业技术学院的林嘉燕和福建中锐网络股份有限公司的任超任副主编。

在本书编写过程中，编者参考了大量的网络技术资料和书籍，特别引用了 IT 服务商的大量项目案例。在此，编者对这些资料的贡献者表示感谢。

由于编者水平有限，书中难免有不足之处，望广大读者批评指正。

编　者
2025 年 2 月

目　　录

项目 1

SDN 概述及环境搭建 ·· 1

项目 2

基于 OVS 构建 SDN 环境 ··· 25

项目 3

基于 Mininet 模拟 SDN 环境 ································· 45

项目 4

Mininet 项目实践 …………………………………………………… 74

项目 5

基于 OpenDayLight 构建 SDN 控制面 …………………………… 89

项目 6

基于 ONOS 搭建 SDN 集群 ··· 139

项目 7

SDN 控制与监控 ··· 152

项目1
SDN概述及环境搭建

01

学习目标

（1）了解Ubuntu操作系统及企业应用场景。

（2）掌握Ubuntu操作系统的安装过程。

（3）掌握SDN的基本概念和体系架构。

（4）了解常用的SDN测试工具的安装和使用方法。

1.1 项目背景

随着软件定义网络（Software Defined Network，SDN）的快速发展与逐步成熟，Jan16公司拟将公司的网络从传统网络架构逐步升级为 SDN 架构。为了让网络管理员尽快熟悉 SDN 工作环境，公司将使用一台全新的服务器用于搭建 SDN 架构的测试环境。

网络管理员需要快速了解 SDN 的架构及概念，在服务器上部署虚拟化环境，并在虚拟机上安装 Ubuntu 操作系统和 SDN 测试环境，同时将用于 SDN 测试的常用工具安装到 Ubuntu 操作系统中。安装 Ubuntu 操作系统的软硬件环境如表 1-1 所示。

表 1-1　安装 Ubuntu 操作系统的软硬件环境

角色	主机名称	系统版本	硬件配置	软件配置
模板机	Ubuntu	Ubuntu18.04	CPU：4 核心 内存：2GB 硬盘：50GB 网卡数：2	Postman、Wireshark、Openssh-Server、Git、GCC、Make、Vim

SDN 测试需要用到控制器、交换机、主机等不同角色的虚拟机，因此可以将安装好的第一台 Ubuntu 虚拟机作为模板机，克隆出若干台虚拟机来构建 SDN 测试环境。克隆的虚拟机需要进行命名和初始化操作，SDN 测试环境的角色规划如表 1-2 所示，网络规划如表 1-3 所示。

表 1-2　SDN 测试环境的角色规划

角色	主机名称	登录账户	密码
控制器	controller	classroom	Jan16@123
交换机	switch1	classroom	Jan16@123
主机 1	pchost-1	classroom	Jan16@123
主机 2	pchost-2	classroom	Jan16@123

表 1-3　SDN 测试环境的网络规划

主机名称	端口	IP 地址	用途	LAN 区段
controller	ens33	由 DHCP 分配	连接互联网	
	ens34	10.1.1.10/24	SDN 控制网	LAN0
switch1	ens33	由 DHCP 分配	连接互联网	
	ens34	10.1.1.20/24	SDN 控制网	LAN0
	ens35	无 IP 地址	SDN 数据网	LAN1
	ens36	无 IP 地址	SDN 数据网	LAN2
pchost-1	ens33	由 DHCP 分配	连接互联网	
	ens34	10.2.2.128/24	SDN 数据网	LAN1
pchost-2	ens33	由 DHCP 分配	连接互联网	
	ens34	10.2.2.129/24	SDN 数据网	LAN2

1.2　项目需求分析

　　Ubuntu 是开源 Linux 发行版本之一，有强大的社区支持，其版本大部分与互联网中的最新版本一致，因此较适合构建公司 SDN 架构的测试环境。在本项目中，需要部署安装 Ubuntu 虚拟机，并在虚拟机中安装常用的网络测试工具。

　　综上所述，本项目设计了如下两项任务。

　　（1）安装 Ubuntu 18.04 操作系统，并完成操作系统的初始化操作和软件工具的安装。

　　（2）以新安装的虚拟主机为模板，按表 1-2 完成虚拟机的克隆，并按表 1-3 完成网络互联，构建小型 SDN 测试局域网（Local Area Network，LAN）。

1.3　项目相关知识

1.3.1　SDN 概述及发展

1. SDN 概述

　　SDN 是由美国斯坦福大学课题研究组提出的一种新型网络创新架构，是网络虚拟化的实现方式。SDN 以 OpenFlow 为核心技术，将网络设备的控制面与数据面分离开来，从而实现网络流量的灵活控制，使网络变得更加智能，为核心网络及应用的创新提供良好的平台。

2. SDN 诞生的背景

　　SDN 的出现并非偶然，其诞生背景概括如下。

　　（1）网络技术快速发展，5G 时代已来临，以前的单数据中心逐渐变为多租户型数据中心，网络功能与需求越来越复杂多样。

　　（2）大宽带、高质量的视频业务及物联网等业务的快速发展，多元、多变的网络上层应用业务让相对稳定的传统网络架构设计与运维之间的矛盾越来越突出，需要由传统网络向新型网络转变。

　　（3）使用单一设备的传统网络架构无法解决用户多样且复杂的需求，上层业务亟需弹性、灵活多变且可编程的底层网络。

　　（4）网络设备类型和网络设备厂家来源的多样性导致了传统网络架构调整的难度和复杂度，网络系统运维管理的成本也随之增加。

（5）传统网络架构的服务质量难尽人意、传统网络架构建设成本高昂等问题也亟需传统网络向新型网络进行转变。

3. SDN 发展历程

2006—2009 年，SDN 起源于斯坦福大学 Nick McKeown（尼克·麦基翁）教授团队的科研项目，随后该团队提出了 OpenFlow 的概念并发表了论文以详细介绍 OpenFlow 的概念、工作原理及其应用场景，同时发布了基于 Python 的控制器和可用于商业化产品的 OpenFlow v1.0 规范。

2011 年，开放网络基金会（Open Networking Foundation，ONF）成立，第一届开放网络峰会在北京召开，开放网络研究中心（Open Networking Research Center，ONRC）成立并发布了一系列有影响力的开源 SDN 项目，SDN 在工业界受到广泛关注。

2013 年，多家设备厂商发起成立了 OpenDayLight 项目，与 Linux 基金会合作，开发 SDN 控制器、南向和北向应用程序接口（Application Program Interface，API）等软件，宣布要推出工业级的开源 SDN 控制器。

2015 年，ONF 发布了第一个开源 SDN 项目社区，软件定义广域网（Software Defined Wide Area Network，SD-WAN）成为第二个成熟的 SDN 应用市场，SDN 与网络功能虚拟化（Network Functions Virtualization，NFV）融合成为趋势。

2019 年，5G 商用元年，SDN 渗透到各行业中，SDN+NFV+人工智能（Artificial Intelligence，AI）成为 5G 网络架构创新的几大关键使能技术，同时国际电信联盟（International Telecommunications Union，ITU）、ONF 等组织积极推动 SDN 北向接口的标准化。

2021 年，H3C 公司在领航者峰会上正式推出了 AD-NET 6.0 版本，在传统网络的基础上融合了 SDN、NFV、AI 等新技术，采用最新的云原生架构，推动传统网络迈入云原生的新时代，提高了 SDN 的商用价值。

4. SDN 发展方向

现代的数据中心网络包含计算机网络、存储网络和域控制器（Domain Controller，DC）互联网络，而这 3 种网络目前均以手动配置为主，业务部署效率和资源利用率低，成为云业务高效发展的瓶颈。SDN 通过软件定义实现自动化部署，可从根本上解决此类问题。

SD-WAN 与 SDN 具有相同的理念：将转发与控制相互分离，简化网络管理和操作。但是，SDN 主要针对数据中心的网络，而 SD-WAN 针对的是广域网（Wide Area Network，WAN）。

5. SDN 的特征和优势

SDN 的特征如下。

（1）集中控制。SDN 使得全局优化成为可能，如流量工程、负载均衡；使得整个网络可以当作一台设备进行维护，实现了设备零配置，即插即用，大大降低了运维成本。

（2）开放接口。SDN 中的应用和网络无缝集成，应用告知网络如何运行才能更好地满足应用的需求，如业务的带宽、时延需求，计费对路由的影响等。另外，用户还可以自行开发网络新功能，缩短新功能面世周期。

（3）网络虚拟化。SDN 实现了逻辑网络和物理网络的分离，逻辑网络可以根据业务需要进行配置、迁移，不受物理位置的限制；支持多租户，每个租户可以自行定义带宽需求和私有编址。

SDN 的优势主要有以下 3 点。

（1）控制面与数据面分离：支持分布式系统的集中控制。

（2）开放的数据面控制协议：降低了交换设备的门槛，避免厂商锁定。

（3）开放的控制面管理接口：用户可以通过网络 API 编写业务。

1.3.2　SDN 架构中的关键层次和关键技术

1. SDN 架构

在 SDN 的定义中，传统网络设备紧耦合的网络架构被分拆成应用层、控制层、基础设施层（又称"转发层"）三层分离的架构，控制功能被转移到了服务器，上层应用、底层转发设施被抽象成多个逻辑实体。SDN 架构如图 1-1 所示。

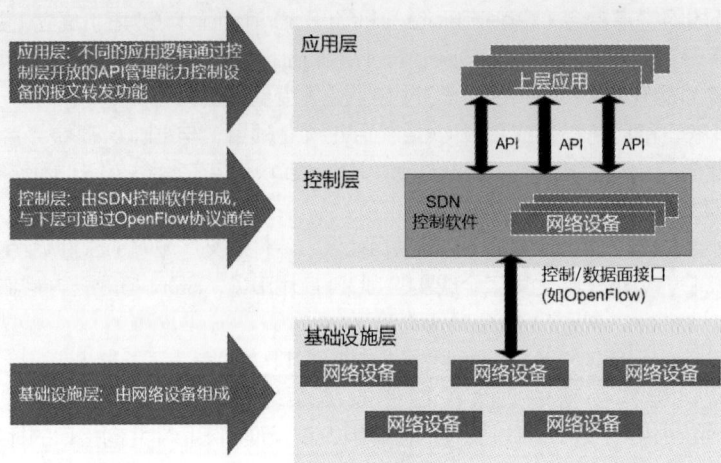

图 1-1　SDN 架构

2. SDN 架构中的关键层次

SDN 架构中的关键层次包括三大部分：第一部分是负责数据转发的基础设施层，包含支持 OpenFlow 协议的交换机、路由器、开放虚拟交换机（OpenvSwitch，OVS）等；第二部分是负责控制数据转发规则的控制层，包括 OpenDayLight (ODL)、Floodlight、开放网络操作系统（Open Network Operating System，ONOS）、POX 等控制器；最后一部分则是应用层，用户可根据自身需求，通过控制层对外提供的 API 直接与控制器进行交互，开发用于管理、优化网络的应用程序。

3. SDN 架构中的关键技术

SDN 架构中的关键技术主要有转发层技术、控制层技术、应用层技术、南向接口技术、北向接口技术等。

（1）转发层技术。该技术是指对转发面进行抽象建模的技术。ONF 标准组织标准化了 OpenFlow 协议，在该协议中转发面设备被抽象为一个由多级流表（Flow Table）驱动的转发模型。在该转发模型中，动作（Actions）和指示（Instructions）决定了 OpenFlow 对转发面的抽象能力，如修改报文头部各个字段值、封装/解封装、将存活时间（Time To Live，TTL）值在内/外层头部之间进行复制、输出到一个端口（Port）或一组端口上，实现组播、多路径转发、负载均衡。

（2）控制层技术。该技术是 SDN 架构的核心部分，其关键是 SDN 的控制器，也可以称其为网络操作系统或网络控制器。SDN 控制器对转发面进行转发策略的调度和管理，用户可以通过 SDN 控制器调用北向接口开发上层应用，使网络更加智能；调用南向接口，兼容转发层中使用的不同设备。

（3）应用层技术。该技术是指基于 SDN 理念改造传统的应用、替换或扩展传统网络中需要利用硬件实现的功能（如负载均衡、访问控制、应用加速等）的交付能力。应用层技术主要基于 SDN 控制器提供的北向接口实现。

（4）南向接口技术。该技术是指基于 OpenFlow 标准协议的技术，主要提供了将底层的转发面抽象为数据模型的能力，使得 SDN 控制器可以基于南向接口技术对底层不同类型的转发设备（交换机、路由器等）进行统一控制，进而自定义、控制交换机的具体行为。

（5）北向接口技术。该技术是指基于 SDN 控制器提供的对外 API 技术，提供一个统一的 API 集合。用户通过 API 集合可以开发上层应用，进而扩展 SDN 控制器的功能（如交换机状态收集、静态流表推送、防火墙策略等）。

1.3.3 SDN 的实现方案

SDN 的实现方案分为 3 种：基于专用接口的 SDN 实现方案、基于叠加网络的 SDN 实现方案和基于开放协议的 SDN 实现方案，如表 1-4 所示。

表 1-4　SDN 的实现方案

方案类型	方案优点	方案缺点	厂商类型	典型厂商
基于专用接口	能够依托网络设备厂商已有的产品体系，对现有的网络部署改动小，实施部署方便快捷	接口与设备之间存在紧密耦合关系，开放性不足，存在网络设备和能力被厂商锁定的风险	传统网络设备厂商	思科
基于叠加网络	利用隧道技术屏蔽底层物理网络的实现细节，通过集中管控实现了网络资源的按需调度	应用效果受到底层网络质量的影响，增加了网络架构的复杂度，并降低了数据的处理性能	虚拟化技术厂商、IT 设备厂商	VMware、华为、华三
基于开放协议	拥有充分的开放性，降低了网络设备领域的进入门槛，推动了网络业务创新	方案有待成熟，不同标准化组织激烈竞争，均希望掌握这一领域的主导权	网络设备厂商、运营商、互联网服务提供商	BigSwitch、华为

1.3.4 VMware Workstation 虚拟环境

VMware 工作站（VMware Workstation，VMW）是 VMware 公司的一款收费虚拟化产品。VMW 是直接在 Windows 操作系统上进行虚拟化环境构建的一种轻量化解决方案，用户可以通过此软件在一台服务器上模拟多台虚拟主机。VMW 同时支持多种类型的操作系统，如 Windows、RedHat、CentOS、Ubuntu、VMware ESXi 等。轻量化的架构使得 VMW 比较适用于微企业少业务量的应用场景，能有效减少企业业务上的云成本和维护成本。VMW 可从官方网站下载，其官方网站下载页面如图 1-2 所示。

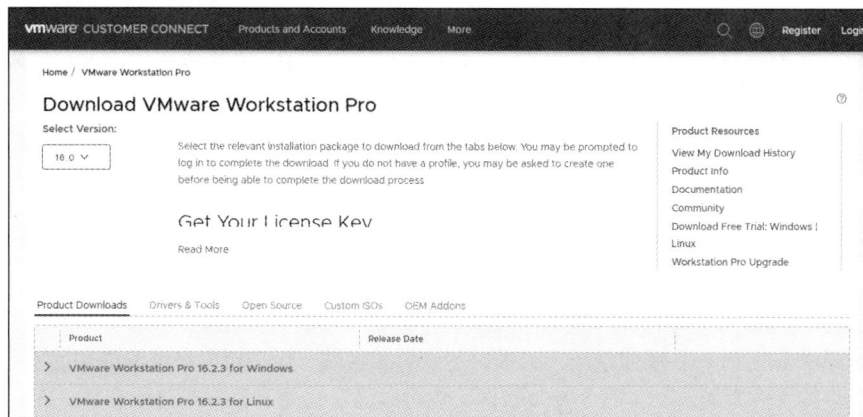

图 1-2　VMW 官方网站下载页面

1.3.5 Ubuntu 操作系统

Ubuntu 是一种以桌面运用为主的开源 Linux 操作系统，此操作系统基于 Debian 发行版和 Unity 桌面环境，通常每六个月会更新一次版本。Ubuntu 操作系统具有庞大的用户群体和良好的社区生态环境，其目标在于为一般用户提供最新的、稳定的操作系统。Ubuntu 操作系统桌面版可从官方网站下载，其官方网站下载页面如图 1-3 所示。

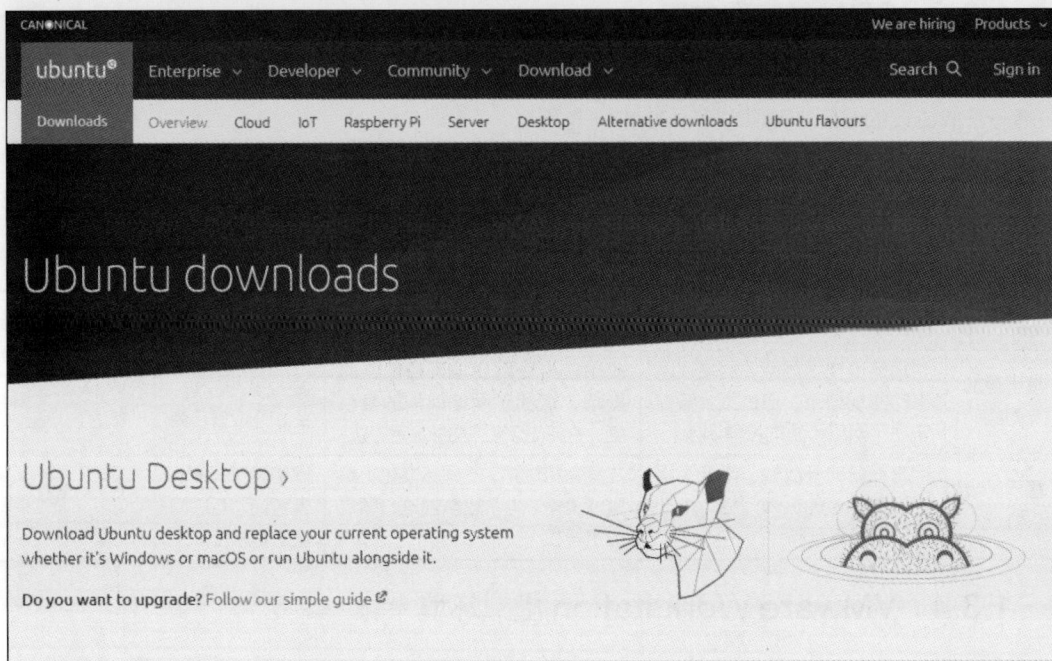

图 1-3　Ubuntu 操作系统桌面版官方网站下载页面

1.3.6 SDN 测试相关工具

1. 抓包分析工具——Wireshark

Wireshark 是一款免费的网络数据包分析软件，用于截取网络数据包并尽可能显示最为详细的网络数据包数据。

Wireshark 拥有业界最强大的显示过滤工具，支持数百种协议和许多不同的捕获报文格式，同时支持对许多协议的解密，包括互联网络层安全协议（IP Security，IPsec）、互联网安全关联和密钥管理协议（Internet Security Association and Key Management Protocol，ISAKMP）、Kerberos、SNMPv3、安全套接字层/传输层安全（Secure Sockets Layer/Transport Layer Security，SSL/TLS）协议、有线等效保密（Wired Equivalent Privacy，WEP）协议和 WPA/WPA2。它可以实时捕捉数据包和离线分析，能以标准三窗格分组显示，支持 Windows、Linux、macOS、Solaris、FreeBSD 和 NetBSD 等平台，捕获的网络数据可以通过图形用户接口（Graphical User Interface，GUI）或 TTY-mode TShark 实用程序浏览，能进行丰富的 VoIP 分析。

Wireshark 在 Ubuntu 操作系统上有很好的软件兼容性，用户可以在联网成功后使用 Ubuntu 操作系统自带的软件库通过 apt 命令安装软件，也可以通过编译安装方式进行安装。Wireshark 官方网站下载页面如图 1-4 所示。

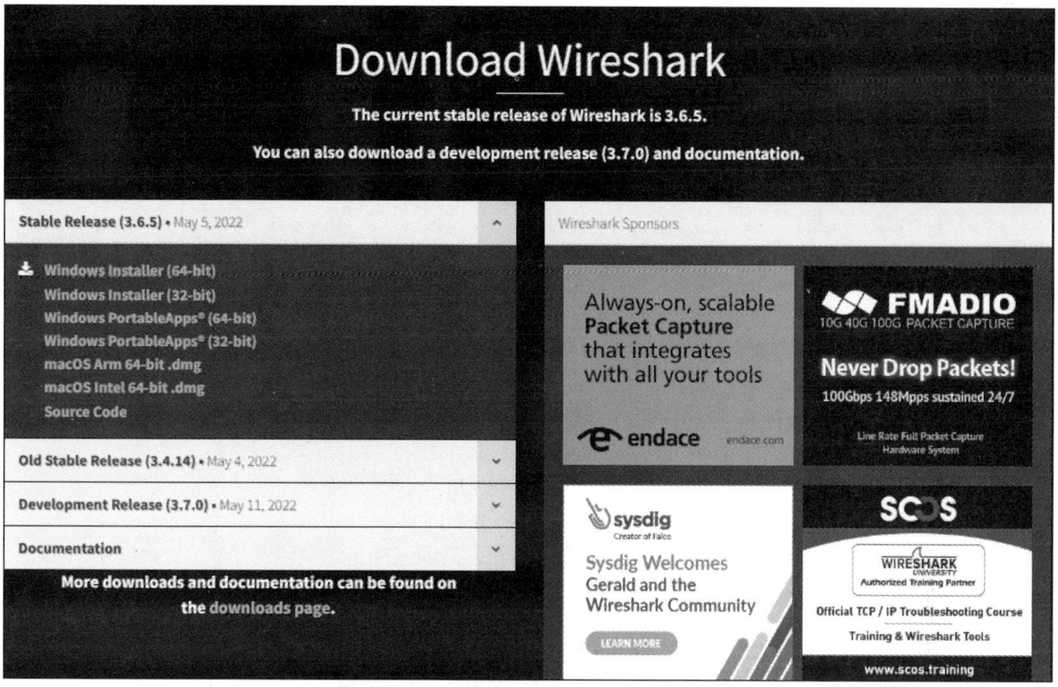

图 1-4　Wireshark 官方网站下载页面

Wireshark 的实现基于分解器（Dissector）。网络上的每一层协议都有对应的分解器，分解器的作用是对每一层的信息进行分解，显示首部字段，把有效载荷字段传递给上一层的分解器，以达到逐层分解的目的。

（1）使用 Wireshark 抓取网络数据包的流程

① 启动 Wireshark。

② 选择捕获接口。建议选择需要抓取数据包的网络接口，避免抓取其他无用数据。

③ 使用捕获过滤器。通过设置捕获过滤器，能进一步精确捕获需要的数据，避免产生过大的捕获文件，同时节约用户分析数据的时间。

④ 使用显示过滤器。通常使用捕获过滤器过滤后的数据仍很复杂，为了使过滤的数据包更细致，可以使用显示过滤器进行过滤。

⑤ 使用着色规则。对于使用显示过滤器过滤后的数据，如果想更加突出地显示某个会话，则可以使用着色规则使其高亮显示。

⑥ 构建图表。如果用户想要更明显地看出一个网络中数据的变化情况，则需要使用图表形式展现数据分布情况。

⑦ 重组数据。Wireshark 具有重组功能，可以重组一个会话中不同数据包的信息，或者重组一个完整的图片或文件。由于传输的文件往往较大，因此信息分布在多个数据包中。为了能够查看到整个图片或文件，需要使用重组数据的方法来实现。

（2）Wireshark 的安装步骤

① 确保 Ubuntu 操作系统能连接互联网。

② 通过 apt 相关命令更新 Ubuntu 操作系统的软件仓库列表。

```
root@hostname:~# apt update
```

③ 通过 apt install 命令自动安装 Wireshark。

```
root@hostname:~# apt install wireshark
```

提 示 在默认情况下，安装 Wireshark 的过程中会弹出 Configuring wireshark-common 界面（见图 1-5），询问是否允许 Wireshark 被操作系统中的所有用户使用。用户可以根据自身安全需求进行选择，默认情况下不允许所有用户使用。

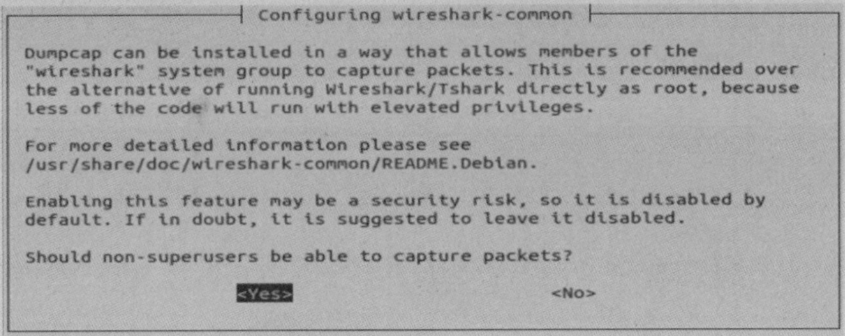
Configuring wireshark-common
Dumpcap can be installed in a way that allows members of the "wireshark" system group to capture packets. This is recommended over the alternative of running Wireshark/Tshark directly as root, because less of the code will run with elevated privileges.
For more detailed information please see /usr/share/doc/wireshark-common/README.Debian.
Enabling this feature may be a security risk, so it is disabled by default. If in doubt, it is suggested to leave it disabled.
Should non-superusers be able to capture packets?
<Yes>
<No>

图 1-5 Configuring wireshark-common 界面

Wireshark 安装完毕后，推荐切换为 root 用户身份，并通过相关命令启动 Wireshark。Wireshark 启动后的图形窗口如图 1-6 所示。

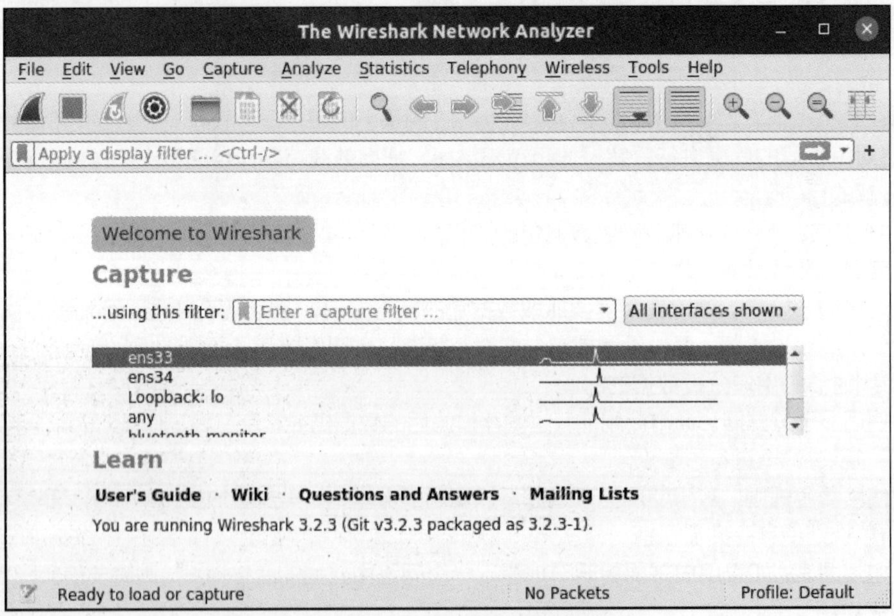
The Wireshark Network Analyzer
File Edit View Go Capture Analyze Statistics Telephony Wireless Tools Help
Apply a display filter ... <Ctrl-/>
Welcome to Wireshark
Capture
...using this filter:
Enter a capture filter ...
All interfaces shown
ens33
ens34
Loopback: lo
any
Learn
User's Guide · Wiki · Questions and Answers · Mailing Lists
You are running Wireshark 3.2.3 (Git v3.2.3 packaged as 3.2.3-1).
Ready to load or capture
No Packets
Profile: Default

图 1-6 Wireshark 启动后的图形窗口

Wireshark 图形窗口中主要图标的含义如下。

- ：开始抓取数据包。
- ：停止抓取数据包。
- ：重新抓取数据包。
- ：在停止抓取数据包后更改数据包抓取端口。

2. HTTP 请求测试工具——Postman

Postman 是一款功能强大的 API 开发和测试软件。

（1）Postman 的主要功能

① 模拟各种超文本传输协议（Hypertext Transfer Protocol，HTTP）请求。从常用的 GET、POST 到 RESTful 的 PUT、DELETE 等操作，使用 Postman 均可进行模拟，甚至可以模拟发送文件、设置请求的头部信息。

② Collection 功能（测试集合）。利用 Collection 功能，可以分类测试软件所提供的 API。另外，Collection 可以引入（Import）或是分享（Share）出来，使团队中的所有人共享某成员建立的 Collection。

③ 人性化的 Response 整理。Postman 可以针对 Response 内容的格式自动美化。JavaScript 对象表示法（JavaScript Object Notation，JSON）、可扩展标记语言（Extensible Markup Language，XML）或超文本标记语言（Hypertext Markup Language，HTML）都会被整理成便于阅读的格式。

④ 内置测试脚本语言。Postman 支持编写测试脚本，可以快速检查请求的结果，并返回测试结果。

⑤ 设定变量与环境。Postman 可以自由设定变量与环境。

在 Ubuntu 操作系统中，只能通过源代码方式安装 Postman。

（2）Postman 的安装步骤

① 确保操作系统能连接互联网。

② 通过 snap 命令获取 Postman 工具包。

```
root@hostname:~# snap install postman
```

③ 通过 postman 命令打开应用程序。

```
root@hostname:~# postman
```

（3）Postman 图形窗口。

Postman 图形窗口如图 1-7 所示。

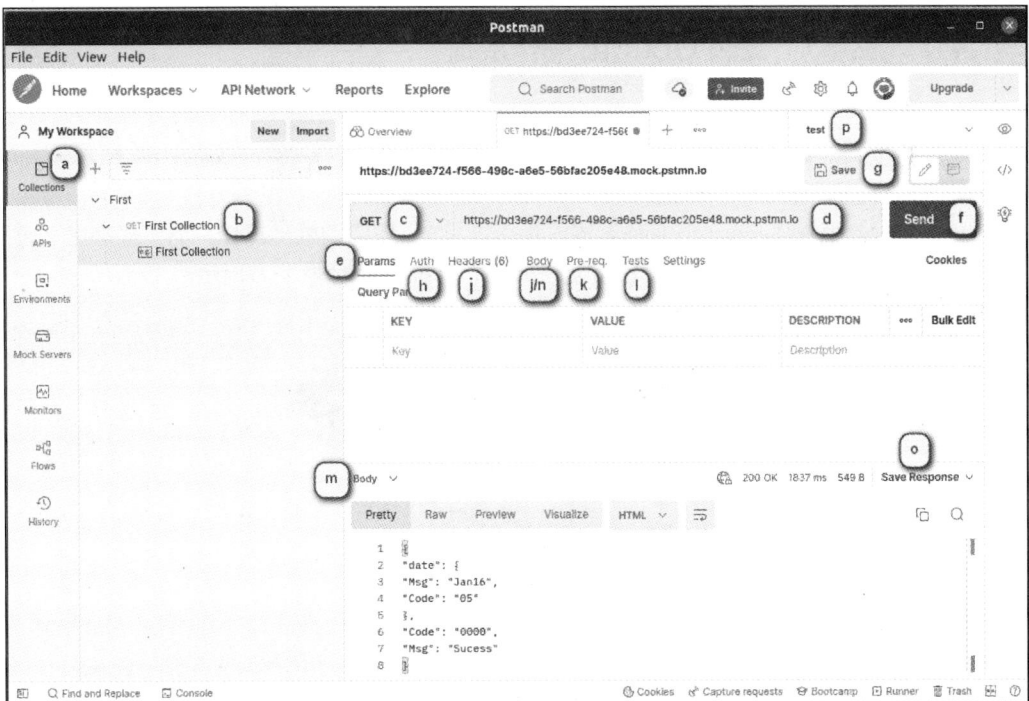

图 1-7　Postman 图形窗口

（4）Postman 窗口选项解析

a. Collections：存放同一个项目请求的文件夹。

b. First Collection：当前请求的名称，下方为此请求的描述。

c. 选择 HTTP 的方式：常用的方式为 GET（获取）、POST（创建）、PUT（推送）和 DELETE（删除）。

d. 填写测试 HTTP 的路径。

e. 设置 URL 参数的 Key 和 Value。

f. 单击"Send"按钮可发送请求测试。

g. 单击"Save"按钮可保存请求记录到 Collections 中。

h. 设置鉴权参数。

i. 自定义 HTTP Header（头部）参数。

j. "Body"选项卡用于设置 Request 请求的主体部分。

k. 可设置发起请求之前执行的脚本。

l. 设置收到应答之后执行的测试。

m. 设置显示测试返回数据的格式，其中在"Pretty"选项卡中可以看到格式化后的 JSON，在"Raw"选项卡中可以看到未经处理的数据，在"Preview"选项卡中可以预览 HTML 页面。

n. 设置 Body 的格式，其中 form-data 主要用于上传文件，x-www-form-urlencoded 是表单常用的格式，raw 用于上传 JSON 格式的数据，binary 用于上传二进制格式的数据。

o. 单击可以保存结果到本地。

p. 设置环境变量和全局变量。

1.4 项目实践

1.4.1 任务 1 安装 Ubuntu 操作系统

微课视频

📝 任务规划

在 VMW 软件中安装 Ubuntu 操作系统，并安装 SDN 所需的软件环境。为方便测试，可关闭系统休眠，设置终端命令行启动器锁定至任务栏。系统拓扑如图 1-8 所示。

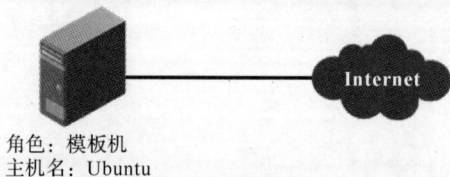

角色：模板机
主机名：Ubuntu

图 1-8　系统拓扑

Ubuntu 操作系统的安装和初始化步骤如下。

（1）通过镜像引导完成 Ubuntu 操作系统的安装。

（2）通过系统内置的仓库源完成基本软件的安装。

（3）通过 Ubuntu 操作系统设置完成休眠和终端命令行的配置。

✎ 任务实施

本任务具体实施过程如下。

1. 通过镜像引导完成 Ubuntu 操作系统的安装

（1）此处不详细介绍 VMW 16 Pro 的安装过程，默认其已经在服务器上安装完成。在 VMW 16 Pro 界面中选择【文件】→【新建虚拟机】命令，开始创建 Ubuntu 虚拟机，这里将创建一台名为 Ubuntu 的虚拟机。

（2）根据表 1-1 所示的 Ubuntu 操作系统软硬件环境信息进行新建虚拟机的配置，其中，将一个网卡设置为网络地址转换（Network Address Translation，NAT）模式，用于连接外网；另一个网卡设置为 LAN 区段，用于进行测试。DVD 驱动器装载 Ubuntu 18.04 的 ISO 镜像文件。Ubuntu 虚拟机的配置结果如图 1-9 所示。

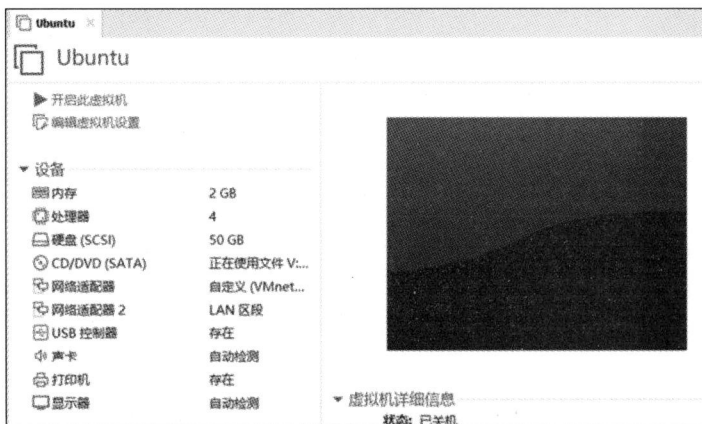

图 1-9　Ubuntu 虚拟机的配置结果

（3）启动创建好的 Ubuntu 虚拟机，开始安装 Ubuntu 操作系统。Ubuntu 首次启动安装程序界面如图 1-10 所示，选择"English"选项，单击"Install Ubuntu"按钮，进入下一步操作。

图 1-10　Ubuntu 首次启动安装程序界面

（4）在弹出的安装类型选择界面中选中"Minimal installation"单选按钮，单击"Continue"按钮，进入下一步操作，如图 1-11 所示。

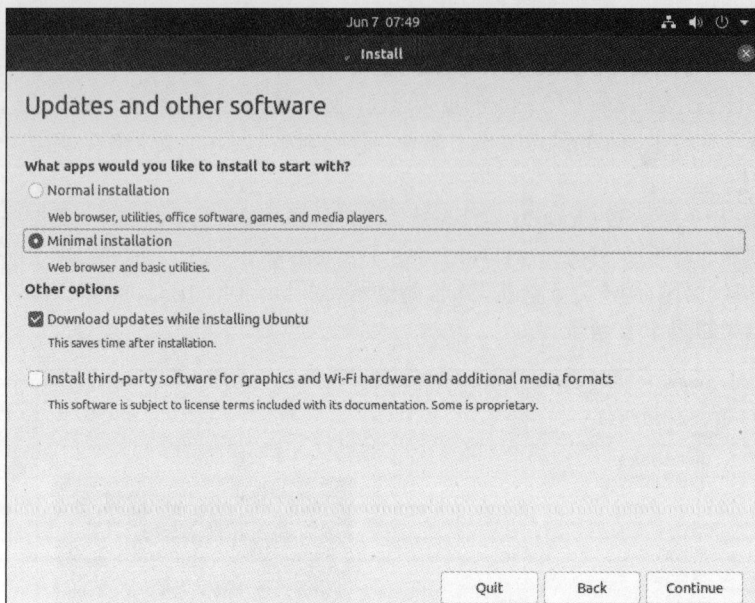

图 1-11　安装类型选择界面

（5）在弹出的键盘布局界面中选择"English(US)"选项，单击"Continue"按钮，进入下一步操作，如图 1-12 所示。

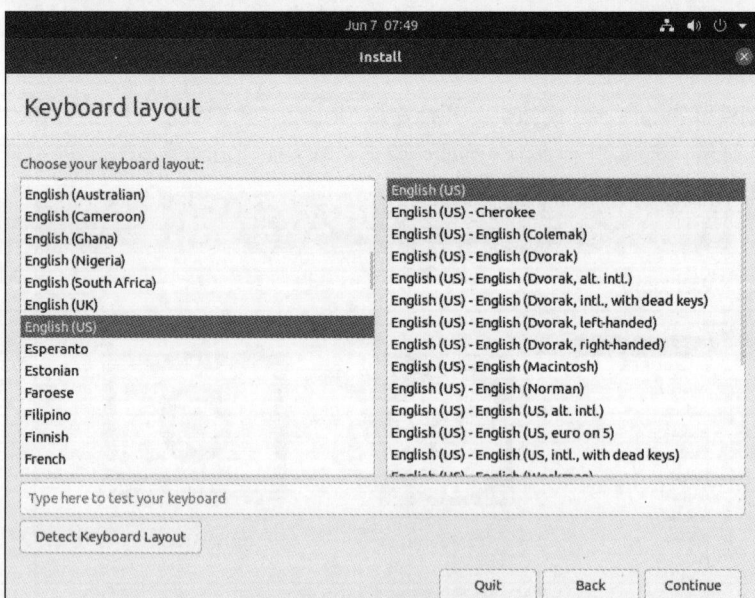

图 1-12　键盘布局界面

（6）选择 Ubuntu 磁盘分区方式。选中"Erase disk and install Ubuntu"单选按钮，单击"Install Now"按钮，在弹出的磁盘写入警告提示框中单击"Continue"按钮，进入下一步操作，如图 1-13 所示。

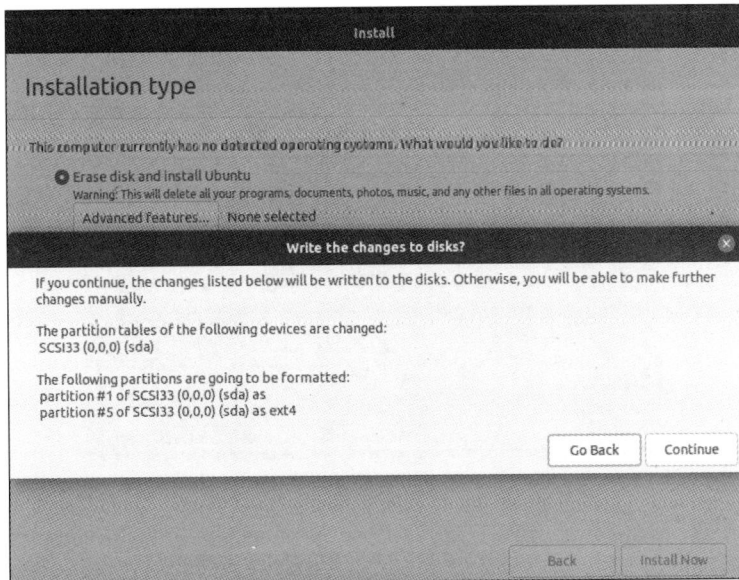

图 1-13　选择 Ubuntu 磁盘分区方式

（7）在系统时区选择界面中，在下方文本框中输入"Shanghai"，单击"Continue"按钮，如图 1-14 所示。

图 1-14　系统时区选择界面

（8）创建默认非 root 用户。在"Your name"文本框中输入"classroom"，在"Choose a password"和"Confirm your password"文本框中输入"Jan16@123"，以便后面登录验证，结果如图 1-15 所示。安装过程如图 1-16 所示。

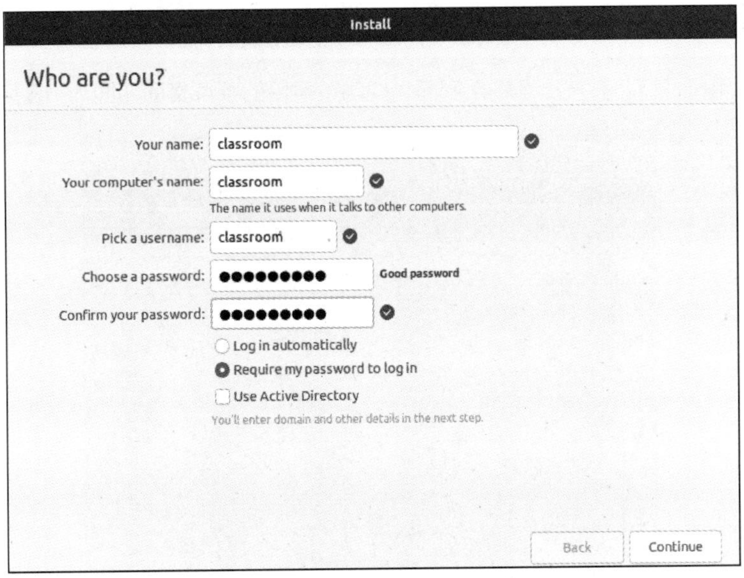

图 1-15　创建默认非 root 用户

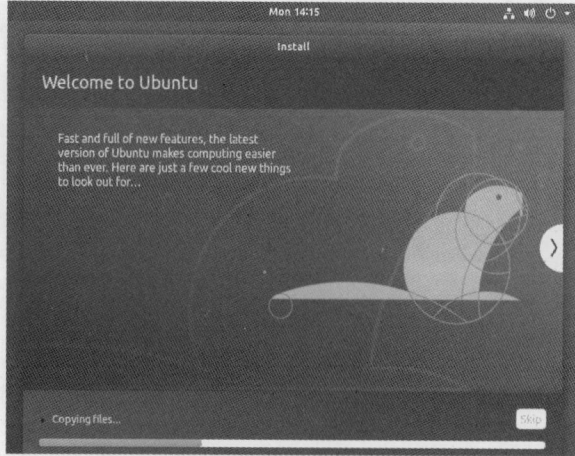

图 1-16 安装过程

（9）安装完毕后，按照提示重启系统。重启系统后，将进入图 1-17 所示的 Ubuntu 用户登录界面。

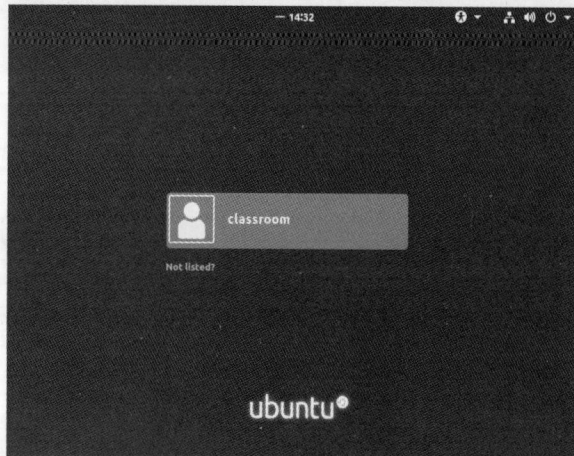

图 1-17 Ubuntu 用户登录界面

（10）单击用户名称，并按提示输入密码，成功登录后的系统桌面如图 1-18 所示。

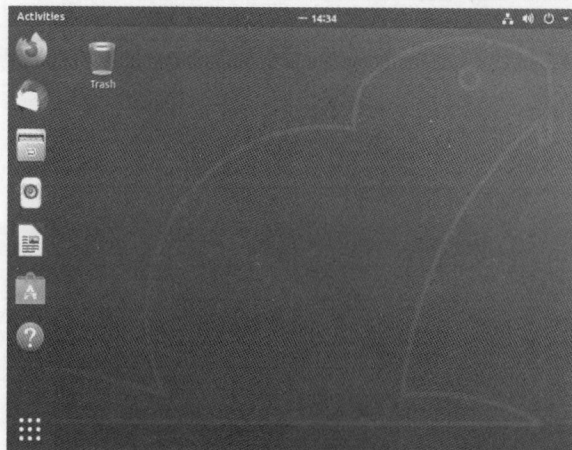

图 1-18 成功登录后的系统桌面

2. 通过系统内置的仓库源完成基本软件的安装

打开终端命令行，安装 Wireshark、Postman、Openssh-Server、Git、GCC、Make、Vim
等工具和软件，命令如下。

```
classroom@classroom: ~ $ sudo apt update          #更新软件库列表
classroom@classroom: ~ $ sudo apt install  -y wireshark openssh-server git gcc make vim
#安装系统所需软件
classroom@classroom: ~ $ sudo apt install libgconf-2-4
classroom@classroom: ~ $ snap install postman
```

3. 通过 Ubuntu 操作系统设置，完成休眠和终端命令行的配置

（1）在桌面空白处右击，在弹出的快捷菜单中选择"Open Terminal"命令，如图 1-19 所示。

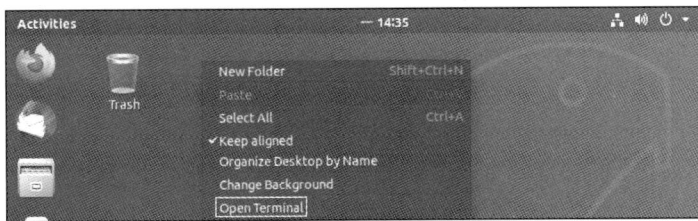

图 1-19 选择"Open Terminal"命令

（2）打开 Ubuntu 终端命令行界面，如图 1-20 所示。

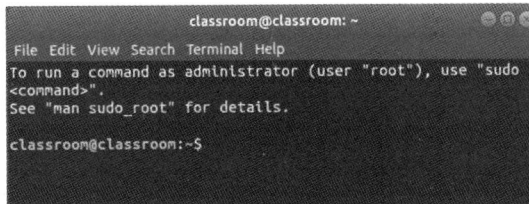

图 1-20 Ubuntu 终端命令行界面

（3）右击任务栏中的终端命令行图标，在弹出的快捷菜单中选择"Add to Favorites"命令，
即可将终端锁定到任务栏内，如图 1-21 所示。

图 1-21 选择"Add to Favorites"命令

> **提示**   用户还可以通过选择右键快捷菜单中的"New Terminal"命令打开另一个终端命
> 令行。

（4）如图 1-22 所示，在搜索栏中输入"Settings"，在查找结果中找出"Settings"图标并单
击，可以打开系统设置窗口，如图 1-23 所示。

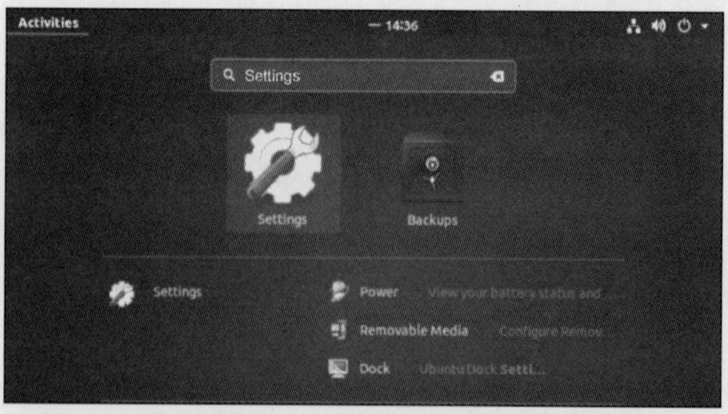

图1-22 "Settings"图标

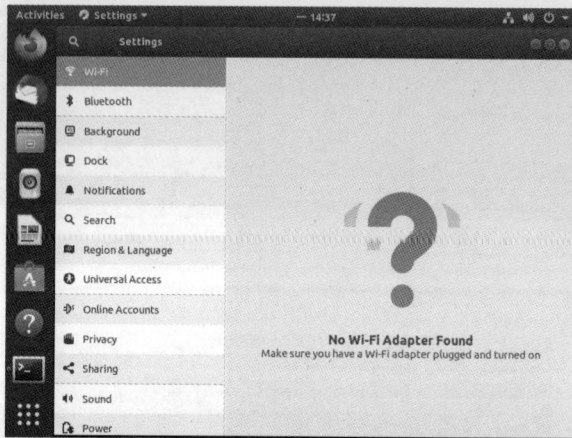

图1-23 系统设置窗口

（5）依次单击"Privacy"→"Screen Lock"按钮，在打开的"Screen Lock"窗口中将
Automatic Screen Lock 开关调节为 OFF 状态，关闭系统屏幕休眠，如图 1-24 所示。

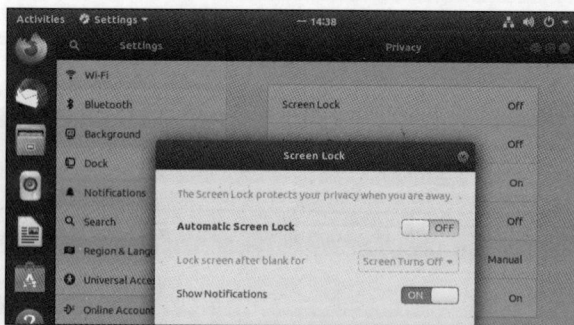

图1-24 关闭系统屏幕休眠

提 示　　该设置将立刻生效，用户可以通过"All Setting"按钮返回上级界面或通过单击左上
角的关闭按钮直接退出。

任务验证

本任务的具体验证过程如下。

（1）在 Ubuntu 虚拟机中打开 Wireshark 工具，运行界面如图 1-25 所示。

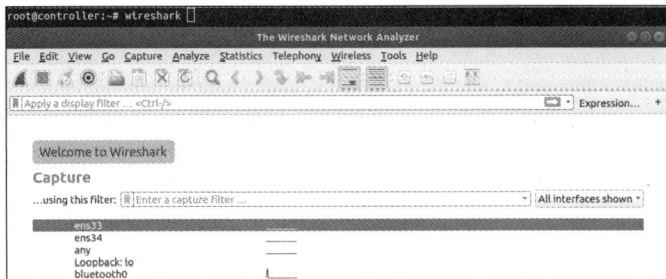

图 1-25　在 Ubuntu 虚拟机中运行 Wireshark 界面

（2）在 Ubuntu 虚拟机中打开 Postman 工具，运行界面如图 1-26 所示。

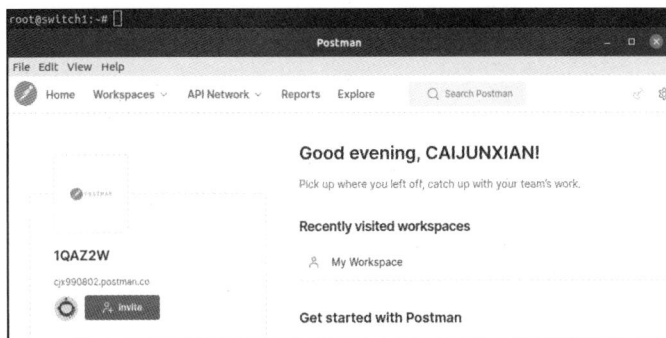

图 1-26　在 Ubuntu 虚拟机中运行 Postman 界面

1.4.2　任务 2　构建小型 SDN 测试局域网

任务规划

微课视频

将任务 1 安装的 Ubuntu 虚拟机作为模板虚拟机，使用 VMW 的克隆方式，生成图 1-27 所示的 4 台虚拟机，快速搭建 SDN 测试环境。

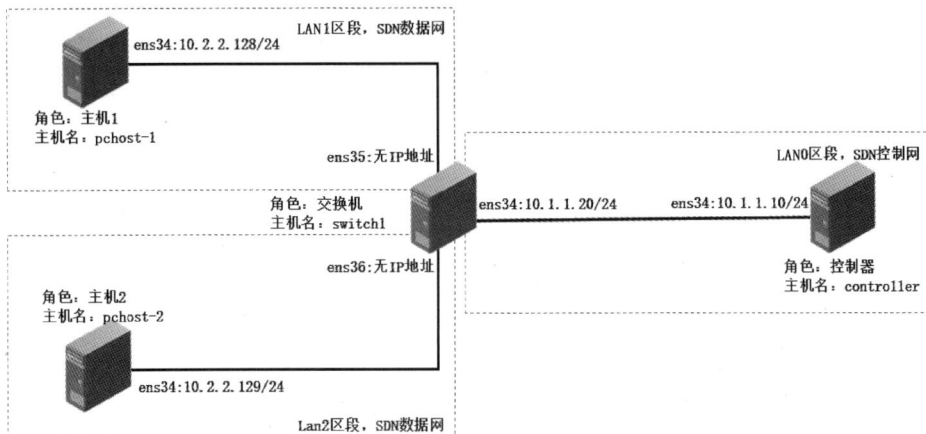

图 1-27　网络连接拓扑

17

软件定义网络（SDN）应用基础
（微课版）

通过以下步骤构建小型 SDN 测试局域网。

（1）使用 Ubuntu 虚拟机克隆 SDN 测试虚拟机。

（2）根据表 1-2 和表 1-3 对各虚拟机进行命名、IP 地址等初始化配置。

📝 任务实践

本任务具体实施过程如下。

1. 使用 Ubuntu 虚拟机克隆 SDN 测试虚拟机

（1）关闭本项目任务 1 中创建的 Ubuntu 虚拟机。

（2）右击 Ubuntu 虚拟机，在弹出的快捷菜单中选择"管理"→"克隆"命令，如图 1-28 所示，进入克隆虚拟机向导界面。

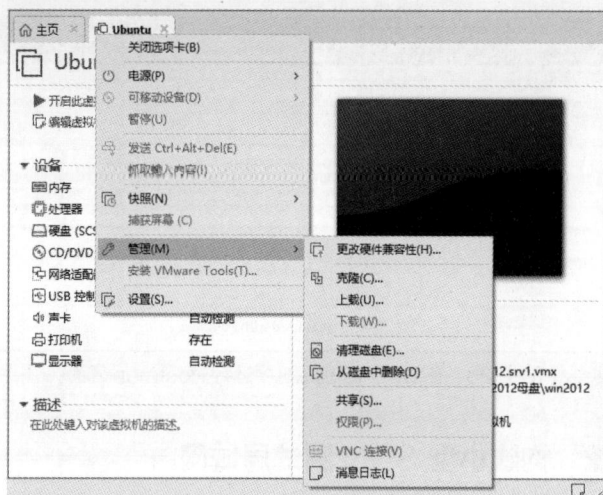

图 1-28　选择"管理"→"克隆"命令

（3）在"克隆源"设置界面中选中"虚拟机中的当前状态"单选按钮，在"克隆类型"设置界面中选中"创建完整克隆"单选按钮，如图 1-29 和图 1-30 所示。

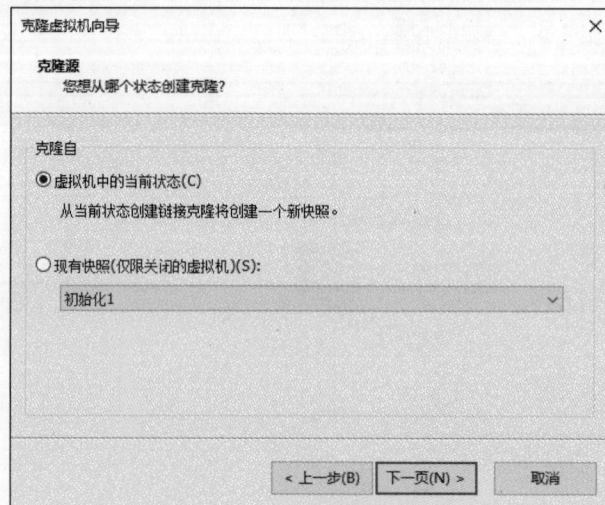

图 1-29　"克隆源"设置界面

18

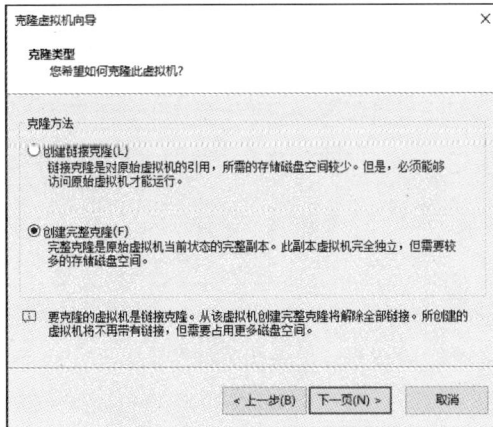

图 1-30 "克隆类型"设置界面

（4）在"新虚拟机名称"设置界面中，按表 1-2 为虚拟机命名，根据服务器空间规划自行选择克隆的虚拟机文件存放路径，结果如图 1-31 所示。

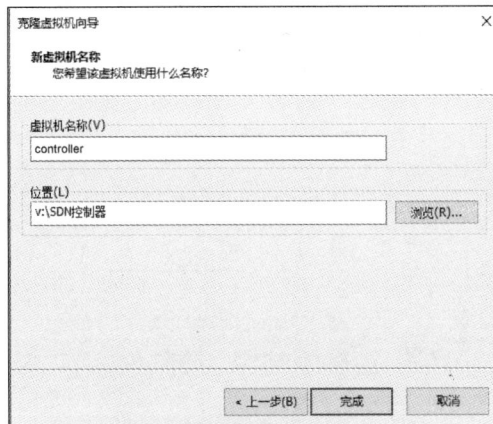

图 1-31 "新虚拟机名称"设置界面

（5）单击"完成"按钮，完成虚拟机的克隆。

（6）使用类似的操作，完成另外 3 台虚拟机的克隆操作。

2. 对各虚拟机进行初始化配置

（1）启动克隆好的虚拟机，登录系统后，打开终端命令行，修改控制器主机名称，并根据表 1-3 配置 IP 地址。

① 配置控制器的主机名称和 IP 地址，简要步骤如下。

```
classroom@classroom:~$ su –
root@classroom:~# hostnamectl set-hostname controller
root@classroom:~# bash!
root@controller:~# vim /etc/hosts
127.0.1.1 controller          #配置 127.0.1.1 解析的域名为 controller
#确认以上条目的对应信息后保存并退出#
root@controller:~# vim /etc/netplan/01-network-manager-all.yaml
# Let NetworkManager manage all devices on this system
network:
```

```
        version: 2
        renderer: NetworkManager
        ethernets:
          ens33:
            dhcp4: yes                    #配置 ens33 由 DHCP 分配 IP 地址
          ens34:
            dhcp4: no                     #配置 ens34 使用静态 IP 地址
            addresses: [10.1.1.10/24]     #配置 ens34 使用静态 IP 地址 10.1.1.10/24
#增加以上内容后保存并退出#
root@controller:~# poweroff
```

② 配置交换机的主机名称和 IP 地址，简要步骤如下。

```
classroom@classroom:~$ su -
root@classroom:~# hostnamectl set-hostname switch1
root@classroom:~# bash!
root@switch1:~# vim /etc/hosts
127.0.1.1 switch1                     #配置 127.0.1.1 解析的域名为 switch1
#确认以上条目的对应信息无误后保存并退出#
root@switch1:~# vim /etc/netplan/01-network-manager-all.yaml
# Let NetworkManager manage all devices on this system
network:
    version: 2
    renderer: NetworkManager
    ethernets:
      ens33:
        dhcp4: yes                    #配置 ens33 由 DHCP 分配 IP 地址
      ens34:
        dhcp4: no                     #配置 ens34 使用静态 IP 地址
        addresses: [10.1.1.20/24]     #配置 ens34 使用静态 IP 地址 10.1.1.20/24
      ens35:
        dhcp4: no                     #配置 ens35 使用静态 IP 地址
        addresses: []                 #配置 ens35 静态 IP 地址为空
      ens36:
        dhcp4: no                     #配置 ens36 使用静态 IP 地址
        addresses: []                 #配置 ens36 静态 IP 地址为空
#增加以上内容后保存并退出#
root@switch1:~# poweroff
```

③ 配置 pchost-1 的主机名称和 IP 地址，简要步骤如下。

```
classroom@classroom:~$ su -
root@classroom:~# hostnamectl set-hostname pchost-1
root@classroom:~# bash!
root@pchost-1:~# vim /etc/hosts
127.0.1.1 pchost-1                    #配置 127.0.1.1 解析为 pchost-1
#确认以上条目的对应信息无误后保存并退出#
root@pchost-1:~# vim /etc/netplan/01-network-manager-all.yaml
# Let NetworkManager manage all devices on this system
network:
    version: 2
```

```
    renderer: NetworkManager
    ethernets:
      ens33:
        dhcp4: yes                  #配置 ens33 由 DHCP 分配 IP 地址
      ens34:
        dhcp4: no                   #配置 ens34 使用静态 IP 地址
        addresses: [10.2.2.128/24]  #配置 ens34 静态 IP 地址为 10.2.2.128/24
#增加以上内容后保存并退出#
root@pchost-1:~# poweroff
```

④ 配置 pchost-2 虚拟机的主机名称和 IP 地址，简要步骤如下。

```
classroom@classroom:~$ su -
root@classroom:~# hostnamectl set-hostname pchost-2
root@classroom:~# bash!
root@pchost-2:~# vim /etc/hosts
127.0.1.1 pchost-2                  #配置 127.0.1.1 解析的域名为 pchost-2
#确认以上条目的对应信息后保存并退出#
root@pchost-2:~ vim /etc/netplan/01-network-manager-all.yaml
# Let NetworkManager manage all devices on this system
network:
  version: 2
  renderer: NetworkManager
  ethernets:
    ens33:
      dhcp4: yes                    #配置 ens33 由 DHCP 分配 IP 地址
    ens34:
      dhcp4: no                     #配置 ens34 使用静态 IP 地址
      addresses: [10.2.2.129/24]    #配置 ens34 静态 IP 地址为 10.2.2.129/24
#增加以上内容后保存并退出#
root@pchost-2:~# poweroff
```

（2）右击"虚拟机"选项卡，在弹出的快捷菜单中选择"快照"→"拍摄快照"命令，在弹出的拍摄快照对话框中为每台虚拟机创建一个快照，作为初始环境的备份，如图 1-32 所示。

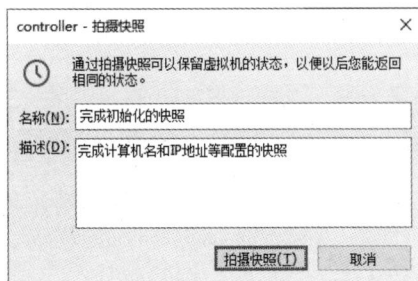

图 1-32 拍摄快照

任务验证

本任务的具体验证过程如下。

（1）启动所有虚拟机，使用 root 用户登录虚拟机系统，查看每个角色虚拟机上所有网卡的 IP

地址信息。

① 在 controller 节点上执行 ip address show 命令，操作结果如图 1-33 所示。

图1-33　ip address show 命令的操作结果（controller 节点）

② 在 switch1 节点上执行 ip address show 命令，操作结果如图 1-34 所示。

图1-34　ip address show 命令的操作结果（switch1 节点）

③ 在 pchost-1 节点上执行 ip address show 命令，操作结果如图 1-35 所示。

图1-35　ip address show 命令的操作结果（pchost-1 节点）

④ 在 pchost-2 节点上执行 ip address show 命令，操作结果如图 1-36 所示。

```
root@pchost-2:~# ip address show
1: lo: <LOOPBACK,UP,LOWER_UP> mtu 65536 qdisc noqueue state UNKNOWN group default qlen 1000
    link/loopback 00:00:00:00:00:00 brd 00:00:00:00:00:00
    inet 127.0.0.1/8 scope host lo
       valid_lft forever preferred_lft forever
    inet6 ::1/128 scope host
       valid_lft forever preferred_lft forever
2: ens33: <BROADCAST,MULTICAST,UP,LOWER_UP> mtu 1500 qdisc fq_codel state UP group default qlen 1000
    link/ether 00:0c:29:13:d9:1d brd ff:ff:ff:ff:ff:ff
    altname enp2s1
    inet 192.168.217.140/24 brd 192.168.217.255 scope global dynamic noprefixroute ens33
       valid_lft 1787sec preferred_lft 1787sec
    inet6 fe80::20c:29ff:fe13:d91d/64 scope link
       valid_lft forever preferred_lft forever
3: ens34: <BROADCAST,MULTICAST,UP,LOWER_UP> mtu 1500 qdisc fq_codel state UP group default qlen 1000
    link/ether 00:0c:29:13:d9:27 brd ff:ff:ff:ff:ff:ff
    altname enp2s2
    inet 10.2.2.129/24 brd 10.2.2.255 scope global noprefixroute ens34
       valid_lft forever preferred_lft forever
    inet6 fe80::20c:29ff:fe13:d927/64 scope link
       valid_lft forever preferred_lft forever
```

图 1-36　ip address show 的操作结果（pchost-2 节点）

（2）在 controller 与 switch1 之间、pchost-1 与 pchost-2 之间使用 ping 命令，测试两者之间能否正常通信。

controller 节点执行 ping 命令的操作结果如图 1-37 所示。

```
root@controller:~# ping 10.1.1.20 -c 3
PING 10.1.1.20 (10.1.1.20) 56(84) bytes of data.
64 bytes from 10.1.1.20: icmp_seq=1 ttl=64 time=0.449 ms
64 bytes from 10.1.1.20: icmp_seq=2 ttl=64 time=0.449 ms
64 bytes from 10.1.1.20: icmp_seq=3 ttl=64 time=0.448 ms

--- 10.1.1.20 ping statistics ---
3 packets transmitted, 3 received, 0% packet loss, time 2045ms
rtt min/avg/max/mdev = 0.448/0.448/0.449/0.000 ms
```

图 1-37　controller 节点执行 ping 命令的操作结果

switch1 节点执行 ping 命令的操作结果如图 1-38 所示。

```
root@switch1:~# ping 10.1.1.10 -c 3
PING 10.1.1.10 (10.1.1.10) 56(84) bytes of data.
64 bytes from 10.1.1.10: icmp_seq=1 ttl=64 time=0.378 ms
64 bytes from 10.1.1.10: icmp_seq=2 ttl=64 time=0.477 ms
64 bytes from 10.1.1.10: icmp_seq=3 ttl=64 time=0.483 ms

--- 10.1.1.10 ping statistics ---
3 packets transmitted, 3 received, 0% packet loss, time 2029ms
rtt min/avg/max/mdev = 0.378/0.446/0.483/0.048 ms
```

图 1-38　switch1 节点执行 ping 命令的操作结果

由于 pchost-1 和 pchost-2 中间隔了一台虚拟机，该虚拟机并未做任何配置，因此这两台计算机虽然工作在同一个网段，但是无法相互通信。

pchost-1 节点执行 ping 命令的操作结果如图 1-39 所示。

```
root@pchost-1:~# ping 10.2.2.129
PING 10.2.2.129 (10.2.2.129) 56(84) bytes of data.
From 10.2.2.128 icmp_seq=1 Destination Host Unreachable
From 10.2.2.128 icmp_seq=2 Destination Host Unreachable
From 10.2.2.128 icmp_seq=3 Destination Host Unreachable
^C
--- 10.2.2.129 ping statistics ---
4 packets transmitted, 0 received, +3 errors, 100% packet loss, time 3000ms
pipe 3
root@pchost-1:~# 
```

图 1-39　pchost-1 节点执行 ping 命令的操作结果

pchost-2 节点执行 ping 命令的操作结果如图 1-40 所示。

```
root@pchost-2:~# ping 10.2.2.128
PING 10.2.2.128 (10.2.2.128) 56(84) bytes of data.
From 10.2.2.129 icmp_seq=1 Destination Host Unreachable
From 10.2.2.129 icmp_seq=2 Destination Host Unreachable
From 10.2.2.129 icmp_seq=3 Destination Host Unreachable
^C
--- 10.2.2.128 ping statistics ---
5 packets transmitted, 0 received, +3 errors, 100% packet loss, time 4020ms
pipe 3
root@pchost-2:~#
```

图 1-40　pchost-2 节点执行 ping 命令的操作结果

1.5　项目习题

一、选择题

抓包常用的工具是（　　）。

A. Iperf　　　　　　B. Postman　　　C. Wireshark　　　D. Netperf

二、填空题

1. 下载 Postman 需要执行_____命令。

2. SDN 的关键组件有_____。

3. SDN 的特征是_____、_____和_____。

项目2
基于OVS构建SDN环境

02

学习目标

（1）了解OVS的基本原理。
（2）掌握OVS的安装和配置方法。
（3）了解OpenFlow协议。
（4）掌握SDN流表的概念和操作方法。

2.1 项目背景

通过项目 1 的实施，Jan16 公司网络管理员已经利用 VMW 的模板克隆功能构建了可用于公司业务测试环境的 SDN 基本组网架构。但是，因为 SDN 功能尚未完善，公司业务测试主机之间的流量被 VMW 的 LAN 区段隔离了，暂不能互相通信。在这样的情况下，网络管理员计划使用 3 台业务测试主机，配合 OVS 的组网方式对 SDN 的网络通信控制进行探索，实现测试主机之间的基本通信控制。网络规划如表 2-1 所示。

表 2-1 网络规划

主机名称	端口	IP 地址	用途	LAN 区段
switch1	ens33	DHCP	连接互联网	
	ens34	无 IP 地址	SDN 控制网	LAN0
	ens35	无 IP 地址	SDN 数据网	LAN1
	ens36	无 IP 地址	SDN 数据网	LAN2
	ens37	无 IP 地址	SDN 数据网	LAN3
pchost-1	ens33	由 DHCP 分配	连接互联网	
	ens34	10.2.2.128/24	SDN 数据网	LAN1
pchost-2	ens33	由 DHCP 分配	连接互联网	
	ens34	10.2.2.129/24	SDN 数据网	LAN2
pchost-3	ens33	由 DHCP 分配	连接互联网	
	ens34	10.2.2.130/24	SDN 数据网	LAN3

2.2 项目需求分析

根据项目需求，需要实现 3 台业务测试主机之间的 SDN 通信控制。公司业务主机之间多数为三层或四层通信，四层通信的实现基于三层通信。因此，网络管理员首先需要探索出 OVS 对主机之间局域网的二层通信和跨网段的三层通信控制的规则及实现方式。

综上所述，本项目设计任务如下。

使用 OVS 完成三层流表的配置，确保业务测试主机之间正常通信。

2.3 项目相关知识

2.3.1 OVS

1. OVS 概述

OVS 是一款开源软件，是由软件实现的虚拟交换机，使用开源 Apache 2.0 许可协议。OVS 的工作原理与物理交换机类似，其主要包含两个作用：传递虚拟机之间的流量，实现虚拟机和外界网络的通信。

OVS 产生的主要目的是通过编程实现自动化的大规模网络扩展，它支持标准的管理接口和协议，如 NetFlow、sFlow、虚拟局域网（Virtual Local Area Network，VLAN）、虚拟扩展局域网（Virtual Extensible Local Area Network，VxLAN）、通用路由封装（Generic Routing Encapsulation，GRE）、生成树协议（Spanning Tree Protocol，STP）等。OVS 整体组网结构如图 2-1 所示。

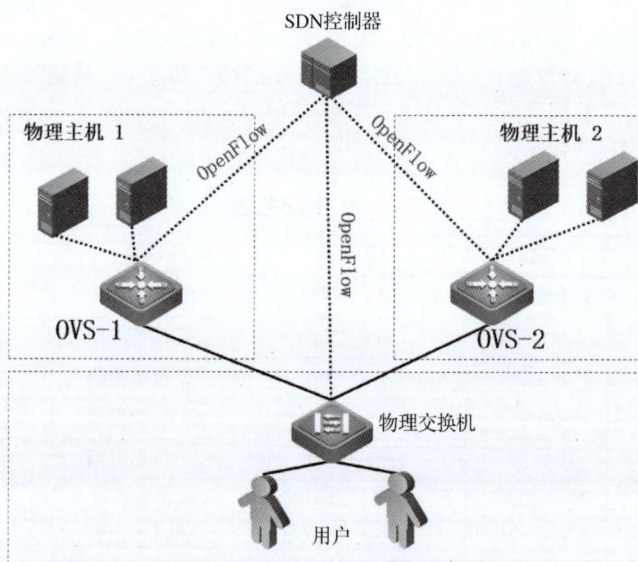

图 2-1　OVS 整体组网结构

从组网架构来看，OVS 是物理主机上的一个软件程序，其可以通过物理主机上的物理接口连接到物理交换机（Hardware Switch），而物理主机上的虚拟主机通过连接到 OVS 生成的逻辑接口完成接入；另外，SDN 控制器（Controller）也可以连接到物理交换机，通过 OpenFlow 协议与 OVS 进行通信与控制。

2. OVS 的适用场景与优势

OVS 适用于多服务器虚拟化部署的场景。在这些场景中，网络通常是灵活多变且难以维护的，Linux 内置网桥在这种网络场景中并不适用，此时 OVS 就可以发挥作用。

OVS 具有以下优势。

（1）支持动态响应网络。OVS 支持网络控制系统在环境灵活变化时做出响应，支持简单的统计和可见性，如 NetFlow、sFlow 等。

（2）支持开放虚拟机数据库（Openvswitch Database，ovsdb）。OVS 将各种配置信息以数据表的形式保存在轻量数据库 ovsdb 中，这是其他交换机所不具备的。

（3）支持 OpenFlow 协议。OVS 支持通过 OpenFlow 协议进行远程控制，包括通过检查发现链路状态流量[如链路层发现协议（Link Layer Discovery Protocol，LLDP）/思科发现协议（Cisco Discovery Protocol，CDP）/开放最短路径优先（Open Shortest Path First，OSPF）协议等]进行全局网络发现。

（4）支持多种逻辑标签。OVS 支持 GRE 隧道和 VxLAN 隧道的创建、配置及拆除，其包含多种用于指定和维护逻辑标签的方法。

（5）支持多种硬件芯片组。OVS 支持运行在专用交换机或普通 PC 的硬件芯片组之中。

3. OVS 系统架构

OVS 由多个模块组成，每个模块负责各自的功能。OVS 包含用户空间（User space，Us）和内核空间（Kernel space，Ks）两个部分。用户空间中的模块主要负责管理交换机及流表的各种功能，是 OVS 的重中之重；内核空间中的模块则主要负责数据交换与处理。OVS 系统架构如图 2-2 所示。

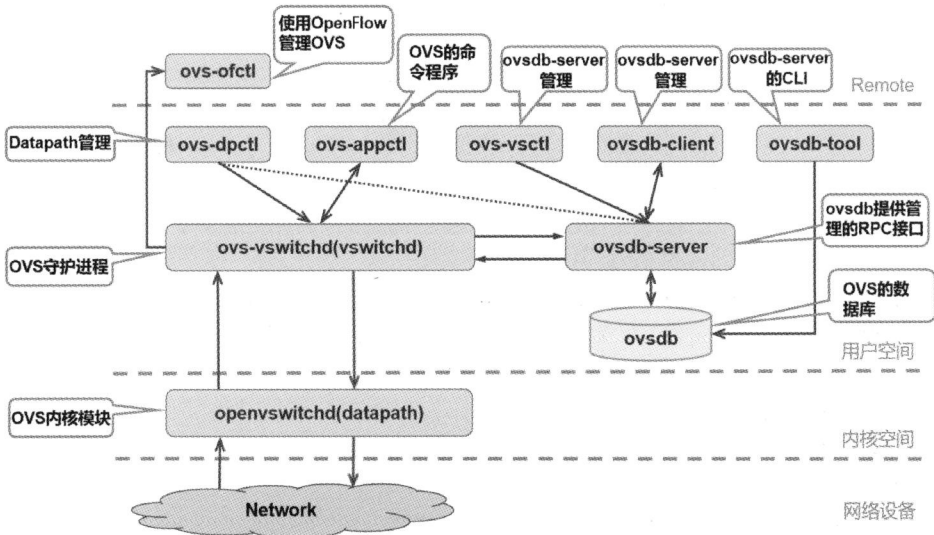

图 2-2　OVS 系统架构

（1）内核空间

openvswitchd(datapath)：OVS 的内核模块，运行于 Linux 操作系统的内核空间中，主要负责与网络设备进行数据交换。

（2）用户空间

① ovs-vswitchd(vswitchd)：OVS 的守护进程，是 OVS 的核心模块，与内核空间的 openvswitchd(datapath)共同实现基于流量的数据交换与处理。ovs-vswitchd(vswitchd)通过与 ovsdb-server 进行通信，实现将交换机的配置、数据流信息及其他变化信息保存到 ovsdb 中。

② ovs-dpctl：OVS 内核模块的管理工具，用来管理内核模块 openvswitchd(datapath)。ovs-dpctl 可以调用 ovs-vswitchd 来调试 openvswitchd(datapath)。

③ ovs-appctl：OVS 中的管理工具，用于与 OVS 守护进程进行交互。

④ ovsdb：OVS 的数据库，用于存放虚拟交换机各种配置信息。

⑤ ovsdb-server：OVS 的轻量级数据库服务器。vswitchd 可以通过该数据库查询和获取交换机的各类信息。

⑥ ovs-vsctl：OVS 的管理工具，用于查询和更新 vswitchd 配置的实用程序，主要通过与 ovsdb-server 的交互来实现。

⑦ ovsdb-client：OVS 数据库管理工具，用于查询、修改和管理 ovsdb 中的配置信息。

⑧ ovsdb-tool：OVS 数据库的管理工具，用于管理 ovsdb 的 CLI 命令行，侧重于修改 ovsdb 信息。

⑨ ovs-ofctl：OVS 的流表调试工具，用于 OVS 流表及流表项的查询和更新。

4. OVS 的重要概念

想要理解 OVS，首先必须了解它的相关重要概念。

（1）网桥

在 OVS 中，网桥就是通过软件生成的虚拟交换机（后文统一称为"交换机"）。

（2）端口

在 OVS 中，端口是交换机用于连接设备和进行数据交换的虚拟端口，又称为逻辑端口。常见的端口类型主要有 Normal、Internal、Patch 和 Tunnel 这 4 种。

① Normal 端口。将主机的物理网卡添加到交换机中时，其端口默认的类型就是 Normal。Normal 端口相当于传统交换机中的二层交换口，对应此端口的物理网卡将不能使用 IP 地址进行通信。如果在添加到交换机之前物理网卡就已经配置过 IP 地址，则此网卡添加到交换机之后，配置的 IP 地址将不可访问。

② Internal 端口。Internal 端口称为内部端口，功能类似于 Linux 操作系统的虚拟网线（Veth-pair）。在设置此端口类型后，OVS 会自动创建一个连接此端口的网卡，随后此端口收到的数据将会提交给网卡进行处理，且网卡发出的数据也会通过该端口提交给 OVS。当创建一个新的网桥时，会默认创建与网桥同名的 Internal 端口。

③ Patch 端口。如果主机中存在多台交换机，则可以使用 Patch 类型的端口把两台交换机连接起来，使两台交换机逻辑上成为一体，即表面上看，使用 Patch 端口连接的两台交换机与一台交换机并没有太大区别。Patch 类型的端口通常成对出现。

④ Tunnel 端口。Tunnel 端口称为隧道端口，多出现在隧道通信的构建中。Tunnel 端口通常又分为 VxLAN 和 GRE 类型，分别对应 VxLAN 隧道端口和 GRE 隧道端口。

（3）接口

在 OVS 中，接口（Interface）是负责接收或发送数据包的真实的物理接口。接口通常与端口成对出现，端口需要依赖接口才可以达到收发数据的目的，接口是挂载在端口上的。

（4）控制器

在 OVS 中，控制器就是 OVS 所连接的 SDN 控制器，用于进行流表管理和网络通信控制。

（5）管理器

在 OVS 中，管理器（Manager）用于管理交换机的 ovsdb，它通常集成于 SDN 控制器之中。

（6）故障模式

在 OVS 中，故障模式（fail-mode）用于处理 OVS 无法连接控制器时的转发逻辑，有 standalone 和 secure 两种。默认情况下，用户配置了 OVS 连接控制器，OVS 便会持续探测控制器是否连接成功，如果 3 次探测均不成功，则 OVS 会按照用户配置的故障模式接管数据转发逻辑。standalone 和 secure 两种故障模式的具体介绍如下。

① 如果用户配置的故障模式为 standalone，则交换机会将转发逻辑切换为传统模式，此时的交换机与传统交换机无异，能自学习介质访问控制（Media Access Control，MAC）地址。

② 如果用户配置的故障模式为 secure，则交换机不会更改当前的转发逻辑，严格按照原有的流表设置进行数据包的转发。

交换机在进入故障模式之后，后台也会一直尝试连接控制器，成功连接后即退出故障模式。

5. OVS 的工作流程

OVS 的工作流程如图 2-3 所示。

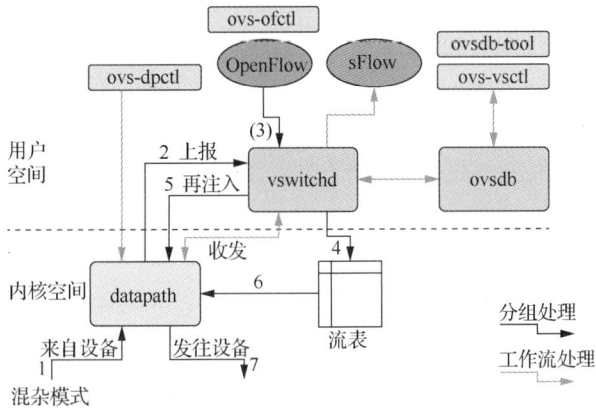

图 2-3 OVS 的工作流程

数据包经过设备上配置的网卡转发至 OVS。数据包从 OVS 接口进入 OVS 内核空间 datapath 中。由 datapath 检索数据包中包含的所有字段，查询内核空间中是否已有处理该数据包的流表项规则的缓存，该缓存的规则称为 datapath flows。如果与 datapath flows 匹配，那么 datapath 模块就执行 datapath flows 中对应的处理指令；否则，datapath 会将该数据包上报给用户空间中的 ovs-vswitchd 模块。如果 ovs-vswitchd 上存在与数据包匹配的流表项，则会将对应的流表项所设定的处理指令再注入 datapath 模块，由 datapath 模块进行数据处理；如果 ovs-vswitchd 上不存在与数据包匹配的流表项，则会通过 OpenFlow 消息询问控制器。控制器决定处理规则后，会生成流表规则并通过 OpenFlow 消息通告给 ovs-vswitchd 模块，再由 ovs-vswitchd 模块注入 datapath 模块，最后由 datapath 模块处理数据包。

OVS 中负责数据交换与处理的 datapath 模块位于 Linux 操作系统中的内核空间。由于不同发行版本的 Linux 操作系统内核版本会有所不同，因此依赖于 Linux 操作系统内核的 OVS 也要使用不同版本，以适应不同的 Linux 操作系统内核。OVS 2.16.x 版本兼容 Linux 4.x 和 5.x 内核，由于公司选择使用的是 Ubuntu18.04 操作系统，内核版本为 5.4.0，因此选择使用 OVS v2.16.0 较为适合。OVS 各版本与 Linux 操作系统内核的对应关系如表 2-2 所示。

表 2-2 OVS 各版本与 Linux 操作系统内核的对应关系

OVS 版本	Linux 操作系统内核
2.0.x	2.6.18～3.8
2.1.x	2.6.18～3.10
2.2.x	2.6.18～3.11
2.3.x	2.6.18～3.14
2.4.x	2.6.18～4.0
2.5.x	2.6.18～4.3

续表

OVS 版本	Linux 操作系统内核
2.6.x	3.10～4.7
2.7.x	3.10～4.9
2.8.x	3.10～4.12
2.9.x	3.10～4.13
2.10.x	3.10～4.17
2.11.x	3.10～4.18
2.12.x	3.16～5.0
2.13.x	3.16～5.0
2.14.x	3.16～5.5
2.15.x	3.16～5.8
2.16.x	3.16～5.8
2.17.x	3.16～5.8

6. OVS 的安装与启动

Ubuntu 操作系统对 OVS 有良好的支持，用户可以在系统联网后使用 apt install 命令一键安装 OVS。但是，这样下载安装的 OVS 有可能会因为软件版本较低而无法适应操作系统的内核版本，从而导致无法启动等问题，因此一般推荐使用源代码包编译安装 OVS 的方式。

（1）基于 OVS 源代码包的安装方式

① 通过 Xftp、WinSCP 等软件上传 OVS 源代码包到主机中并进行解压。

```
root@switch1:~# tar -xvf openvswitch-2.16.0.tar.gz -C /mnt
```

② 根据系统内核预编译源代码包。

```
root@switch1:~# /mnt/openvswitch-2.16.0/configure \
--with-linux=/lib/modules/$(uname -r)/build
```

③ 编译和安装 OVS，无任何报错即为正常。

```
root@switch1:~# make && make install
```

④ 设置启动 OVS 所需的环境变量。

```
root@switch1:~# vim /etc/profile
PATH=$PATH:/usr/local/share/openvswitch/scripts
export PATH
#在环境变量中加入以上两行代码后保存并退出
```

⑤ 加载环境变量。

```
root@switch1:~# source /etc/profile
```

启动 OVS，操作结果如图 2-4 所示。

```
root@switch1:~# ovs-ctl start
```

```
root@switch1:~# source /etc/profile
root@switch1:~# ovs-ctl start
 * Starting ovsdb-server
   system ID not configured, please use --system-id
 * Configuring Open vSwitch system IDs
 * Starting ovs-vswitchd
 * Enabling remote OVSDB managers
root@switch1:~#
```

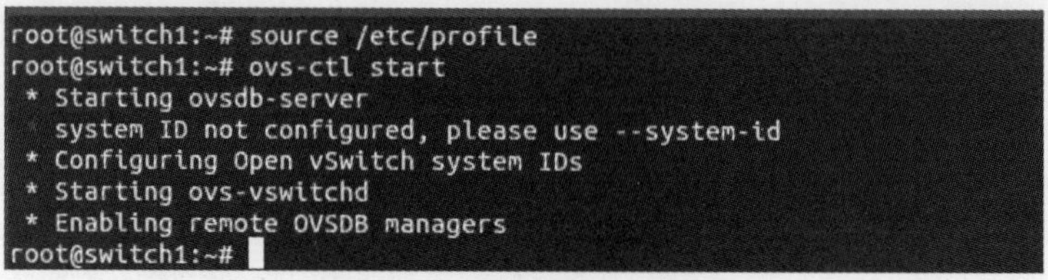

图 2-4　启动 OVS 的操作结果

（2）查看 OVS 的启动情况

启动 OVS 之后，可以通过 ovs-ctl status 命令查看启动情况，操作结果如图 2-5 所示。默认情况下 OVS 会启动两个守护进程，一个是轻量数据库守护进程 ovsdb-server，另一个是主守护进程 ovs-vswitchd。

```
root@switch1:~# ovs-ctl status
ovsdb-server is running with pid 4767
ovs-vswitchd is running with pid 4788
root@switch1:~#
```

图 2-5　ovs-ctl status 命令的操作结果

2.3.2　OVS 命令

1. 交换机管理命令 ovs-vsctl

ovs-vsctl 命令是获取或者更改 OVS 配置信息的重要工具和手段之一。ovs-vsctl 的常用命令如表 2-3 所示。

表 2-3　ovs-vsctl 的常用命令

常用命令	含义
ovs-vsctl init	初始化数据库（前提条件为数据分组为空）
ovs-vsctl show	输出数据库信息摘要
ovs-vsctl add-br BRIDGE	添加新的交换机
ovs-vsctl del-br BRIDGE	删除交换机
ovs-vsctl list port PORT	输出交换机中具体的端口信息
ovs-vsctl list-ports BRIDGE	输出交换机中的端口信息
ovs-vsctl add-port BRIDGE PORT	向交换机中添加端口
ovs-vsctl del-port BRIDGE PORT	删除交换机上的端口
ovs-vsctl get-controller BRIDGE	获取交换机的控制器信息
ovs-vsctl del-controller BRIDGE	删除交换机的控制器信息
ovs-vsctl set-controller BRIDGE TARGET	向交换机添加控制器
ovs-vsctl set bridge BRIDGE protocol=OpenFlow10	配置交换机支持协议为 OpenFlow 1.0
ovs-vsctl set bridge BRIDGE protocol=OpenFlow13	配置交换机支持协议为 OpenFlow 1.3
ovs-vsctl set-fail-mode BRIDGE secure	配置交换机的失败模式为 secure

2. 流表管理命令 ovs-ofctl

ovs-ofctl 是 OVS 的模块之一，其提供的 ovs-ofctl 命令主要用来获取或更改 OVS 的流表项信息，也可以查看交换机的端口信息。ovs-ofctl 的常用命令如表 2-4 所示。

表 2-4　ovs-ofctl 的常用命令

常用命令	含义
ovs-ofctl show BRIDGE	查看交换机的详细信息，主要用于查看交换机端口编号信息
ovs-ofctl dump-ports BRIDGE PORT	查询端口统计信息，主要用于显示交换机端口的数据包统计数据
ovs-ofctl dump-flows BRIDGE	查询交换机中所有的流表项（默认仅支持 OpenFlow 1.0 协议）

常用命令	含义
ovs-ofctl dump-flows BRIDGE -O OpenFlow13	查询交换机中所有的流表项（默认仅支持 OpenFlow 1.3 协议）
ovs-ofctl add-flow BRIDGE MatchFields, Actions	向交换机添加流表项（默认仅支持 OpenFlow 1.0 协议）
ovs-ofctl add-flow BRIDGE MatchFields, Actions -O OpenFlow13	向交换机添加流表项（默认仅支持 OpenFlow 1.3 协议）
ovs-ofctl mod-flows BRIDGE MatchFields, Actions	修改交换机中对应匹配域的流表项动作，如果没有对应流表项，则将新增一条流表项（默认仅支持 OpenFlow 1.0 协议）
ovs-ofctl mod-flows BRIDGE MatchFields, Actions -O OpenFlow13	修改交换机中对应匹配域的流表项动作，如果没有对应流表项，则将新增一条流表项（默认仅支持 OpenFlow 1.3 协议）
ovs-ofctl del-flows BRIDGE MatchFields, Actions	删除交换机中某具体的流表项（默认仅支持 OpenFlow 1.0 协议）
ovs-ofctl del-flows BRIDGE MatchFields, Actions -O OpenFlow13	删除交换机中某具体的流表项（默认仅支持 OpenFlow1.3 协议）
ovs-ofctl del-flows BRIDGE --strict priority=x	删除优先级为 x 的流表项（默认仅支持 OpenFlow 1.0 协议）

在表 2-4 中，MatchFields 指匹配域参数，一条流表项可以有一个或多个匹配域参数，每个参数之间使用 "," 隔开。

常见的匹配域参数如表 2-5 所示。

表 2-5　常见的匹配域参数

匹配域参数	含义
in_port=PORT	匹配从交换机某端口进来的数据包
dl_src=MAC	匹配数据包的源 MAC 地址
dl_dst=MAC	匹配数据包的目的 MAC 地址
dl_type=TYPE	匹配数据包的报文类型。TYPE 可为 0x0800（IPv4 报文）、0x0806（ARP 报文）、0x086dd（IPv6 报文）、0x08cc（LLDP 报文）
nw_proto=X	匹配数据包使用的编号为 X 的协议类型，常用的 X 有 1（ICMP）、6（TCP）、17（UDP），仅当 dl_type 的值为 0x0800 或 0x08dd 时有效
nw_src=IP/netmask	匹配数据包的源 IP 地址，当 dl_type=0x0800 时有效，单 IP 地址匹配时需要填写为 IP/32
nw_dst=IP/netmask	匹配数据包的目的 IP 地址，当 dl_type=0x0800 时有效，单 IP 地址匹配时需要填写为 IP/32
tcp_src=PORTNUMBER	匹配数据包的 TCP 源端口，当 nw_proto=6 时生效
tcp_dst=PORTNUMBER	匹配数据包的 TCP 目的端口，当 nw_proto=6 时生效
udp_src=PORTNUMBER	匹配数据包的 TCP 源端口，当 nw_proto=17 时生效
udp_dst=PORTNUMBER	匹配数据包的 TCP 目的端口，当 nw_proto=17 时生效

在表 2-4 中，Actions 指动作参数，多个不同类型的动作参数必须使用固定格式",actions=ACTION"分隔开。

常见的动作参数如表 2-6 所示。

表 2-6　常见的动作参数

动作参数	含义
actions=output:PORT	输出数据包到某个端口，同时输出到多个端口时参数之间可以使用","隔开
actions=drop	丢弃报文
actions=mod_vlan_vid:VID	修改 VLAN 的 ID
actions=strip_vlan	移除 VLAN 的 ID
actions=mod_dl_src:MAC	修改源 MAC 地址
actions=mod_dl_dest:MAC	修改目的 MAC 地址
actions=mod_nw_src:IP	修改源 IP 地址
actions=mod_nw_dst:IP	修改目的 IP 地址
actions=mod_tp_src:PORT	修改源 TCP/UDP/SCTP 端口号
actions=mod_tp_dst:PORT	修改目的 TCP/UDP/SCTP 端口号
actions=normal	使用普通的二层/三层转发（传统模式）

在 OVS 中，使用 ovs-ofctl 命令设置参数时，可以直接使用 ip 代替 dl_type=0x0800，arp 代替 dl_type=0x0806，tcp 代替 nw_proto=6，即可以用协议或以太网的友好名称代替复杂难记的值。

示例：为 br-sw 交换机下发流表，优先级为 201，空闲时间为 60s，匹配三层源地址为 10.2.2.129 到目的地址为 10.2.2.130 且协议为 TCP 的数据包，动作为输出到端口 3。其简写格式如下。

```
root@hostname:~ # ovs-ofctl add-flow br-sw\
priority=201,idle_timeout=60,ip,nw_src=10.2.2.129,nw_dst=10.2.2.130,tcp,actions=output:3
```

传统格式如下。

```
root@hostname:~ # ovs-ofctl add-flow br-sw \
priority=201,idle_timeout=60,dl_type=0x0800,nw_src=10.2.2.129,nw_dst=10.2.2.130, nw_
proto=6,actions=output:3
```

ovs-ofctl 命令其他常用参数如表 2-7 所示。

表 2-7　ovs-ofctl 命令其他常用参数

常用参数	含义
idle_timeout=100	流表项空闲超时时间，单位为 s。流表在经过 100s 后仍未被匹配时会删除流表，值为 0 时表示永不空闲超时
hard_timeout=100	流表项硬超时时间，单位为 s。流表在经过 100s 后，无论是否被匹配都删除流表，值为 0 时表示永不硬超时
priority=500	流表项优先级。值越大表示优先级越高

2.3.3 OpenFlow 协议

OpenFlow 主要用于支持 SDN 架构的控制层和转发层之间的交互行为。交换机可以通过 OpenFlow 协议处理不同的消息类型，实现与控制器之间的路由控制。简单来说，OpenFlow 协议就是把数据转发设备的控制面与转发面分离，以软件的方式实现控制面。在 SDN 中，任何支持 OpenFlow 协议的交换机均称为 OpenFlow 交换机。OpenFlow 交换机主要分为两类，一类是 OpenFlow 专用交换机（OpenFlow-only），这种交换机只支持 OpenFlow 协议；另一类是 OpenFlow 使能交换机（OpenFlow-enabled），这种交换机是在传统交换机上使能 OpenFlow 协议。

1. OpenFlow 的版本

OpenFlow 1.0 于 2009 年发布，至今已先后推出了 1.0~1.5 等版本，每个版本都对之前的版本进行了改进或增加了新功能，具体更新如下。

（1）OpenFlow 1.0 协议：仅支持单级流表，仅支持连接一台控制器，仅支持 IPv4 通信，默认的流表为流表 0（Table 0）。

（2）OpenFlow 1.1 协议：在 1.0 协议的基础上增加了对多级流表、组表、VLAN 和多协议标签交换（Multi-Protocol Label Switching，MPLS）的功能和协议的支持。

（3）OpenFlow 1.2 协议：在 1.1 协议的基础上增加了匹配 IPv6 字段的功能，支持连接多控制器。

（4）OpenFlow 1.3 协议：在 1.2 协议的基础上增加了对 IPv6 扩展头的支持，支持交换机与控制器之间通过多通道进行通信。

（5）OpenFlow 1.4 协议：在 1.3 协议的基础上增加了"importance"（重要性）字段，支持逐出机制（自动删除重要性低的流表条目，为新条目腾出空间）。

（6）OpenFlow 1.5 协议：在 1.4 协议的基础上增加了辅助连接的概念，以支持多台控制器与同一交换机进行交互，增强了流表同步机制。

2. OpenFlow 的保留端口

在 OpenFlow 协议中，不仅对端口和接口进行了定义，还定义了 OpenFlow 保留端口，用于特定的转发动作，如发送给控制器、泛洪、使用传统交换机的处理过程等。常见的要求强制保留的端口有以下几种。

（1）ALL 端口：所有端口均可用于转发指定数据包。当 ALL 端口用作输出端口时，数据包会在复制后发送给所有非数据包入端口或非配置为 OFPPC_NO_FWD 的其他端口。

（2）CONTROLLER 端口：交换机与控制器之间的控制通道。

（3）IN_PORT 端口：数据包的进入端口。当 IN_PORT 端口用作输出端口时，表示数据包从其进入端口发送出去。

（4）FLOOD 端口：数据包泛洪输出。

（5）NORMAL 端口：数据包用传统二层/三层协议输出，仅 OpenFlow 使能交换机支持。

2.3.4 流表

1. 流表概述

流表是 OpenFlow 协议中的一个概念，是指交换机用于处理数据的一个或多个规则的集合，是 SDN 架构中的重要组成部分。OpenFlow 交换机在没有任何流表的情况下，不能正常地对数据包进行有效转发。也就是说，流表是所有 OpenFlow 交换机的核心和"灵魂"，是 OpenFlow 交换机处理数据包的依据和凭证。流表中存放的这些规则称为流表项（Flow Entry），它们类似于防火墙策略，可以对数据包的处理指令、动作进行定义。

流表在支持 OpenFlow 1.0 协议的交换机中有且仅有一张，编号为 0；而在支持 OpenFlow 1.1 以上版本的交换机中，允许存在编号为 0 之外的流表，但是流表匹配时仍然从流表 0 进行查询匹配。在 OpenFlow 1.1 以上版本中，流表的编号最大是 253。

2. 流表项结构

一个流表中可以包含多个流表项，流表项蕴含丰富的信息，是处理数据流动作的依据。

以 OpenFlow 1.3 为例，介绍流表项的组成部分。流表项主要由 6 部分组成，分别如下。

① 匹配域（MatchFields）：进行数据分组匹配。

② 优先级（Priority）：流表项匹配优先次序。

③ 计数器（Counters）：保存与流表项相关的统计信息。

④ 指令（Instructions）：匹配表项后对数据分组执行的指令。

⑤ 超时（Timeouts）：设置流表项的超时时间。

⑥ 标识（Cookie）：标识控制器下发的流表项。

流表项的结构如图 2-6 所示。

MatchFields	Priority	Counters	Instructions	Timeouts	Cookie

图 2-6　流表项的结构

（1）MatchFields

MatchFields 也称为匹配字段，主要用于对数据包进行匹配，包括入端口、数据包报头和由前一表指定的可选元数据。在 OpenFlow 1.0 中，该字段名为包头域；在 OpenFlow 1.1 后的版本中，将包头域更名为匹配域。匹配域包含 12 个元组，元组涵盖了 ISO 网络模型中的第 2~4 层的网络配置信息，每个元组的数值可以是一个确定的值或者任意数值（ANY）。元组的内容如表 2-8 所示。

表 2-8　元组的内容

入端口	源MAC地址	目的MAC地址	以太网类型	VLAN ID	VLAN优先级	MPLS	源IP地址	目的IP地址	IP	IP TOS位	TCP/UDP源端口	TCP/UDP目的端口
元数据	第 2 层			第 2.5 层			第 3 层				第 4 层	

（2）Priority

Priority 主要用于识别流表匹配的优先次序，数值越小表示优先级越高。如果优先级为 0 且匹配域为 ANY，那么流表项被称为 table-miss。

（3）Counters

Counters 主要用于更新匹配数据包的计数，可以针对交换机的流表、数据流、设备端口、转发队列统计数据流量的相关信息。针对每张流表，Counters 可以统计当前活动的表项数量、数据包匹配次数等；针对每个数据流，Counters 可以统计接收到的数据包数、字节数、数据流持续时间等；针对每个设备端口，Counters 除统计接收到的数据包数、发送的数据包数、接收字节数、发送字节数等指标之外，还可以对各种错误发生的次数进行统计；针对每个转发队列，Counters 可以统计发送的数据包数和字节数，以及发送时的溢出错误（Overrun）次数等。

（4）Instructions

Instructions 主要用于指导交换机在匹配到数据包后的处理过程。每个流表项可以对应 0 个或 0 个以上的 Instructions，Instructions 中包含处理数据包的详细动作，每个 Instructions 可以对应 0 个或 0 个以上的动作。如果没有定义转发动作，那么流表项匹配到的数据包将被默认丢弃。Instructions 可以分为应用动作（Apply-actions-case）、清除动作集（Clear-actions-case）、写动作集（Write-actions-case）、计量（meter-case）、转到下一个表处理（Go-to-table-case）、写元数据（Write-metadata-case）等。这里的动作集是指一系列匹配域和相应动作的集合，初始时其是一个空集合。动作集与每个数据包相关联，可以在多个流表中累加。指令中的动作类型按优先顺序排列大致如下。

① copy TTL inwards：在数据包上执行复制内层 TTL 的操作。

② pop：剥离数据包中所有的标签（tag）。

③ push-MPLS：将 MPLS tag 压入数据包中。

④ push-PBB：将 PBB tag 压入数据包中。

⑤ push-VLAN：将 VLAN tag 压入数据包中。

⑥ copy TTL outwards：从数据包上执行复制外层 TTL 的操作。

⑦ decrement TTL：降低数据包的 TTL。

⑧ set：在数据包上执行 set-fields 操作。

⑨ qos：执行与 qos 相关的操作，如 set_queue。

⑩ group：转到指定的 Group Table 中继续执行其 Action Bucket 的 action(s)。

⑪ output：如果没有 group action 指定，那么将数据包转发到指定的端口上。

> **提示** 应用动作是指立刻执行动作，不会更新动作集。而动作集的作用相当于把要执行的动作先记录下来，最后统一执行。动作集可以在多个流表中一直累加，一直到被清除或数据包消失（转发或丢弃）。

（5）Timeouts

Timeouts 主要用于设置流表项最大的生存时间，用户可以通过 Timeouts 控制数据包安全策略。超时包括空闲超时和硬超时。空闲超时代表流表项空闲计数的最大阈值，如果一条流表项没有匹配到数据包，则会启动空闲超时计数（通常以 s 为单位），当计数达到阈值时，这条流表项就会自动清除；如果在空闲计数过程中有数据包触发了流表项匹配，那么这条流表项空闲计数会清零，并在空闲后开始空闲计数；如果一条只设置了空闲超时的流表项一直有数据包匹配，那么其永远都不会被清除。硬超时指流表在超过设定的时间阈值时，无论流表项是否空闲，均会在硬超时计数达到阈值后自动删除。如果超时阈值均设置为 0，则代表这条流表项永不过期。

（6）Cookie

Cookie 是由控制器选择的数值，是控制器用于流表项统计数据过滤、流表项更改、流表项删除的依据，但 Cookie 值对于处理数据包是无效的。

> **提示** Cookie 值不是流表项的唯一 ID。

3. 流表的匹配流程

在 OpenFlow 协议中，所有的流表项都被存放在流表中。在同一个流表中，流表项均按照优先级进行先后匹配，流表匹配过程如图 2-7 所示。由图 2-7 可知，当一个数据包进入 OpenFlow 交换机时，交换机会按照流水线式的处理流程对其进行处理。所有数据包进入交换机后，必须从流表 0 开始依次查找匹配，如果在第 N 个流表中查找到匹配的流表项后，交换机首先会更新这条流表项对应的计数器（如匹配数据包的数量、总字节数等），然后根据设定内容执行指令（如更新动作集、更新数据包/匹配域、更新元数据等），此时如果有指令指定跳转到下一流表中查找匹配，那么交换机会寻找指定编号的流表执行其中的指令；处于最后一个流表时，则不再跳转，执行动作集中记录的所有动作（如转发到某端口、修改数据包字段、丢弃数据包等）。如果交换机查找了所有流表后没有找到任何适配的流表项，那么会查找是否存在 table-miss 流表项。如果存在 table-miss 流表项，则更新流表项的计数器，并执行 table-miss 流表项中的指令；如果 table-miss 也不存在，则该数据包会被丢弃。

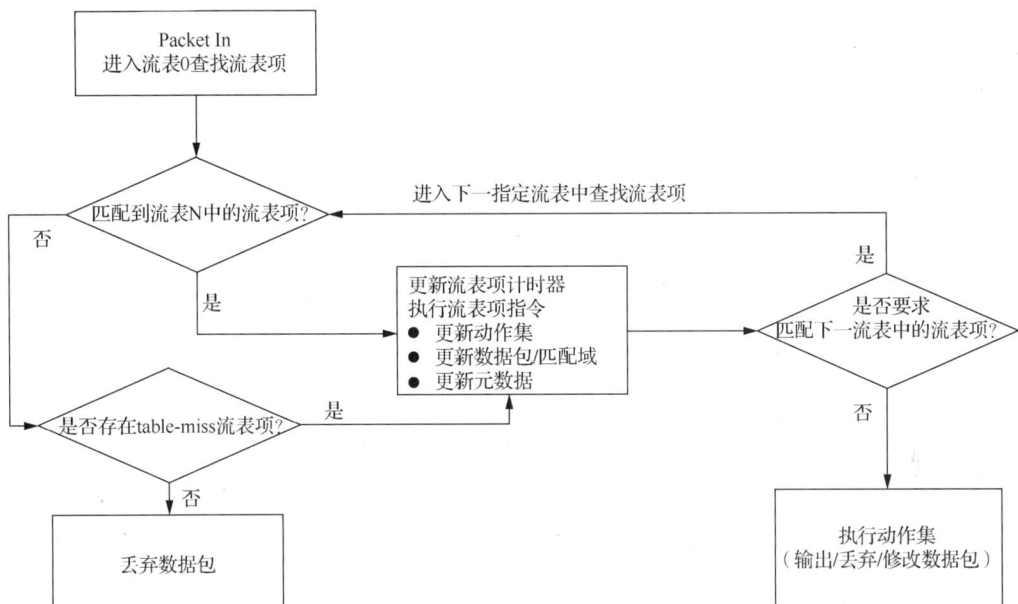

图 2-7　流表匹配过程

> **提示**　需要注意的是，流表只能按照次序从小到大越级跳转，不能从某一个流表跳转到编号更小的流表。

2.4　项目实践

微课视频

任务　使用 OVS 实现三层流表的配置

任务规划

使用 ovs-ofctl 命令，基于 OVS 实现 SDN 局域网或跨网段通信，熟悉三层流表配置的基本方法，了解 OVS 的 secure 模式的通信特性。网络结构拓扑如图 2-8 所示。

SDN 局域网或跨网段通信的配置步骤如下。

（1）安装 OVS，并写入相关环境变量。

（2）启动 OVS，创建虚拟交换机并完成初始化配置。

（3）切换 OVS 工作模式，写入对应流表项。

（4）更改 pchost-3 业务主机的 IP 地址，实现三层通信。

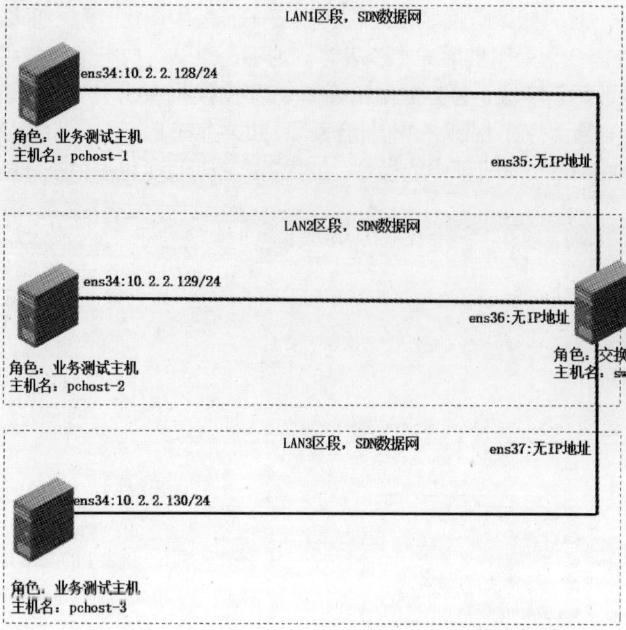

图 2-8　网络结构拓扑

任务实施

本任务具体实施过程如下。

（1）参考 2.3.1 节相关知识，完成 OVS 的搭建。

（2）切换为 root 用户，加载环境变量，启动 OVS 守护进程。

```
root@switch1:~$ su root
root@switch1:~# source /etc/profile
root@switch1:~# ovs-ctl start
```

启动 OVS 守护进程的操作结果如图 2-9 所示。

```
root@switch1:~# source /etc/profile
root@switch1:~# ovs-ctl start
 * Starting ovsdb-server
   system ID not configured, please use --system-id
 * Configuring Open vSwitch system IDs
 * Starting ovs-vswitchd
 * Enabling remote OVSDB managers
root@switch1:~#
```

图 2-9　启动 OVS 守护进程的操作结果

（3）在 switch1 上创建名为 br-sw 的交换机，增加 SDN 数据网使用的端口 ens35、ens36 和 ens37。

```
root@switch1:~# ovs-vsctl add-br br-sw
root@switch1:~# ovs-vsctl add-port br-sw ens35
root@switch1:~# ovs-vsctl add-port br-sw ens36
root@switch1:~# ovs-vsctl add-port br-sw ens37
```

（4）在 switch1 上启动 SDN 数据网使用的端口 ens35、ens36 和 ens37，并设置为无 IP 地址。

```
root@switch1:~# ifconfig ens35 0 up
root@switch1:~# ifconfig ens36 0 up
root@switch1:~# ifconfig ens37 0 up
```

（5）切换 OVS 的工作模式为 secure。

root@switch1:~# ovs-vsctl set-fail-mode br-sw secure

（6）使用 ovs-ofctl 命令查询 SDN 数据网的接口在交换机中的具体编号。

root@switch1:~# ovs-ofctl show br-sw

ovs-ofctl show br-sw 命令的操作结果如图 2-10 所示。

```
root@switch1:~# ovs-ofctl show br-sw
OFPT_FEATURES_REPLY (xid=0x2): dpid:0000000c290b4d4b
n_tables:254, n_buffers:0
capabilities: FLOW_STATS TABLE_STATS PORT_STATS QUEUE_STATS ARP_MATCH_IP
actions: output enqueue set_vlan_vid set_vlan_pcp strip_vlan mod_dl_src mod_dl_dst mod_nw_src mod_nw_dst mod_nw_tos mod_tp_src mod_t
p_dst
 1(ens35): addr:00:0c:29:0b:4d:4b
     config:     0
     state:      0
     current:    1GB-FD COPPER AUTO_NEG
     advertised: 10MB-HD 10MB-FD 100MB-HD 100MB-FD 1GB-FD COPPER AUTO_NEG
     supported:  10MB-HD 10MB-FD 100MB-HD 100MB-FD 1GB-FD COPPER AUTO_NEG
     speed: 1000 Mbps now, 1000 Mbps max
 2(ens36): addr:00:0c:29:0b:4d:55
     config:     0
     state:      0
     current:    1GB-FD COPPER AUTO_NEG
     advertised: 10MB-HD 10MB-FD 100MB-HD 100MB-FD 1GB-FD COPPER AUTO_NEG
     supported:  10MB-HD 10MB-FD 100MB-HD 100MB-FD 1GB-FD COPPER AUTO_NEG
     speed: 1000 Mbps now, 1000 Mbps max
 3(ens37): addr:00:0c:29:0b:4d:5f
     config:     0
     state:      0
     current:    1GB-FD COPPER AUTO_NEG
     advertised: 10MB-HD 10MB-FD 100MB-HD 100MB-FD 1GB-FD COPPER AUTO_NEG
     supported:  10MB-HD 10MB-FD 100MB-HD 100MB-FD 1GB-FD COPPER AUTO_NEG
     speed: 1000 Mbps now, 1000 Mbps max
 LOCAL(br-sw): addr:00:0c:29:0b:4d:4b
     config:     PORT_DOWN
     state:      LINK_DOWN
     speed: 0 Mbps now, 0 Mbps max
OFPT_GET_CONFIG_REPLY (xid=0x4): frags=normal miss_send_len=0
```

图 2-10　ovs-ofctl show br-sw 命令的操作结果

由图 2-10 得知，连接 pchost-1、pchost-2、pchost-3 的交换机的端口编号分别是 1、2、3。

（7）分别在 pchost-1、pchost-2、pchost-3 上执行 ip address show 命令，获取对应的 MAC 地址信息。

① 在 pchost-1 上执行 ip address show ens34 命令，操作结果如图 2-11 所示。

```
root@pchost-1:~# ip address show ens34
3: ens34: <BROADCAST,MULTICAST,UP,LOWER_UP> mtu 1500 qdisc fq_codel state UP group default qlen 1000
    link/ether 00:0c:29:30:2e:59 brd ff:ff:ff:ff:ff:ff
    inet 10.2.2.128/24 brd 10.2.2.255 scope global noprefixroute ens34
       valid_lft forever preferred_lft forever
    inet6 fe80::20c:29ff:fe30:2e59/64 scope link
       valid_lft forever preferred_lft forever
```

图 2-11　pchost-1 操作结果

② 在 pchost-2 上执行 ip address show ens34 命令，操作结果如图 2-12 所示。

```
root@pchost-2:~# ip address show ens34
3: ens34: <BROADCAST,MULTICAST,UP,LOWER_UP> mtu 1500 qdisc fq_codel state UP group default qlen 1000
    link/ether 00:0c:29:15:2a:ab brd ff:ff:ff:ff:ff:ff
    inet 10.2.2.129/24 brd 10.2.2.255 scope global noprefixroute ens34
       valid_lft forever preferred_lft forever
    inet6 fe80::20c:29ff:fe15:2aab/64 scope link
       valid_lft forever preferred_lft forever
```

图 2-12　pchost-2 操作结果

③ 在 pchost-3 上执行 ip address show ens34 命令，操作结果如图 2-13 所示。

```
root@pchost-3:~# ip address show ens34
3: ens34: <BROADCAST,MULTICAST,UP,LOWER_UP> mtu 1500 qdisc fq_codel state UP group default qlen 1000
    link/ether 00:0c:29:a2:d6:f0 brd ff:ff:ff:ff:ff:ff
    inet 10.2.2.130/24 brd 10.2.2.255 scope global noprefixroute ens34
       valid_lft forever preferred_lft forever
    inet6 fe80::20c:29ff:fea2:d6f0/64 scope link
       valid_lft forever preferred_lft forever
```

图 2-13　pchost-3 操作结果

（8）使用 ovs-ofctl 命令下发三层流表，使 pchost-2 和 pchost-3 的三层 IP 通信正常，pchost-2 无法 ping 通 pchost-1，流表优先级为 201，空闲超时时间为 60s。

> **注意**　要保证三层的通信正常，首先需要保证二层的通信正常，因此需要有一条流表项保证二层 ARP 报文的通信传输，两条流表项指导三层数据包的发包路径和回包路径；如果无法 ping 通，那么只需要一条将数据包拒绝（drop）的流表项即可。

① 新增流表项，将所有 ARP 报文通过传统方式转发，即与传统交换机 ARP 报文转发机制一样。流表优先级为 201，空闲超时时间为 60s。

```
root@switch1:~# ovs-ofctl add-flow br-sw \
priority=201,idle_timeout=60,arp,actions=normal
```

② 新增流表项，匹配 IPv4，且源 IP 地址为 10.2.2.129、目的 IP 地址是 10.2.2.130 的数据包，即匹配从 pchost-2 发送给 pchost-3 的三层 IP 数据包，对匹配到的数据包设置动作为输出到交换机的端口 3，即 pchost-3 所连接的 OVS 端口中。流表优先级为 201，空闲超时时间为 60s。

```
root@switch1:~# ovs-ofctl add-flow br-sw \
priority=201,idle_timeout=60,ip,nw_src=10.2.2.129,nw_dst=10.2.2.130,actions=output:3
```

③ 新增流表项，匹配 IPv4，且源 IP 地址为 10.2.2.130、目的 IP 地址是 10.2.2.129 的数据包，即匹配从 pchost-3 回包给 pchost-2 的三层 IP 数据包，对匹配到的数据包设置动作为输出到交换机的端口 2，即 pchost-2 所连接的 OVS 端口中。流表优先级为 201，空闲超时时间为 60s。

```
root@switch1:~# ovs-ofctl add-flow br-sw \
priority=201,idle_timeout=60,ip,nw_src=10.2.2.130,nw_dst=10.2.2.129,actions=output:2
```

④ 新增流表项，匹配 IPv4，且源 IP 地址为 10.2.2.129、目的 IP 地址是 10.2.2.128 的数据包，即匹配从 pchost-2 发送给 pchost-1 的三层 IP 数据包，对匹配到的数据包设置动作为 drop（丢弃），即禁止 pchost-2 ping 通 pchost-1。

```
root@switch1:~# ovs-ofctl add-flow br-sw \
priority=201,idle_timeout=60,ip,nw_src=10.2.2.129,nw_dst=10.2.2.128,actions=drop
```

新增流表项的操作结果如图 2-14 所示。

```
root@switch1:~# ovs-ofctl add-flow br-sw priority=201,idle_timeout=60,arp,action
s=normal
root@switch1:~# ovs-ofctl add-flow br-sw priority=201,idle_timeout=60,ip,nw_src=
10.2.2.129,nw_dst=10.2.2.130,actions=output:3
root@switch1:~# ovs-ofctl add-flow br-sw priority=201,idle_timeout=60,ip,nw_src=
10.2.2.130,nw_dst=10.2.2.129,actions=output:2
root@switch1:~# ovs-ofctl add-flow br-sw priority=201,idle_timeout=60,ip,nw_src=
10.2.2.129,nw_dst=10.2.2.128,actions=drop
root@switch1:~#
```

图 2-14　新增流表项的操作结果

（9）在 pchost-2 上分别对 pchost-1 和 pchost-3 进行 ping 测试，可以发现 pchost- 2 可以连通 pchost-3，却无法连通 pchost-1。

（10）临时更改 pchost-3 的 IP 地址为 10.3.3.130/24，并在其上添加静态路由，指导 pchost-3

到 pchost-2 所在网段的路由走向。

为 pchost-3 临时更改 IP 地址为 10.3.3.130/24，并添加路由。

```
root@pchost-3:~$ ifconfig ens34 10.3.3.130/24 up
root@pchost-3:~$ ip route add 10.2.2.0/24 dev ens34
```

（11）为 pchost-2 添加静态路由，指导 pchost-2 到 pchost-3 所在网段的路由走向。

```
root@pchost-2:~$ ip route add 10.3.3.0/24 dev ens34
```

（12）上面设置的流表项已经在空闲 60s 后自动删除，因此需要在 switch1 上添加新流表项，指导 pchost-2 和 pchost-3 的数据包走向。

① 新增流表项，空闲超时时间为 60s，优先级为 201，匹配所有 ARP 数据包，都通过传统 ARP 转发方式进行转发。

```
root@switch1:~# ovs-ofctl add-flow br-sw \
priority=201,idle_timeout=60,arp,actions=normal
```

② 新增流表项，匹配 IPv4，且源 IP 地址为 10.2.2.129、目的 IP 地址是 10.3.3.130 的数据包，即匹配从 pchost-2 发送给 pchost-3 的三层 IP 数据包，对匹配到的数据包设置动作为输出到交换机的端口 3，即 pchost-3 所连接的端口中。流表优先级为 201，空闲超时时间为 60s。

```
root@switch1:~# ovs-ofctl add-flow br-sw \
priority=201,idle_timeout=60,ip,nw_src=10.2.2.129,nw_dst=10.3.3.130,actions=output:3
```

③ 新增流表项，匹配 IPv4，且源 IP 地址为 10.3.3.130、目的 IP 地址是 10.2.2.129 的数据包，即匹配从 pchost-3 回包给 pchost-2 的三层 IP 数据包，对匹配到的数据包设置动作为输出到交换机的端口 2，即 pchost-2 所连接的端口中。流表优先级为 201，空闲超时时间为 60s。

```
root@switch1:~# ovs-ofctl add-flow br-sw \
priority=201,idle_timeout=60,ip,nw_src=10.3.3.130,nw_dst=10.2.2.129,actions=output:2
```

更改流表项的操作结果如图 2-15 所示。

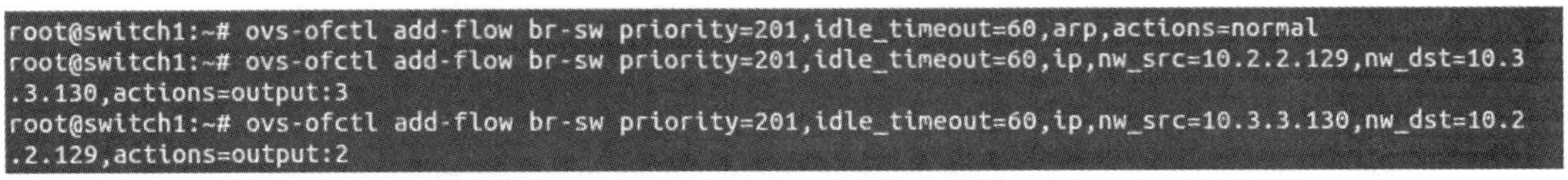

```
root@switch1:~# ovs-ofctl add-flow br-sw priority=201,idle_timeout=60,arp,actions=normal
root@switch1:~# ovs-ofctl add-flow br-sw priority=201,idle_timeout=60,ip,nw_src=10.2.2.129,nw_dst=10.3
.3.130,actions=output:3
root@switch1:~# ovs-ofctl add-flow br-sw priority=201,idle_timeout=60,ip,nw_src=10.3.3.130,nw_dst=10.2
.2.129,actions=output:2
```

图 2-15　更改流表项的操作结果

任务验证

本任务的具体验证过程如下。

（1）查看 OVS 守护进程启动情况。

```
root@switch1:~# ovs-ctl status
```

ovs-ctl status 命令的操作结果如图 2-16 所示。

```
root@switch1:~# ovs-ctl status
ovsdb-server is running with pid 3602
ovs-vswitchd is running with pid 3615
root@switch1:~#
```

图 2-16　ovs-ctl status 命令的操作结果

（2）查看创建的交换机的详细信息，重点查看 OVS 当前的运行模式。

```
root@switch1:~# ovs-vsctl show
```

ovs-vsctl show 命令的操作结果如图 2-17 所示。

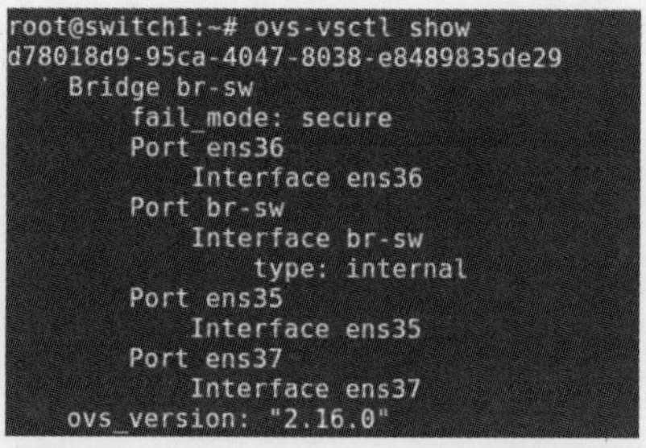

图 2-17   ovs-vsctl show 命令的操作结果

（3）查看未发送数据包前的流表项详细信息，可以看出没有任何数据包匹配。

```
root@switch1:~# ovs-ofctl dump-flows br-sw
```

ovs-ofctl dump-flows br-sw 命令的操作结果如图 2-18 所示。

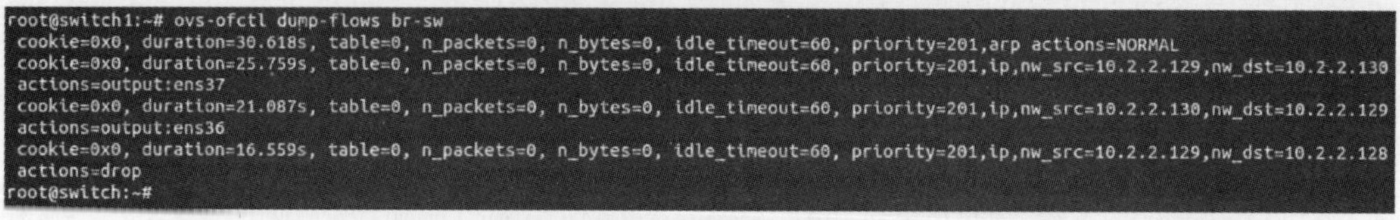

图 2-18   ovs-ofctl dump-flows br-sw 命令的操作结果

（4）查看任务实施中步骤（8）在 pchost-2 上执行 ping 命令的结果，可知 ping pchost-1 的 IP 地址时，由于匹配了 drop 动作的流表项，因此无法连通；而 ping pchost-3 的 IP 地址时，由于来回的数据包都有流表项正确指导，因此可以收到 pchost-3 的回送报文。

```
root@pchost-2:~$ ping 10.2.2.128
root@pchost-2:~$ ping 10.2.2.130
```

在 pchost-2 上执行 ping 命令的操作结果如图 2-19 所示。

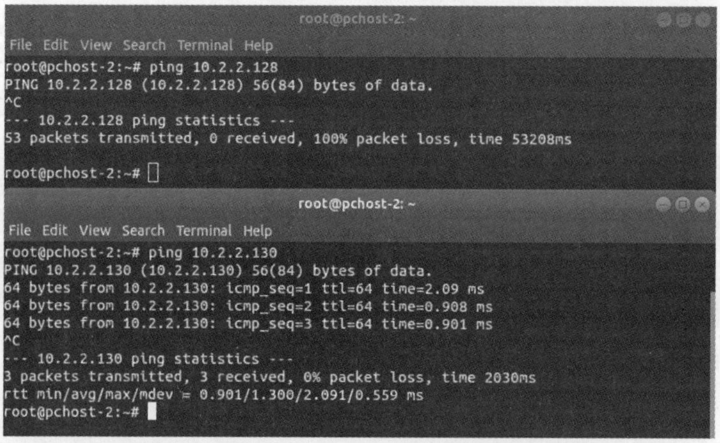

图 2-19   在 pchost-2 上执行 ping 命令的操作结果

由图 2-19 可以看出，ping pchost-1 的 IP 地址时，由于匹配了 drop 动作的流表项，因此发送了 53 个数据包，都是丢失的；而 ping pchost-3 的 IP 地址时，由于来回的数据包都有流表项正确指导，因此 3 个数据包都可以被接收并返回结果。

（5）查看任务实施中步骤（8）测试后的流表项匹配情况。

```
root@switch1:~# ovs-ofctl dump-flows br-sw
```

ovs-ofctl dump-flows br-sw 命令的操作如图 2-20 所示。

```
root@switch1:~# ovs-ofctl dump-flows br-sw
 cookie=0x0, duration=31.573s, table=0, n_packets=6, n_bytes=360, idle_timeout=60, priority=201,arp actions=NORMAL
 cookie=0x0, duration=28.556s, table=0, n_packets=5, n_bytes=490, idle_timeout=60, priority=201,ip,nw_src=10.2.2.130,nw_dst=10.2.2.1
29 actions=output:ens36
 cookie=0x0, duration=26.445s, table=0, n_packets=5, n_bytes=490, idle_timeout=60, priority=201,ip,nw_src=10.2.2.129,nw_dst=10.2.2.1
30 actions=output:ens37
 cookie=0x0, duration=21.754s, table=0, n_packets=9, n_bytes=882, idle_timeout=60, priority=201,ip,nw_src=10.2.2.129,nw_dst=10.2.2.1
28 actions=drop
```

图 2-20　ovs-ofctl dump-flows br-sw 命令的操作结果

由图 2-20 可以看出，匹配 ARP 报文的流表项匹配了 6 个数据包，这是因为在 ping 过程中分别询问了 10.2.2.128 和 10.2.2.130 的 MAC 对应关系，且每次询问都被正确回复。另外，可以看出，n_packets=6 的两条流表项匹配数量与前面 ping 测试发送和收到的数据包数量一致；而动作为 drop 的流表项被匹配了 9 次（n_packets=9），与测试数量一致。

（6）查看 pchost-2 上的路由条目。

root@pchost-2:~ $ ip route

ip route 命令的操作结果如图 2-21 所示。

```
root@pchost-2:~# ip route
10.2.2.0/24 dev ens34 scope link
10.2.2.0/24 dev ens34 proto kernel scope link src 10.2.2.129 metric 101
10.3.3.0/24 dev ens34 scope link
169.254.0.0/16 dev ens34 scope link metric 1000
```

图 2-21　ip route 命令的操作结果（1）

（7）查看 pchost-3 更改后的 IP 地址信息和路由条目信息。

root@pchost-3:~ $ ip addr show ens34

ip addr show ens34 命令的操作结果如图 2-22 所示。

```
root@pchost-3:~# ip addr show ens34
3: ens34: <BROADCAST,MULTICAST,UP,LOWER_UP> mtu 1500 qdisc fq_codel state UP group default qlen 1000
    link/ether 00:0c:29:a2:d6:f0 brd ff:ff:ff:ff:ff:ff
    inet 10.3.3.130/24 brd 10.3.3.255 scope global noprefixroute ens34
       valid_lft forever preferred_lft forever
    inet6 fe80::20c:29ff:fea2:d6f0/64 scope link
       valid_lft forever preferred_lft forever
```

图 2-22　ip addr show ens34 命令的操作结果

root@pchost-3:~ $ ip route

ip route 命令的操作结果如图 2-23 所示。

```
root@pchost-3:~# ip route
10.2.2.0/24 dev ens34 scope link
```

图 2-23　ip route 命令的操作结果（2）

（8）查看任务实施中步骤（12）测试跨网段连通的结果。

root@pchost-2:~ $ ping 10.3.3.130

ping 10.3.3.130 命令的操作结果如图 2-24 所示。

```
root@pchost-2:~$ ping 10.3.3.130
PING 10.3.3.130 (10.3.3.130) 56(84) bytes of data.
64 bytes from 10.3.3.130: icmp_seq=1 ttl=64 time=3.32 ms
64 bytes from 10.3.3.130: icmp_seq=2 ttl=64 time=1.67 ms
^C
--- 10.3.3.130 ping statistics ---
2 packets transmitted, 2 received, 0% packet loss, time 1004ms
rtt min/avg/max/mdev = 1.679/2.503/3.328/0.826 ms
```

图 2-24　ping 10.3.3.130 命令的操作结果

（9）查看任务实施中步骤（12）执行之后的流表项匹配情况。

root@switch1:~ # ovs-ofctl dump-flows br-sw

ovs-ofctl dump-flows br-sw 命令的操作结果如图 2-25 所示。

```
root@switch1:~# ovs-ofctl dump-flows br-sw
 cookie=0x0, duration=14.083s, table=0, n_packets=6, n_bytes=360, idle_timeout=60, priority=201,arp actions=NORMAL
 cookie=0x0, duration=22.273s, table=0, n_packets=18, n_bytes=1764, idle_timeout=60, priority=201,ip,nw_src=10.3.3.130,nw_dst=10.2.2
.129 actions=output:ens36
 cookie=0x0, duration=18.712s, table=0, n_packets=18, n_bytes=1764, idle_timeout=60, priority=201,ip,nw_src=10.2.2.129,nw_dst=10.3.3
.130 actions=output:ens37
```

图 2-25　ovs-ofctl dump-flows br-sw 命令的操作结果

由图 2-25 可以看出，ARP 报文被正常转发了 4 次，而指导 IP 报文的流表项是两发两收，与 ping 测试的收发数据包一致。

（10）查看 60s 空闲时间后的流表情况，可以看见所有流表项都已经过期消失，如图 2-26 所示。

```
root@switch1:~# ovs-ofctl dump-flows br-sw
NXST_FLOW reply (xid=0x4):
root@switch1:~#
```

图 2-26　所有流表项都已经过期消失

2.5　项目习题

一、填空题

1．创建一个名为 Topology 的交换机的命令为_____。

2．将交换机更改为_____模式后，交换机将以 Normal 方式转发数据。

3．_____命令可以查看交换机中名为 Topology 的端口号。

二、简答题

1．什么命令可以更改交换机支持的协议为 OpenFlow 1.4？

2．如何将交换机连接到控制器 tcp:192.116.99.253:6633？

项目3
基于Mininet模拟SDN环境

03

学习目标

（1）了解Mininet工具的作用及架构。

（2）掌握Mininet工具的部署方法。

（3）掌握Mininet工具和MiniEdit的使用方法及基本命令。

（4）掌握使用基本的Python命令创建拓扑和测试的方法。

3.1 项目背景

在前面的项目中，网络管理员根据公司业务需求配置了 SDN 架构的测试环境和基本的流表规则，实现了业务主机之间的基本通信。由于业务部门还需要测试其他的业务系统相关功能，网络管理员评估了当前的 SDN 架构后，发现需要设置并测试更多的流表规则来实现原网络生产环境的高级功能，如负载均衡、链路高可用、链路聚合等。为了降低部署 SDN 环境的难度和减轻云平台资源的负担，工程师希望能有一种支持快速模拟 SDN 架构的工具，以实现自定义拓扑并测试 SDN 相关的高级功能。经商议，公司决定采用 Mininet 模拟工具进行测试，具体有如下几点要求。

（1）Mininet 工具能够正常使用，包括搭建拓扑、测试功能、结果验证等。

（2）能够通过脚本的方式进行拓扑的构建、测试和保存。

（3）Mininet 工具应该有良好的图形化界面，清晰展示拓扑情况，能够使用用户界面（User Interface，UI）进行参数配置。

Mininet 模拟器参数如表 3-1 所示。

表 3-1　Mininet 模拟器参数

角色	主机名称	系统版本	软件配置
Mininet 模拟器	mininet	Ubuntu 18.04	Git、GCC、Make、mininet

Mininet 模拟器网络规划如表 3-2 所示。

表 3-2　Mininet 模拟器网络规划

主机名称	端口	IP 地址	用途	LAN 区段
mininet	ens33	由 DHCP 分配	连接互联网	
	ens34	无 IP 地址	SDN 测试网络	LAN0

3.2 项目需求分析

根据需求，选取 Mininet 工具模拟 SDN 环境，管理员需要完成对 Mininet 工具的获取，并在对应的机器上进行安装，测试 Mininet 工具的功能和使用状态。

综上所述，本项目设计了如下几项任务。

（1）以源代码方式部署 Mininet 工具，并验证工具的可用性。

（2）使用 Python 语言编写 Mininet 脚本。

（3）使用 MiniEdit 图形化界面构建拓扑。

3.3 项目相关知识

3.3.1 Mininet

1. Mininet 概述

传统的网络仿真平台有 NS2（Network Simulator version 2）、OPNET 等，但基于这些平台开发的代码不能直接部署到真实的网络中，因此人们基于 Linux 操作系统开发了轻量级的进程虚拟化网络仿真工具 Mininet。

Mininet 是一种网络仿真器，更确切地说其是一个网络仿真编排系统。Mininet 在单个 Linux 内核中运行着一组终端主机、交换机、路由器和连接，使用轻量级的虚拟化技术使单个系统能模拟一个完整的网络。网络中的所有组件均运行与物理机相同的内核、系统和用户代码。Mininet 的虚拟主机就像真机一样，可以通过安全外壳（Secure Shell，SSH）协议进行连接（前提是开启了 sshd 服务，并桥接到物理机网络中），还可以在其上运行任意程序。在虚拟主机上运行的任意一个程序均可以通过其仿真的以太网接口按照自定义的连接速度和网络时延发送数据包，再由仿真的以太网交换机、路由器或者中间件按自定义规则转发。Mininet 最重要的一个特点如下：其所有代码可以无缝迁移到真实的硬件环境中，方便为网络添加新的功能并进行相关测试，这使得 Mininet 可以在普通计算机上快速建立由虚拟的终端节点、OpenFlow 交换机、控制器组成的大规模的 SDN 原型系统。

Mininet 是基于 Linux 容器（Linux Container）内核虚拟化技术开发的，其主要使用 Linux 内核中名为网络命名空间（Network Namespace）的资源隔离机制实现虚拟化。这种机制可以让每个虚拟对象都具有独立的网络设备、网络协议栈和端口等资源。Mininet 建立网络拓扑的交换节点之间的链路时，采用 Linux 的虚拟以太网隧道（Virtual Ethernet Pair）机制实现。

2. Mininet 的架构

Mininet 的架构按数据路径（Datapath）的运行权限不同，可分为内核数据路径（kernel datapath）架构和用户空间数据路径（Userspace Datapath）架构两种。其中，内核数据路径架构把数据分组转发的逻辑编译到 Linux 内核中，转发效率非常高；用户空间数据路径架构则把数据分组转发的逻辑编译成一个应用程序，称为 ofdatapath，效率虽不及内核数据路径架构，但更灵活且更容易重新编译。

在 Mininet 的内核数据路径架构中，控制器和交换机的网络接口都在 root 命名空间中。控制器就是一个用户进程，其使用回环（Loopback）接口上预留的 6633 端口监听来自交换机安全通道的连接。Mininet 的每台交换机都对应几个网络接口，如 s0-eth0、s0-eth1 以及一个 ofprotocol 进程（负责管理和维护与控制器之间的安全信道的进程）；每台主机都在自己独立的命名空间中，这也就表明每台主机在自己的命名空间中都会有自己独立的虚拟网卡 eth0。Mininet 的内核数据路径架构如图 3-1 所示。

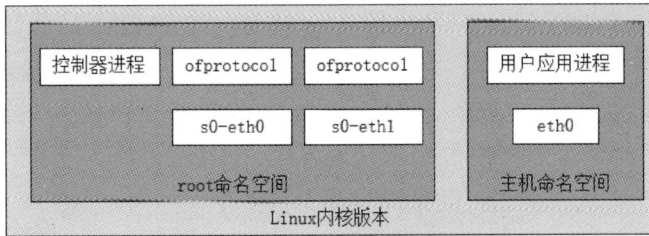

图 3-1　Mininet 的内核数据路径架构

对比内核数据路径架构，Mininet 的用户空间数据路径架构的不同之处主要有以下两点。

（1）Mininet 的每个节点都拥有自己独立的命名空间。

（2）交换机节点除了使用 ofprotocol 进程保持与控制器的通信，还多运行一个用于实现转发逻辑的 ofdatapath 进程。

Mininet 的用户空间数据路径架构如图 3-2 所示。

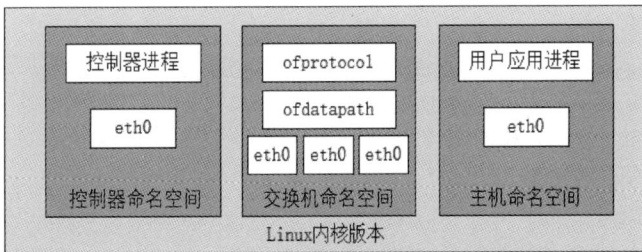

图 3-2　Mininet 的用户空间数据路径架构

3. Mininet 的优点

Mininet 具备如下优点。

（1）运行速度快。Mininet 创建一个简单的网络仅需要几秒。

（2）支持自定义网络拓扑。Mininet 支持用户自定义拓扑结构。

（3）仿真程度高。Mininet 上运行的虚拟主机与真实主机几乎没有区别。

（4）支持自定义网络链路。Mininet 支持用户自定义网络链路的速率等配置信息。

（5）便携性好。Mininet 可以在任何一台笔记本电脑、服务器、虚拟机或云上运行，且在 Mininet 中执行的任何代码都可以迁移到其他环境中。

（6）支持网络拓扑编程。Mininet 允许用户通过 Python 编程语言自定义与网络拓扑相关的一切配置信息。

3.3.2　Mininet 安装

1. Mininet 软件获取

Mininet 是一款开源软件，用户可直接访问其官方网站，按照需求进行下载。Mininet 官方网站主页如图 3-3 所示。

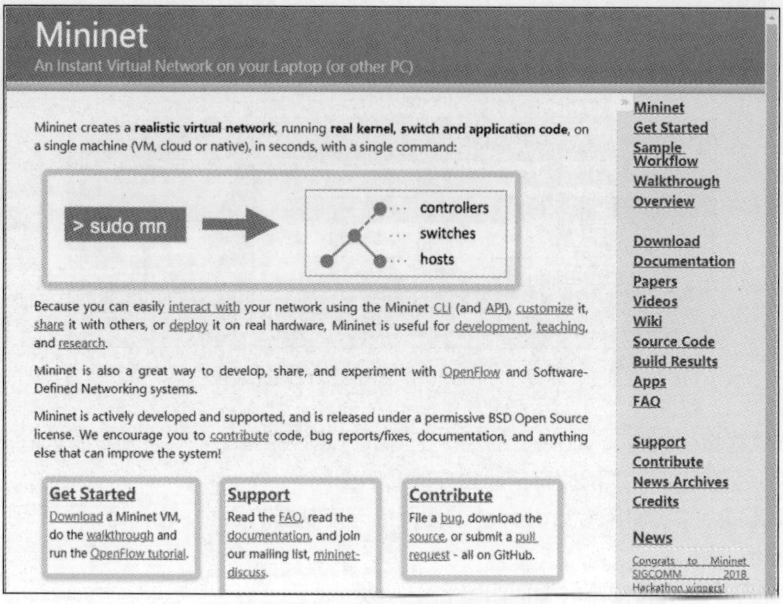

图 3-3　Mininet 官方网站主页

2. Mininet 安装方式

Mininet 有 4 种安装方式，分别是通过下载 Mininet 的虚拟机镜像安装、通过下载 Mininet 源代码包进行本机安装、通过软件包安装和通过升级安装。

（1）通过下载 Mininet 的虚拟机镜像安装

在 Mininet 官方网站下载 Mininet VM 镜像到本地，在本地的虚拟化软件[如 VMW、KVM（Kernel-based Virtual Machine）、VirtualBox 等]中运行 Mininet 即可。

（2）通过下载 Mininet 源代码包进行本机安装

在本地虚拟机、远程云服务器和物理机上适合采用这种方式安装 Mininet，建议在较新版本的 Ubuntu 版本中进行安装。在此方式下，可通过 Git 官方网站或其他途径下载代码包，通过执行源代码包中提供的 install.sh 脚本进行编译安装。在使用源代码安装 Mininet 时，Mininet 提供了几种命令来自定义安装方式，其常用安装命令格式如表 3-3 所示。

表 3-3　Mininet 常用安装命令格式

命令格式	含义
install.sh -a	安装 Mininet 的所有内容，包括 OVS 等依赖项
install.sh -s /mydir -a	选择将 Mininet 所有内容都安装在/mydir 目录下，不带-s 参数时默认安装在家目录中
install.sh -nfv	仅安装 Mininet、OpenFlow 协议支持、OVS
install.sh -n3V 2.6.6	安装 Mininet 内核、OpenFlow 1.3 协议支持、2.6.6 版本的 OVS
install.sh -s /mydir -nfv	选择将 Mininet、OpenFlow 协议支持、OVS 安装在/mydir 目录下
install.sh -h	显示帮助信息

（3）通过软件包安装

这种方式建议只在新版的 Ubuntu 操作系统中采用，因为旧版的 Ubuntu 操作系统中使用这种方式可能会导致安装的 Mininet 不是最新版本。其安装步骤如下。

① 需要确保主机能连接外网，执行 apt update 命令，更新主机软件仓库源。

```
root@hostname: ~ # apt update
```

② 执行 apt install 命令，安装 Mininet。

```
root@hostname: ~ # apt install mininet
```

③ 安装过程无报错，即为正常。安装完毕后即可使用 Mininet 工具。

（4）通过升级安装

采用这种安装方式的前提是主机上已经有旧版本的 Mininet，且升级仅针对 Mininet 本身组件进行，其他组件（如 OVS、控制器等）则需要用户另外手动执行升级操作。因此，一般不推荐采用这种方式安装 Mininet。

3. Mininet 启动

Mininet 成功安装后，即可以 root 用户身份使用 mn 命令快速启动。

使用 mn 命令启动的 Mininet 模拟环境会自动生成一个最小拓扑，拓扑包含一台 Mininet 自带控制器、一台 OVS 内核的交换机和两台终端主机。Mininet 内置一台 DHCP 服务器，其会为终端自动分配 10.0.0.0/8 网段的一个 IP 地址。使用 mn 命令启动的 Mininet 最小拓扑结构如图 3-4 所示。

Mininet 启动后的命令行界面如图 3-5 所示。

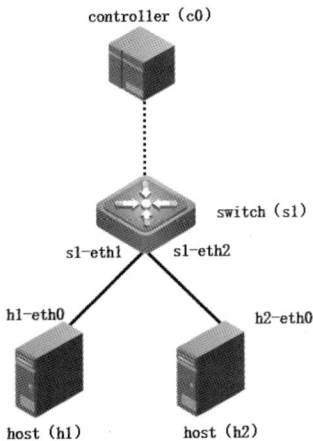

图 3-4　使用 mn 命令启动的 Mininet 最小拓扑结构

图 3-5　Mininet 启动后的命令行界面

4. mn 命令及其应用

mn 命令除了可以快速构建小型 SDN 外，还能借助一些预定义好的参数快速构建星形、树状、总线型、环形等拓扑结构。另外，用户可以使用 mn 命令设置交换机、控制器、终端主机等设备的具体参数。mn 命令常见参数如表 3-4 所示。

表 3-4　mn 命令常见参数

参数	含义
--switch=default	设置交换机的类型为 default，此类型的交换机创建时会尝试连接默认的控制器，如果无法连接，则会降级为 OVS Bridge（交换机 fail_mode 模式为 standalone）
--switch=ivs	设置交换机的类型为 Indigo-virtual switch
--switch=lxbr	设置交换机的类型为 linux-bridge
--switch=ovs	设置交换机的类型为 OVS，此类型的交换机创建时必须连接到一台控制器，否则，在创建拓扑时会报错，并在主动清理模拟环境后退出拓扑创建过程

续表

参数	含义
--switch=ovsbr	设置交换机的类型为 OpenvSwitch-bridge（默认存在一条 table-miss 流表项，流表项动作为 normal），此类型的交换机在创建时将无视基本命令行中--controller 设置的参数，不连接任何控制器。用户在交换机创建完成后仍可以手动连接控制器，并接收控制器下发的流表
--switch=ovsk	设置交换机的类型为 OVSK 内核的交换机
--switch=user	设置交换机的类型为用户空间 Switch（需要用户空间中加载了交换机的参数）
--controller=none	设置拓扑无控制器运行
--controller=default	设置控制器的类型为 default，即 Mininet 自带控制器，此参数需要 Mininet 在源代码安装时带上-b 参数，即使用./install.sh -b 命令
--controller=ovsc	设置控制器的类型为 OVS Controller
--controller=remote	设置控制器的类型为远程，后面需要加 ip 和 port 参数（例如，使用远程 IP 地址为 192.168.1.2 的 OpenDayLight 控制器，命令应为--controller=remote,ip=192.168.1.2,port=6633）

mn 命令示例

范例 1：创建无控制器的总线拓扑，包含 4 台交换机。

root@localhost:~# mn --topo=linear,4 --controller=none

生成的拓扑如图 3-6 所示。

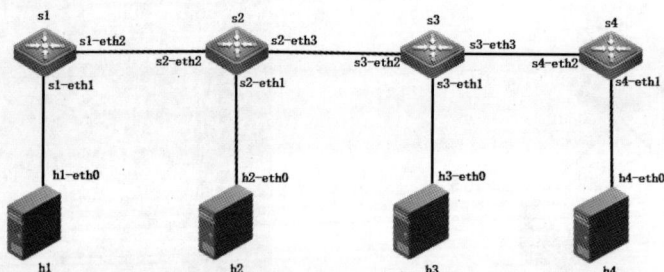

图 3-6 无控制器的总线拓扑（包含 4 台交换机）

范例 2：创建连接 Mininet 默认控制器的树状拓扑，扇出为 2，深度为 2。

root@localhost:~# mn --topo=tree,fanout=2,depth=2 --controller=default

生成的拓扑如图 3-7 所示。

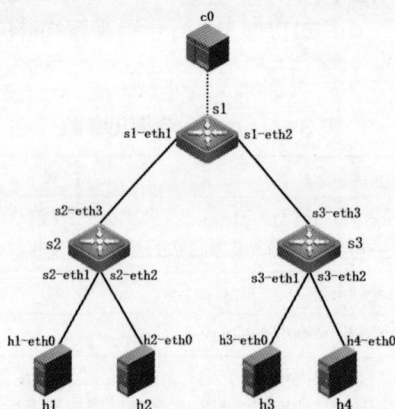

图 3-7 连接 Mininet 默认控制器的树状拓扑（扇出为 2，深度为 2）

3.3.3 Mininet 命令及应用

1. 内部命令

在 Mininet 运行环境中，可以使用系统内置命令对拓扑进行配置和测试。Mininet 常用命令如表 3-5 所示。

表 3-5 Mininet 常用命令

命令	含义
help	查看 Mininet 可用命令
nodes	列出当前拓扑中的所有节点
net	展示当前拓扑中的节点及节点各端口的连接信息
dump	查看所有节点的详细信息
pingall	拓扑内全部主机互 ping 测试：让每台主机"ping 拓扑内所有主机（除自己之外）"
h1 ifconfig -a	在主机 h1 上执行 ifconfig -a 命令，查看主机 h1 的接口
s1 ifconfig -a	在交换机 s1 上执行 ifconfig -a 命令，查看交换机 s1 的接口
h1 ping -c 1 h2	在主机 h1 上进行 ping h2 测试，发送一个包
iperf h1 h2	启动 Iperf 工具对主机 h1 和主机 h2 之间的链路进行网络性能测试
xterm s1	打开 hostname 为 s1 的设备的命令行

2. sh 拓展命令

Mininet 支持调用 OVS 命令集，使用时需要在该命令前添加 sh 前缀。例如，sh ovs-vsctl show 命令用于查看拓扑中所有交换机的信息。

3. py 拓展命令

由于 Mininet 的交互式命令行是使用 Python 解释器实现的，因此在 Mininet 交互式命令行中还可以执行 Python 拓展命令，使用时需在该命令前添加 py 前缀，简称 py 命令。用户可以通过 py 命令增加、删除、修改拓扑内的主机、控制器、交换机等对象的配置。常用的 py 命令如表 3-6 所示。

表 3-6 常用的 py 命令

命令	含义
py help(s1)	查看对象 s1 的可用 API 方法与参数
py net.addHost("h1")	调用 addHost 方法，为拓扑增加一个名为 h1 的主机节点
py net.addSwitch("s1")	调用 addSwitch 方法，为拓扑增加一个名为 s1 的交换机节点
py net.addController('c1',port=6655)	调用 addController 方法，为拓扑增加一个名为 c1 的控制器节点，监听端口为 6655
py net.addLink(s1,h1)	调用 addLink 方法，为 s1 与 h1 之间添加一条连线
py net.get("h3").cmd("ifconfig h3-eth0 10.0.0.3/8")	调用 h3 对象的 cmd 方法执行 ifconfig 命令，为 h3-eth0 接口配置 10.0.0.3/8 的 IP 地址
py h3.setIP('10.0.0.3/8',intf='h3-eth0')	调用 h3 对象内置的 setIP 方法，为 h3-eth0 接口配置 10.0.0.3/8 的 IP 地址

续表

命令	含义
py s1.attach("s1-eth3")	调用 s1 对象的 attach 方法，将 s1-eth3 接口加入 s1 交换机中。其作用相当于 ovs-vsctl add-port s1 s1-eth3 命令，仅交换机节点可以调用此方法
py s1.start([c0])	调用 s1 对象的 start 方法，启动 s1 交换机节点并连接拓扑中名为 c0 的控制器。此命令相当于执行 ovs-ctl start; ovs-vsctl set-controller s1 c0 命令
px from mininet.node import RemoteController	px 命令是 py 命令的变形，用于为 Mininet 交互式命令行加载其他 API 模块。此命令可实现对于 mininet.node 中 RemoteController 模块的加载
py net.addController('c2',controller=RemoteController,ip='10.1.1.10',port='6633')	调用 net 对象的 addController 方法，添加一个名为 c2、控制器类型为 RemoteController、IP 地址为 10.1.1.10、监听端口为 6633 的远程控制器。执行此命令时，需提前加载 RemoteController 模块

需要注意，addLink 用于在两个节点之间创建链路。addLink 在创建链路的同时，会为节点创建一个新的网络接口，命名方式则是顺延当前已有的网卡接口编号。

> **提示**   addLink 与 attach 不同，addLink 出现的接口为虚拟接口，需要使用 attach 命令在交换机中添加真实接口，其作用等同于执行 ovs-vsctl add-port 命令。

4. 使用交互式命令构建拓扑

使用 mn 命令进入交互式命令行后，会自动创建一个最小拓扑，用户可以在原有拓扑上组建新拓扑。

范例：在最小拓扑上新增一台交换机连接到原有的交换机，并在新增交换机上连接一台主机。其操作步骤如下。

（1）新建交换机节点。

```
mininet> py net.addSwitch("s2")
```

（2）新建主机节点。

```
mininet> py net.addHost("h3")
```

执行以上两个步骤后，拓扑如图 3-8 所示。

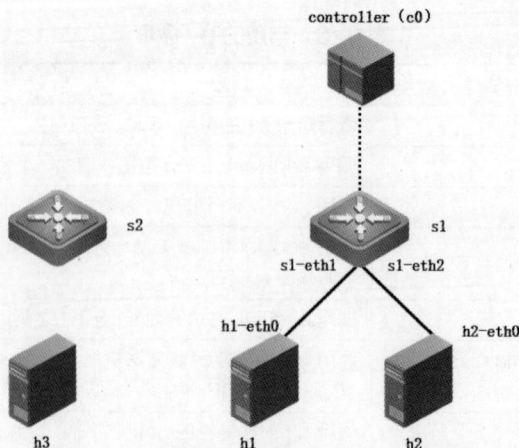

图 3-8 新建交换机节点和主机节点后的拓扑

（3）为交换机增加接口。

```
mininet> py s1.attach("s1-eth3")
mininet> py s2.attach("s2-eth1")
mininot> py s2.attach("s2-oth2")
```

（4）创建主机与交换机之间的连接。

```
mininet> py net.addLink(s2,h3)
```

执行以上步骤之后，拓扑如图 3-9 所示。

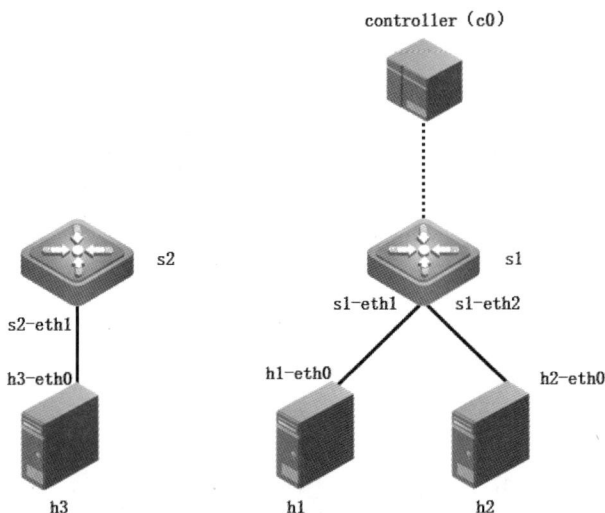

图 3-9 创建主机与交换机之间的连接后的拓扑

由图 3-9 可知，交换机和主机均新增了一个网络接口。它们各自接口的编号是按照十进制顺序命名的，交换机默认第一个接口名称为"交换机名称-eth1"，主机默认第一个接口名称为"主机名称-eth0"。

（5）创建交换机与交换机之间的连接。

```
mininet> py net.addLink(s1,s2)
```

执行以上步骤之后，拓扑如图 3-10 所示。

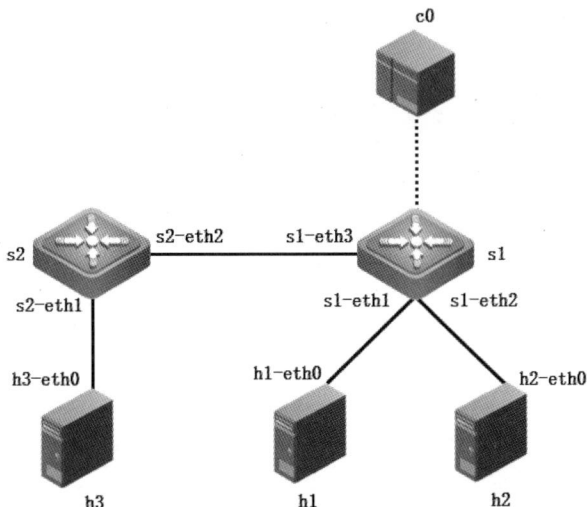

图 3-10 创建交换机与交换机之间的连接后的拓扑

此时在 s2 与 s1 之间新增了一条连线，连线的两端分别是 s2 的第二个接口"s2-eth2"和 s1 的第三个接口"s1-eth3"。

（6）为主机配置 IP 地址。

```
mininet> py h3.setIP('10.0.0.3/8',intf='h3-eth0')
```

以上命令为主机 h3 的 h3-eth0 接口配置了一个 IP 地址 10.0.0.3/8。

（7）启动新增的交换机并连接到控制器。

```
mininet> py s2.start([c0])
```

执行以上步骤后，最终拓扑如图 3-11 所示。

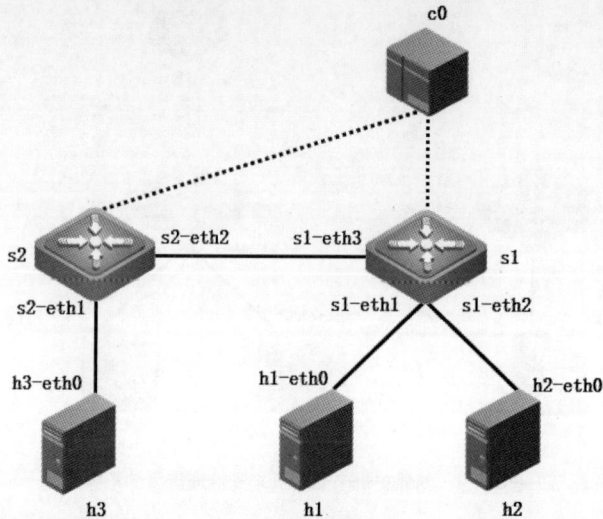

图 3-11　最终拓扑

3.3.4　通过 Python 脚本创建 Mininet 拓扑

Mininet 模拟器的绝大部分框架是由 Python 语言编写的，因此在 Mininet 内部保留了对接 Python 语言的 API 和模块，用户可以通过 Python 语言调用这些接口和模块实现创建拓扑、配置设备等操作。

Mininet 中经常使用的类如表 3-7 所示。

表 3-7　Mininet 中经常使用的类

类名称	用途
mininet.topo	topo 拓扑结构类（常用，关键类）
mininet.topolib	导入 topolib 拓扑结构类，用于使用树状拓扑结构
mininet.net	网络命令类（常用，关键类）
mininet.clean	清理命令类，用于清理工作环境
mininet.cli	命令行类，用于执行内部命令
mininet.log	日志类，用于查看设备运行日志
mininet.nodelib	nodelib 节点命令类，用于定义拓扑内节点的连接方式，如桥接或 NAT 网络
mininet.node	node 节点命令类，用于拓扑内节点的控制
mininet.link	导入 link 类，用于设置带宽等网络链路的相关参数。必须先导入 node 类再导入此类

Mininet 有众多的类，用户可以在官方网站中查找对应类及使用方法。Mininet 官方网站的 Mininet Python API 参考手册如图 3-12 所示。

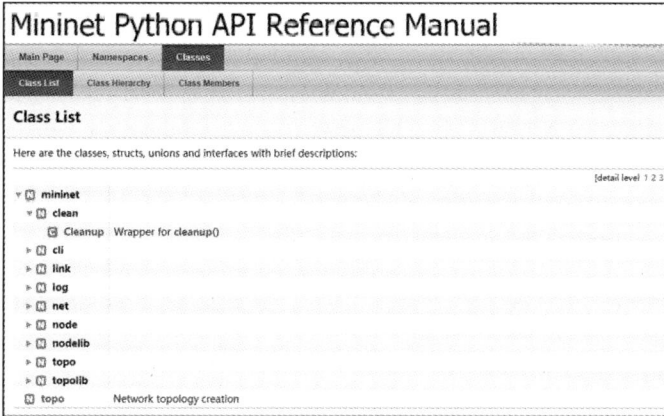

图 3-12　Mininet 官方网站的 Mininet Python API 参考手册

1. Mininet.topo 类简介

Mininet.topo 类主要用于生成网络拓扑，这些拓扑采用了固定的几种拓扑结构，包括最小拓扑、线形拓扑和单一交换机类型拓扑。Mininet.topo 类典型应用案例如表 3-8 所示。

表 3-8　Mininet.topo 类典型应用案例

案例	含义
MinimalTopo()	使用 MinimalTopo 方法定义一个最小拓扑结构
LinearTopo(k=4,n=2)	使用 LinearTopo 方法定义一个交换机数量为 4（k=4）、每台交换机连接的主机数为 2（n=2）的拓扑
SingleSwitchTopo(k=4)	使用 SingleSwitchTopo 方法构造一个单一交换机下连接的主机数量为 4（k=4）的拓扑

2. Mininet.net 类简介

Mininet.net 类可以实现增加、删除、修改拓扑内的主机、控制器、交换机等对象的配置。Mininet.net 类典型应用案例如表 3-9 所示。

表 3-9　Mininet.net 类典型应用案例

案例	含义
Mininet(switch=OVSSwitch, controller=RemoteController, ipBase=10.1.1.0/24)	创建一个最小拓扑，并定义交换机的类型为 OVSSwitch，控制器的类型为 RemoteController，DHCP 地址池为 10.1.1.0/24
net.addHost('h3')	为拓扑增加一台主机，名称为 h3
net.addSwitch('s2')	为拓扑增加一台交换机，名称为 s2
net.addLink(s1,h3)	为交换机 s1 和主机 h3 建立一条连接
net.pingAll()	测试全部主机间的连通性
net.iperf((h1,h2),l4Type='TCP')	在 h1 和 h2 之间启动 Iperf 工具进行网络性能测试，测试类型为 TCP
net.start()	启动拓扑
net.stop()	停止拓扑运行

3.3.5　MiniEdit

Mininet 2.3.0 中内置了一种可视化工具 MiniEdit，用户可使用图形化界面方便地创建网络拓扑。如果用户以源代码方式安装 Mininet，那么 MiniEdit 的启动脚本默认存放在 "～/mininet/mininet/examples" 目录下，其启动脚本名为 miniedit.py。如果用户以非源代码方式安装 Mininet，那么 MiniEdit 的启动路径有所不同，其默认存放在 "/usr/lib/python2.7/dist-packages/mininet/examples" 目录下。以源代码方式安装的 Mininet 为例，MiniEdit 启动方式如下。

```
root@hostname:~# ./mininet/mininet/examples/miniedit.py
```

MiniEdit 启动后的界面如图 3-13 所示。

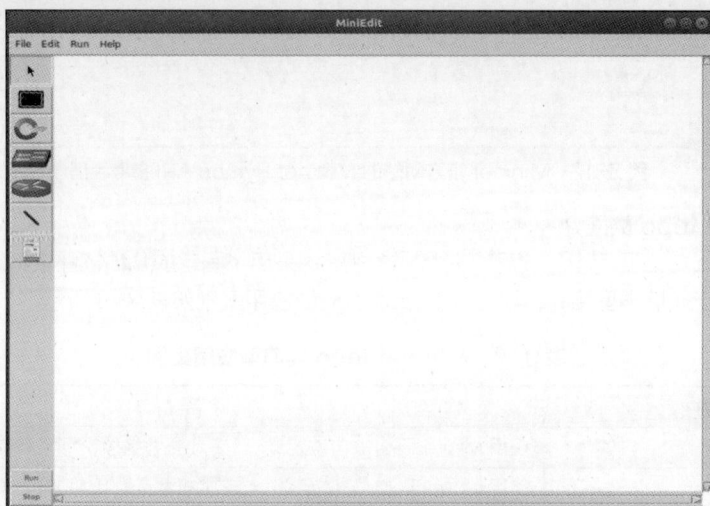

图 3-13　MiniEdit 启动后的界面

3.3.6　MiniEdit 可视化工具的使用

MiniEdit 界面左侧有一排控件图标，这些控件包括 Select、Host、Switch 等，其功能解析如表 3-10 所示。

表 3-10　MiniEdit 控件功能解析

控件图标	控件名称	控件作用
	Select	选中画布中的节点
	Host	创建主机
	Switch	创建 OpenFlow 交换机
	Legacy switch	创建传统交换机
	Legacy router	创建传统路由器
	Netlink	创建节点间的网络连接
	Controller	创建控制器
	Run	运行拓扑
	Stop	停止拓扑

1. Select 控件

Select 控件主要用于选择画布中的节点。选择该控件后，在节点上长按鼠标左键不放，可以拖动节点。

2. Host 控件

Host 控件用于创建终端主机节点。选择该控件后，在画布上单击空白处，就可以创建一个终端主机。如果用户没有选择使用其他控件，那么接着在画布上单击就可以继续创建终端主机。默认情况下，创建的第一台终端主机名称为 h1，第二台终端主机名称为 h2，其他终端主机名称以此类推。添加成功后，将鼠标指针悬停在终端主机上，长按鼠标右键，可以弹出"Host Options"（主机选项）菜单。将鼠标指针移动到"Host Options"菜单中的"Properties"（基础属性配置）选项上后松开，即可打开终端主机的配置窗口。"Host Options"菜单与 Properties 界面如图 3-14 所示。

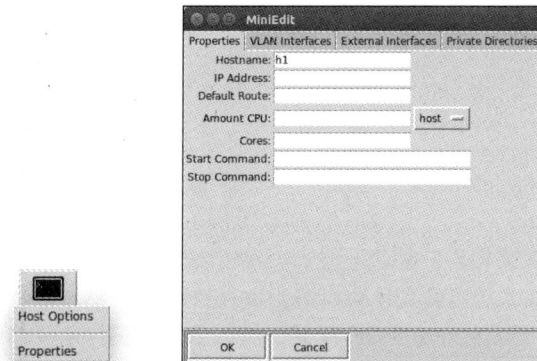

图 3-14 "Host Options"菜单与 Properties 界面

从图 3-14 中可以看到，Properties 界面中有"Properties""VLAN Interfaces"（VLAN 接口配置）、"External Interfaces"（外部接口配置）和"Private Directories"（私有目录配置）等可配置的选项卡，各选项卡的作用如下。

（1）"Properties"选项卡

用户可以手动更改 Hostname（主机名称）、IP Address（IP 地址）、Default Route（默认路由）、Amount CPU（CPU 资源调配模式，主要用于限制带宽，可选模式有 host、cfs、rt）、Cores（CPU 占用内核数）、Start Command（启动时执行的命令，用于自动化控制等操作）、Stop Command（停止前执行的命令，用于自动化控制等操作）等选项。其中，"Amount CPU"选项默认情况下选择 host 模式，即主机调配模式，该模式下终端主机的 CPU 资源由物理机统一调配。"Amount CPU"选项其他可用模式如下。

① cfs 模式：完全公平调度模式，在此模式下，各主机可调用的 CPU 资源几乎平等。

② rt 模式：实时调度模式，在此模式下，优先级越高的主机可调用的虚拟机 CPU 资源越多，主要用于限制链路带宽。

（2）"VLAN Interfaces"选项卡

用户可以通过"Add"按钮新建一个 IP 与 VLAN 的对应关系，在"VLAN Interfaces"输入框中分别输入 IP Address（IP 地址）和与其对应的 VLAN ID。如果需要新建多条记录，则继续单击"Add"按钮新增即可，如图 3-15 所示。

> **提示** 一般情况下，VLAN 的配置需要 Mininet 主机上安装了 vconfig 组件支持，如果没有安装 vconfig，则在配置了 VLAN Interfaces 之后，启动拓扑时会提示错误并跳过 VLAN 相关的配置。

（3）"External Interfaces"选项卡

用户可以通过"Add"按钮新建外部接口的记录，在"External Interfaces"输入框中输入外部接口的名称，表示将 Mininet 所在主机的网卡挂载到 Host 上。如果需要新建多个外部接口，则继续单击"Add"按钮即可，如图 3-16 所示。

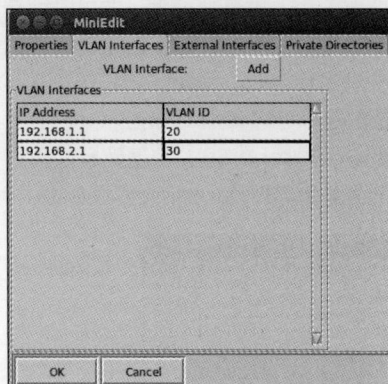

图 3-15 "VLAN Interfaces"选项卡

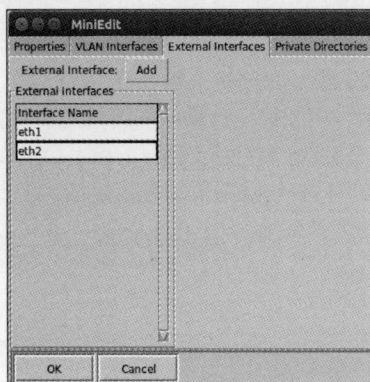

图 3-16 "External Interfaces"选项卡

提示　外部接口配置相当于虚拟机上的真实接口被终端主机抢占，在抢占期间虚拟机将无法使用此接口（如果虚拟机使用 ifconfig 命令查看接口信息，则会发现接口在虚拟机上消失了）。如果用户配置的外部接口已有 IP 地址，那么抢占就会不成功，并且会在启动拓扑时提示错误并跳过此设置。如果用户配置的外部接口名称不存在于虚拟机上，那么在启动拓扑时也会提示错误并跳过此设置。两种报错界面如图 3-17 所示。

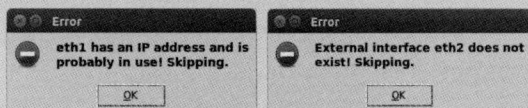

图 3-17 两种报错界面

（4）"Private Directories"选项卡

单击"Add"按钮，在"Directories"输入框中输入终端主机的挂载目录（Mount）和虚拟机被挂载的目录（Persistent Directory）。其作用相当于将虚拟机中的目录挂载到终端主机中。如果用户多次单击"Add"按钮，则可以添加多条记录，如图 3-18 所示。

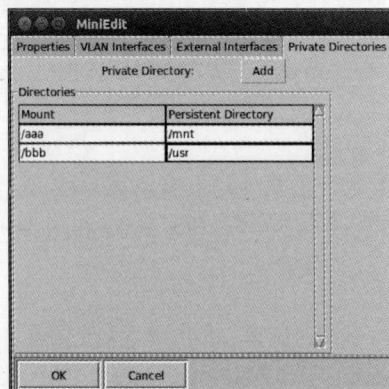

图 3-18 "Private Directories"选项卡

> **提 示** ① 用户设置的 **Persistent Directory** 需确保在虚拟主机中存在，否则会在用户启动拓扑时提示错误。
>
> ② 如果用户在启动拓扑后再次打开终端主机的"Host Options"菜单，则可以选择"Terminal"（终端）选项，在终端中执行命令。"Host Options"菜单与 Terminal 界面如图 3-19 所示。

图 3-19 "Host Options"菜单与 Terminal 界面

3. Switch 控件

Switch 控件用于在画布上创建支持 OpenFlow 的交换机。其创建方法与创建 Host 一致，选择 Switch 控件后，在右侧画布空白处单击即可。如果用户没有选择使用其他控件，那么在画布上再次单击可以继续创建交换机。默认情况下，创建的第一台交换机名称为 s1，第二台交换机名称为 s2，以此类推。添加成功后，将鼠标指针悬停在交换机上，长按鼠标右键，弹出"Switch Options"（交换机选项）菜单。将鼠标指针移动到"Switch Options"菜单中的"Properties"选项上后放开，即可打开交换机的属性配置窗口。"Switch Options"菜单与 Properties 界面如图 3-20 所示。

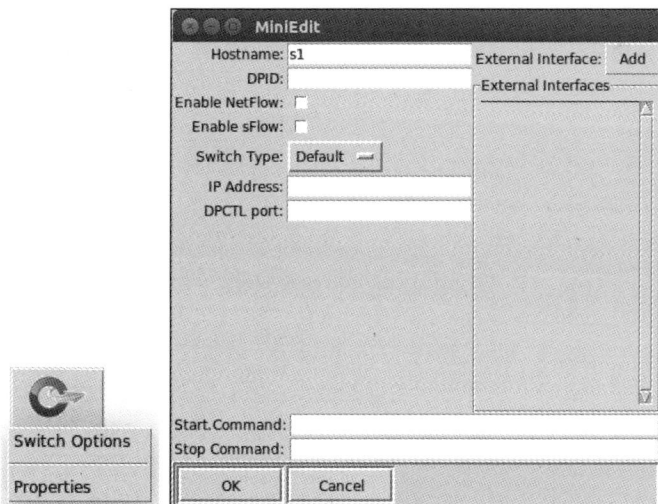

图 3-20 "Switch Options"菜单与 Properties 界面

由图 3-20 可以看出，在交换机的属性配置窗口中可以设置 Hostname（主机名称）、DPID（datapath 的 ID）、Enable NetFlow（支持 NetFlow 监控）、Enable sFlow（支持 sFlow 监控）、Switch Type（交换机类型）、IP Address（管理用的 IP 地址）、DPCTL port（设置流表管理命令）、

Start Command（启动时执行的命令）、Stop Command（停止前执行的命令）、External Interfaces（外部端口设置）等选项或复选框。部分选项或复选框的详细解析如下。

（1）"Hostname"选项

正常情况下，用户可以通过"Hostname"选项更改交换机的名称，这里的交换机名称相当于OVS网桥的名称。需要注意的是，用户更改完Hostname之后，需要填写DPID的值，否则会报错。DPID相当于网桥的openvswitchd(datapath)模块的ID，如果没有更改交换机名称，则一般不用特别设置。

（2）"Enable NetFlow"与"Enable sFlow"复选框

用户在交换机属性配置窗口中可以通过选中"Enable NetFlow"或"Enable sFlow"复选框来配置交换机支持NetFlow或sFlow协议，用于观察交换机相关数据。

（3）"Switch Type"选项

"Switch Type"选项主要用于设置交换机类型，主要包括Default、Open vSwitch Kernel Mode、Indigo Virtual Switch、Userspace Switch、Userspace Switch inNamespace类型，如图3-21所示。

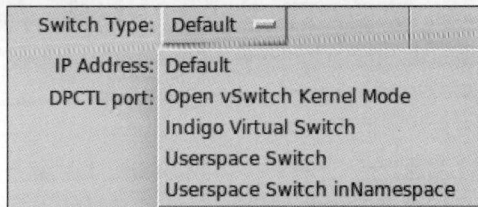

图3-21 "Switch Type"选项

常见的交换机类型如下。

① Default：表示使用MiniEdit全局配置类型，默认情况下Mininet全局配置中的类型是Open vSwitch Kernel Mode。Open vSwitch Kernel Mode指的是使用OVS内核的交换机。

② Indigo Virtual Switch（IVS）：此交换机类型与OVS一样，为OpenFlow虚拟交换机，但IVS是一种纯OpenFlow交换机，性能高，适用于大规模部署。

③ Userspace Switch：表示用户程序空间交换机，是在根命名空间（Root Namespace）下运行的，性能稍差。

④ Userspace Switch inNamespace：表示用户程序空间交换机，但此类交换机拥有自己的命名空间，性能比Userspace Switch稍好。

（4）"IP Address"选项

更改此配置，可以设置交换机使用的管理地址，默认情况下配置为空。

（5）"DPCTL port"选项

设置流表管理命令（dpctl）默认连接的交换机端口，默认值为6634。dpctl命令用于检测和管理OpenFlow数据通路，该命令能够显示当前的数据通路，包括功能配置和表中的条目，以及使用合适的OpenFlow内核模块，用来添加、删除、修改和监视DataPath。

（6）"External Interfaces"选项

"External Interfaces"选项可以用来为交换机配置外部接口。用户可以通过"Add"按钮添加配置，单击多次"Add"按钮可以添加多个配置，只需用户在"External Interfaces"输入框中输入虚拟机上的网卡名称即可。该操作相当于将Mininet所在主机对应名称的网卡挂载到交换机上。

在运行的交换机上打开"Switch Options"菜单，选择"List bridge details"选项，可以查看网桥详细信息。"Switch Options"菜单与Bridge Details界面如图3-22所示。

图 3-22 "Switch Options"菜单与 Bridge Details 界面

4. Legacy switch 控件

该控件用于创建具有默认设置的自学习以太网交换机。其创建方法与创建 Host 一致，选择 Legacy switch 控件后，在右侧画布空白处单击即可。如果用户没有选择使用其他控件，那么在画布空白处单击就可以继续创建传统交换机。默认情况下，创建的第一台交换机名称为 s1，第二台交换机名称为 s2，以此类推。此类交换机可以不连接控制器独立运行。但需要注意的是，传统交换机不能被配置，也没有 STP 功能，所以不能使用传统交换机模拟环状拓扑。

5. Legacy router 控件

该控件用于创建可不连接控制器独立运行的传统路由器，其基本上只是一台启用了 IP 转发功能的主机。其创建方法与创建 Host 一致，选择 Legacy router 控件后，在右侧画布空白处单击即可。默认情况下，路由器的主机名称以"r"开头。路由器与交换机使用同一套编号顺序，如果画布中已有一台交换机为 s1，那么创建的路由器主机名称为 r2，以此类推。在拓扑启动前，不可以在 MiniEdit 中配置路由器属性。在拓扑启动后，将鼠标指针悬停在路由器上，长按鼠标右键，弹出"Router Options"菜单，选择"Terminal"选项，进入 Terminal 界面。

6. Netlink 控件

Netlink 控件用于创建各节点之间的连接。选择 Netlink 控件后，在需要连线节点处单击并保持左键长按状态，拖动连线到被连接的节点上，最后出现一条连接好的线即代表连线已经成功。创建连线时，默认会按顺序连接设备的端口，如设备的第一条连线使用的端口编号是 eth1（主机以 eth0 开始），第二条连线使用的端口编号是 eth2，以此类推。连线创建完毕后，将鼠标指针悬停在路由器上，长按鼠标右键，弹出"Link Options"菜单并选择"Properties"选项，进入 Link Details 界面，如图 3-23 所示。

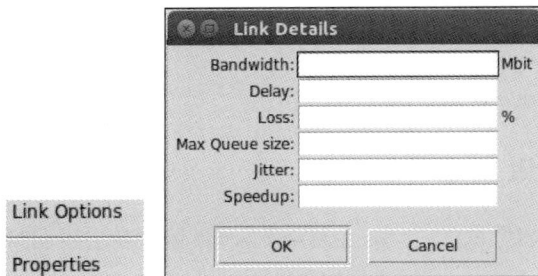

图 3-23 "Links Options"菜单及 Link Details 界面

从图 3-23 中可以看出，用户可以通过 Link Details 界面配置连接线的带宽（Bandwidth，默认单位为 Mbit/s）、延迟（Delay）、丢包率（Loss）、最大排队空间（Max Queue size）、抖动（Jitter）、加速比（Speedup）等信息。

7. Controller 控件

Controller 控件用于创建控制器。其创建方法与创建 Host 一致，选择 Controller 控件后，在右侧画布空白处单击即可。如果用户没有选择使用其他控件，那么在画布上单击就可以继续创建控制器。默认情况下，创建的第一台控制器名为 c0，第二台控制器名为 c1，以此类推。用户可以在控制器上悬停鼠标指针，长按鼠标右键，弹出"Controller Options"菜单，选择"Properties"选项，进入 Controller Details 界面，如图 3-24 所示。

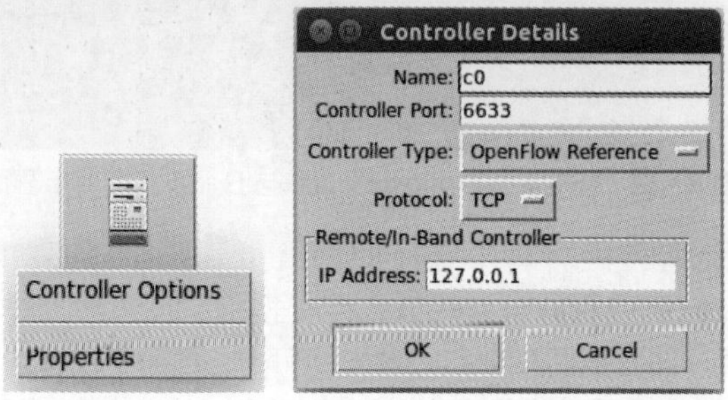

图 3-24 "Controller Options" 菜单及 Controller Details 界面

通过图 3-24 可以看出，Controller Details 界面可以设置的参数有控制器名称（Name）、控制器监听端口（Controller Port）、控制器类型（Controller Type）、控制器使用的协议类型（Protocol）以及远程或带内控制器（Remote/In-Band Controller）的 IP 地址（IP Address）。

这里需要注意的是"Controller Type"选项，其用于选择控制器的类型。控制器的类型有如下4种。

（1）OpenFlow Reference：Mininet 自带的控制器，是默认的控制器类型。该控制器仅提供 OpenFlow 支持和自动生成流表功能，不能手动下发流表。

（2）Remote Controller：远程控制器，用户选择该模式并设置 IP 地址远程连接到外部控制器，可以连接 OpenDayLight、ONOS 等控制器。该控制器能实现的功能由连接的控制器软件决定，本身无任何功能。

（3）In-Band Controller：带内控制器，也是远程控制器的一种，与 Remote Controller 的区别不明显。

（4）OVS Controller：支持 OVS 的控制器，与 OpenFlow Reference 控制器一样均提供 OpenFlow 支持和自动生成流表功能，但 OVS Controller 最多只能支持 16 台 OVS，当管理多于 16 台 OVS 时，OVS Controller 将无法自动下发流表。

8. Run 控件

选择 Run 控件，将启动运行拓扑。

9. Stop 控件

选择 Stop 控件，将停止运行拓扑。

3.3.7 MiniEdit 菜单栏

MiniEdit 菜单栏位于其界面的左上角，主要用于全局配置或进行拓扑的导入/导出操作，如图 3-25 所示。

MiniEdit 菜单栏共有 4 个菜单，分别为 File、Edit、Run 和 Help，详细解析如下。

1. "File"菜单

"File"菜单主要用于拓扑文件的新建、打开、保存和 MiniEdit 的退出等操作。"File"菜单中有 5 个选项，分别为 New、Open、Save、Export Level 2 Script 和 Quit，如图 3-26 所示。其中，"New"选项用于新建一个拓扑；"Open"选项用于打开保存好的拓扑文件，支持打开的类型是以.topo 结尾的文件；"Save"选项用于保存拓扑文件，保存的拓扑文件以.topo 结尾；"Export Level 2 Script"选项用于将拓扑导出为以.py 结尾的 Python 文件，使用户能够在终端命令中执行；"Quit"选项用于退出 MiniEdit。

图 3-25　MiniEdit 菜单栏

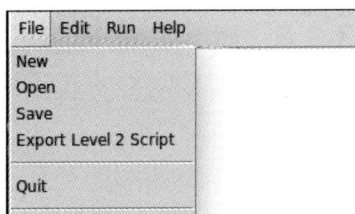

图 3-26　"File"菜单

2. "Edit"菜单

"Edit"菜单主要用于拓扑的全局配置，"Edit"菜单中有 2 个选项，分别是 Cut 和 Preferences。其中，"Cut"选项用于删除画布中创建的对象，"Preferences"选项用于打开拓扑全局配置菜单。选择"Preferences"选项，会打开对应的配置窗口，如图 3-27 所示。

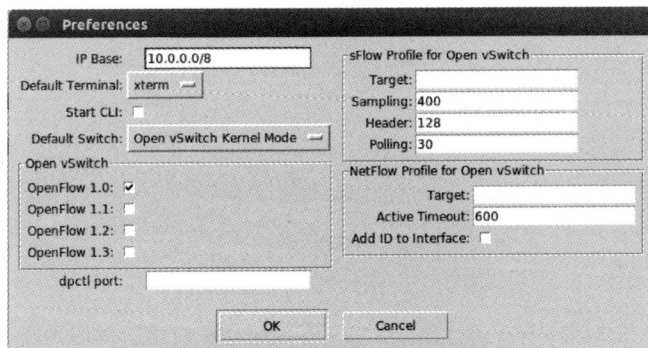

图 3-27　Preferences 配置窗口

从图 3-27 中可以看出，全局配置项主要有 IP Base（基础 IP 网段）、Default Terminal（默认的终端命令行类型）、Start CLI（是否启动命令行，主要用于配置启动拓扑时是否同时启动 Mininet 交互命令行，默认为不启动）、Default Switch（设置默认的交换机类型）、Open vSwitch（配置交换机使用的 OpenFlow 协议）、sFlow Profile for Open vSwitch（sFlow 监控的服务端配置）、NetFlow Profile for Open vSwitch（NetFlow 监控的服务端配置）、dpctl port（设置调用 ovs-ofctl 命令的端口）。

在全局配置中需要注意以下几点。

（1）Default Terminal 可选项有 xterm 和 gterm，默认为 xterm。

（2）Default Switch 可选项有 Open vSwitch Kernel Mode、Indigo Virtual Switch 和 Userspace Switch。Default Switch 的配置仅当交换机属性中的 Switch Type 的值为 Default 时生效，如果交换机属性中的 Switch Type 值不是 Default，则交换机的类型以属性中配置的为准。

3. "Run"菜单

"Run"菜单主要用于启动/停止拓扑、查看交换机统计信息，以及打开终端命令行。"Run"菜单中的选项包括 Run、Stop、Show OVS Summary 和 Root Terminal。其中"Run"/"Stop"
选项的作用与图 3-13 所示界面左下角的"Run"/"Stop"按钮一致；"Show OVS Summary"
选项主要用于显示当前拓扑中的 OVS 信息，作用与在 OVS 中执行 ovs-vsctl 命令一致；"Root
Terminal"选项主要用于打开一个终端命令行，作用与在虚拟机中直接打开终端命令行一致。

4. "Help"菜单

"Help"菜单主要用于简略介绍 MiniEdit 的作用，以及当前使用的版本号、原创作者和官方网
站地址等内容。

3.3.8 MiniEdit 导出拓扑的方式

MiniEdit 导出拓扑有两种方式。一种是直接导出为 topo 文件，用于快捷备份和恢复拓扑。导出
topo 文件后，用户可以通过 MiniEdit 的"Open"菜单重新将其打开。另一种是导出为 Python 文
件，相当于将拓扑结构转换为 Python 脚本的方式存储。导出成功后，用户可以直接通过 Python
工具运行文件，快捷启动一个拓扑。

1. 导出为 topo 文件

导出为 topo 文件的详细步骤如下。

（1）用户在 MiniEdit 中构建完整拓扑结构后，选择 MiniEdit 菜单栏中的"File"→"Save"
选项，将打开拓扑文件保存位置窗口，如图 3-28 所示。

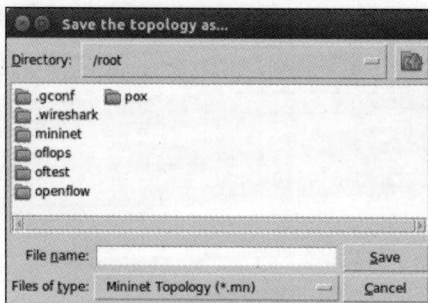

图 3-28 拓扑文件保存位置窗口

（2）按需求选择保存的目录（默认情况下是 Mininet 安装目录），在"File name"文本框中输
入保存的文件名称，单击"Save"按钮即可进行保存。

2. 导出为 Python 文件

导出为 Python 文件的详细步骤如下。

（1）用户在 MiniEdit 中构建完整拓扑结构后，选择 MiniEdit 菜单栏中的"File"→"Export Level
2 Script"选项，将打开导出拓扑文件的保存位置窗口，如图 3-29 所示。

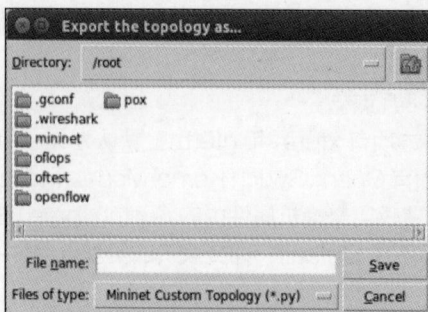

图 3-29 导出拓扑文件的保存位置窗口

（2）在 Directory 中选择文件保存目录（默认情况下是用户根目录），在"File name"文本框中输入保存的文件名称，单击"Save"按钮即可进行保存。

> **提示** 如果导出的文件没有执行权限，则需要在终端命令行中执行 chmod +x FileName 命令，以添加执行权限。

3.4 项目实践

3.4.1 任务 1 源代码部署 Mininet 工具

任务规划

在公司服务器上通过模板创建一台已经初始化的虚拟机，并在此机器上完成 Mininet 工具的安装。其具体步骤如下。

（1）在 Mininet 官方网站获取 Mininet 工具的源代码包。

（2）在虚拟机内安装 Mininet 工具。

任务实施

本任务具体实施过程如下。

（1）登录 Mininet 虚拟机，打开终端命令行，测试虚拟机与外网的连通性。例如，执行 ping www.baidu.com 命令，测试 Mininet 虚拟机与外网的连通性。

```
root@mininet:~ # ping www.baidu.com -c 1
PING www.a.shifen.com (183.232.231.174) 56(84) bytes of data.
64 bytes from 183.232.231.174 (183.232.231.174): icmp_seq=1 ttl=128 time=8.72 ms
--- www.a.shifen.com ping statistics ---
1 packets transmitted, 1 received, 0% packet loss, time 0ms
rtt min/avg/max/mdev = 8.727/8.727/8.727/0.000 ms
```

（2）在终端命令行中切换为 root 用户，更新软件源并安装 Git 工具。

```
classroom@mininet:~ $ su -
root@mininet:~ # apt update -y
root@mininet:~ # apt install git
```

（3）通过 git 命令从 Gitee 获取 Mininet 源代码到 root 用户根目录下。

```
root@mininet:~ # git clone https://gitee.com/Jan16/mininet.git
```

（4）切换到 Mininet 一键安装脚本所在目录，使用 ls 命令查看当前目录下包含的文件。

```
root@mininet:~ # cd /root/mininet/util/
root@mininet:~ /mininet/util# ls
build-ovs-packages.sh clustersetup.sh colorfilters doxify.py install.sh kbuild m nox-
patches openflow-patches sch_htb-ofbuf sysctl_addon unpep8 versioncheck.py vm
```

（5）使用"install.sh"脚本配合"-a"参数完整安装 Mininet。

```
root@mininet:~ /mininet/util# ./install.sh -a
```

在安装过程中如没有出现 error 信息则为正常现象。默认情况下，Mininet 会安装在源代码包所在目录下，本任务中的目录为/root。Mininet 安装完毕的提示如图 3-30 所示。

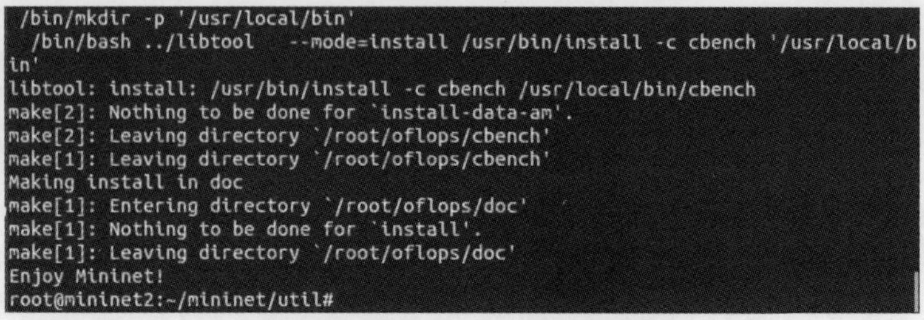

图 3-30　Mininet 安装完毕的提示

"install.sh"脚本中定义了一些特定的参数，如"-a"参数代表安装 Mininet，安装项包括 OVS、OpenFlow 协议支持、Defautl Controller、Pox、Nox、Ryu 等，用户可以通过执行./install. sh –help 命令获取帮助，查看脚本运行时可支持的参数。

任务验证

本任务的具体验证过程如下。

（1）执行 mn 命令，启动 Mininet 工具。

```
root@mininet: ~ # mn
*** Creating network
*** Adding controller
*** Adding hosts:
h1 h2
*** Adding switches:
s1
*** Adding links:
(h1, s1) (h2, s1)
*** Configuring hosts
h1 h2
*** Starting controller
c0
*** Starting 1 switches
s1 ...
*** Starting CLI:
mininet>
```

（2）在 Mininet 交互式命令行中执行 nodes 命令，查看拓扑中的节点情况。

```
mininet> nodes
available nodes are:
c0 h1 h2 s1
```

（3）在 Mininet 交互式命令行中执行 pingall 命令，测试拓扑连通性。

```
mininet> pingall
*** Ping: testing ping reachability
h1 -> h2
h2 -> h1
*** Results: 0% dropped (2/2 received)
```

可以看出，当前 Mininet 拓扑中两台主机互相进行了测试，且 0% 丢失，说明节点连通正常。

（4）在 Mininet 交互式命令行中执行 dump 命令，查看拓扑节点的详细情况。

```
mininot> dump
<Host h1: h1-eth0:10.0.0.1 pid=33060>
<Host h2: h2-eth0:10.0.0.2 pid=33062>
<OVSSwitch s1: lo:127.0.0.1,s1-eth1:None,s1-eth2:None pid=33067>
<Controller c0: 127.0.0.1:6653 pid=33053>
```

从上面的执行结果可以看出，当前主机 h1 的 IP 地址是 10.0.0.1，进程号是 33060；主机 h2
的 IP 地址是 10.0.0.2，进程号是 33062；OVS s1 的本地 IP 地址为 127.0.0.1，两个接口 eth1
和 eth2 均没有 IP 地址，进程号是 33067；而控制器 c0 的 IP 地址是 127.0.0.1，监听端口为 6653，
进程号为 33053。

3.4.2　任务 2　使用 Python 语言编写 Mininet 脚本

任务规划

在本项目任务 1 中已经完成了 Mininet 工具的安装，解决了模拟 SDN 环境的问题，工程师现
在需要编写 Python 脚本构建拓扑，网络拓扑结构如图 3-31 所示。

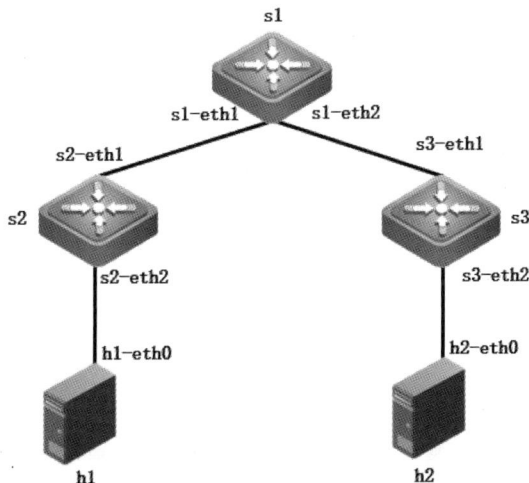

图 3-31　网络拓扑结构

拓扑规划完成后，可以通过以下步骤完成拓扑构建。

（1）登录 Mininet 虚拟机，切换为 root 用户。

（2）根据拓扑规划，使用 vim 命令编写 Python 脚本。

（3）执行 Python 脚本定义的拓扑环境。

任务实施

本任务具体实施过程如下。

（1）登录 Mininet 虚拟机，打开终端命令行，并切换为 root 用户。

```
classroom@mininet:~$ su -    ##切换身份时需要输入 root 用户的密码
```

67

（2）根据拓扑规划，使用 vim 命令编写 Python 脚本。

① 使用 vim 命令编写脚本，脚本名称为 topo.py。

```
root@mininet:~# vim topo.py
#!/usr/bin/python                    //调用 Python 解释器
from mininet.net import *            //导入构建拓扑时需要使用的 mininet 类
from mininet.node import *
from mininet.link import *
from mininet.log import *
from mininet.clean import *
from mininet.cli import *
from mininet.util import *
//初始化 Mininet 参数，设置主机类型、链路类型和交换机类型
net = Mininet(host=CPULimitedHost,link=TCLink,switch=OVSBridge)

s1 = net.addSwitch('s1')             //创建交换机 s1、s2 和 s3
s2 = net.addSwitch('s2')
s3 = net.addSwitch('s3')
h1 = net.addHost('h1')               //创建主机 h1 和 h2
h2 = net.addHost('h2')

net.addLink(s1, s2)                  //添加交换机与交换机、交换机与主机之间的连接
net.addLink(s1, s3)
net.addLink(s2, h1)
net.addLink(s3, h2)

net.start()                          //启动拓扑
net.interact()                       //启动网络并运行简单的 CLI
```

② 使用 mn 命令执行 Python 脚本。

```
root@mininet:~# mn --custom topo.py
mininet>mininet> nodes
available nodes are:
h1 h2 s1 s2 s3
```

任务验证

本任务的具体验证过程如下。

（1）查看当前拓扑可用的节点信息。

```
mininet> nodes
available nodes are:
h1 h2 s1 s2 s3mininet> nodes
available nodes are:
h1 h2 s1 s2 s3
```

从执行结果中可以看出，当前拓扑中已经有 5 台设备，设备名称分别是 h1、h2、s1、s2 和 s3。

（2）查看当前拓扑中的连接信息。

```
mininet> net
h1 h1-eth0:s2-eth2
h2 h2-eth0:s3-eth2
```

```
s1 lo:   s1-eth1:s2-eth1 s1-eth2:s3-eth1
s2 lo:   s2-eth1:s1-eth1 s2-eth2:h1-eth0
s3 lo:   s3-eth1:s1-eth2 s3-eth2:h2-eth0
```

从执行结果中可以看出，当前拓扑符合预设要求。

（3）查看当前拓扑各节点中的网络信息和进程信息。

```
mininet> dump
<CPULimitedHost h1: h1-eth0:10.0.0.1 pid=47247>
<CPULimitedHost h2: h2-eth0:10.0.0.2 pid=47254>
<OVSBridge s1: lo:127.0.0.1,s1-eth1:None,s1-eth2:None pid=47236>
<OVSBridge s2: lo:127.0.0.1,s2-eth1:None,s2-eth2:None pid=47239>
<OVSBridge s3: lo:127.0.0.1,s3-eth1:None,s3-eth2:None pid=47242>
```

从执行结果中可以看出，主机通过 DHCP 服务获取到了 IP 地址，且交换机类型为 OVSBridge，主机类型为 CPULimited。

（4）测试当前拓扑的连通性。

```
mininet> pingall
*** Ping: testing ping reachability
h1 -> h2
h2 -> h1
*** Results: 0% dropped (2/2 received)
```

从执行结果中可以看出，当前拓扑各主机之间通信正常。

（5）退出并清理环境。如果用户当前未退出交互式命令行，则需要先执行 exit 命令退出交互式命令行，然后在终端命令行中以 root 用户身份执行 mn -c 命令，方可达到清理 Mininet 环境的目的。

```
mininet> exit
root@mininet:~# mn -c
```

3.4.3　任务 3　使用 MiniEdit 图形化界面构建拓扑

任务规划

使用 MiniEdit 工具模拟 SDN 测试环境，拓扑中包含 2 台主机和 3 台交换机，s1 只与交换机连接，其余交换机下连一台主机，如图 3-32 所示。设置主机获取 IP 地址的网段为 10.2.2.0/24，拓扑创建完成后，需要对拓扑结构进行验证。

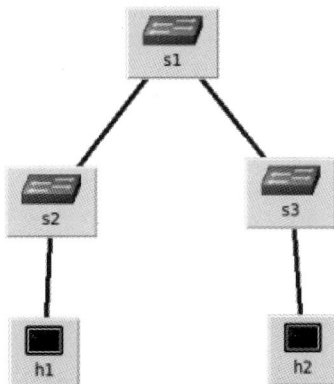

图 3-32　任务规划拓扑结构

69

拓扑规划完成后，可以通过以下步骤完成拓扑构建。

（1）登录 Mininet 虚拟机，切换为 root 用户。

（2）根据拓扑规划，启动 MiniEdit，构建拓扑。

（3）修改主机获取 IP 地址的网段。

任务实施

本任务具体实施过程如下。

（1）登录终端命令行，切换为 root 用户并执行 MiniEdit 启动脚本。

```
classroom@mininet:~$ su -
root@mininet:~# ./mininet/mininet/examples/miniedit.py
```

（2）在 MiniEdit 中单击左侧图标栏中的传统交换机图标（第 4 个图标），在右侧画布上单击 3 次，创建 3 台交换机，如图 3-33 所示。

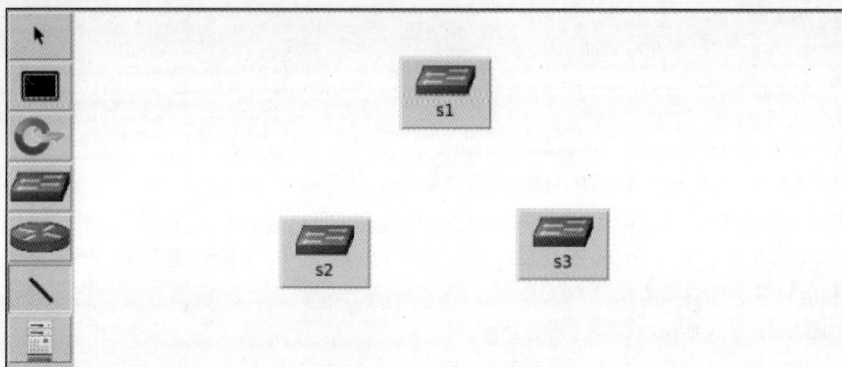

图 3-33　创建 3 台交换机

（3）单击左侧图标栏中的 Host 图标（第 2 个图标），在右侧画布上单击 2 次，创建 2 台主机，如图 3-34 所示。

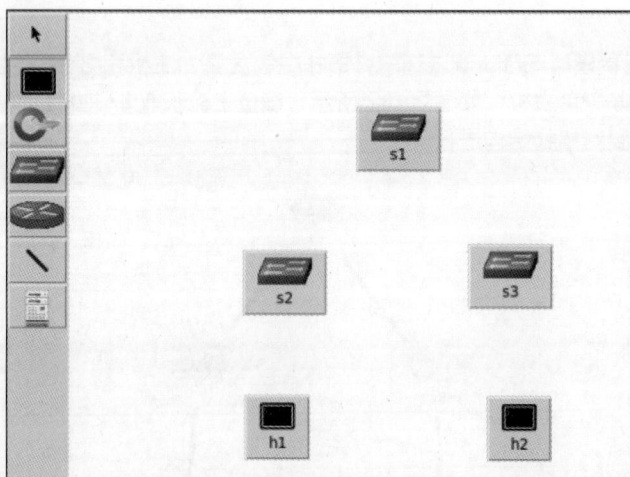

图 3-34　创建 2 台主机

（4）单击左侧图标栏中的 Netlink 图标（倒数第 2 个图标），按照任务要求在各节点之间连接线缆（连接过程中需要长按鼠标左键），如图 3-35 所示。

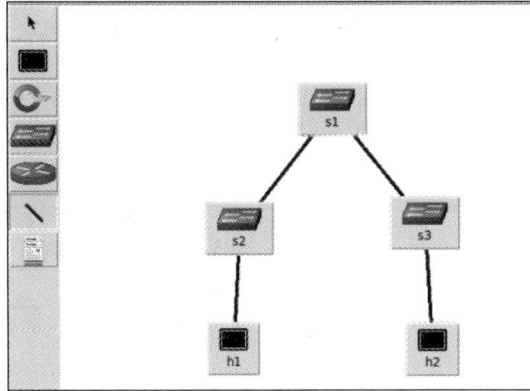

图 3-35　连接拓扑

（5）选择 MiniEdit 菜单栏中的"Edit"→"Preferences"选项，设置全局参数，按照任务要求更改 IP Base（基础网段设置）的值为 10.2.2.0/24，并选中"Start CLI"复选框，如图 3-36所示。

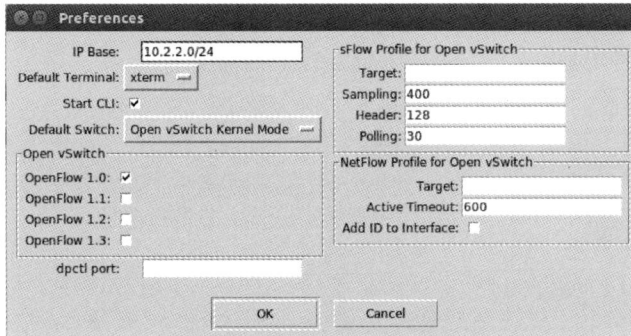

图 3-36　设置全局参数

（6）更改完毕后，单击"OK"按钮，保存并退出全局参数设置。单击 MiniEdit 中的"Run"按钮，启动拓扑后，左侧图标将变为灰色（不可再单击），如图 3-37 所示。

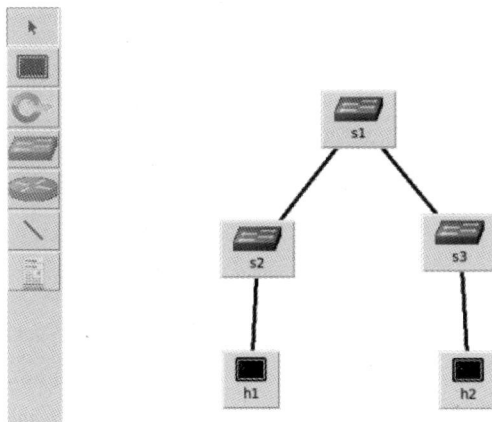

图 3-37　启动拓扑

（7）此时启动的 MiniEdit 的命令行将显示启动 Mininet 各角色的日志信息，并在成功启动后自动显示 Mininet 交互式命令行，如图 3-38 所示。

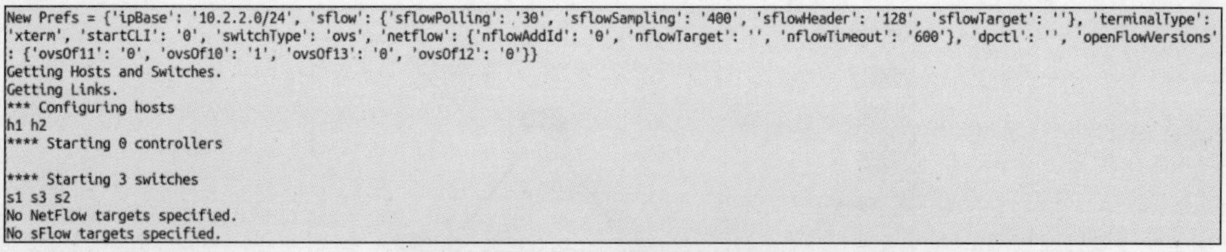

```
New Prefs = {'ipBase': '10.2.2.0/24', 'sflow': {'sflowPolling': '30', 'sflowSampling': '400', 'sflowHeader': '128', 'sflowTarget': ''}, 'terminalType':
'xterm', 'startCLI': '0', 'switchType': 'ovs', 'netflow': {'nflowAddId': '0', 'nflowTarget': '', 'nflowTimeout': '600'}, 'dpctl': '', 'openFlowVersions'
: {'ovsOf11': '0', 'ovsOf10': '1', 'ovsOf13': '0', 'ovsOf12': '0'}}
Getting Hosts and Switches.
Getting Links.
*** Configuring hosts
h1 h2
**** Starting 0 controllers

**** Starting 3 switches
s1 s3 s2
No NetFlow targets specified.
No sFlow targets specified.
```

图 3-38　Mininet 交互式命令行

任务验证

本任务的具体验证过程如下。

（1）在交互式命令行中使用 nodes 命令查看拓扑节点简略信息（默认只包含节点的名称）。

```
mininet> nodes
available nodes are:
h1 h2 s1 s2 s3
```

（2）在交互式命令行中使用 net 命令查看各个节点链接的详细情况。

```
mininet> net
h1 h1-eth0:s2-eth2
h2 h2-eth0:s3-eth2
s1 lo:  s1-eth1:s3-eth1 s1-eth2:s2-eth1
s3 lo:  s3-eth1:s1-eth1 s3-eth2:h2-eth0
s2 lo:  s2-eth1:s1-eth2 s2-eth2:h1-eth0
```

（3）在交互式命令行中使用 pingall 命令查看主机节点之间的连通情况。

```
mininet> pingall
*** Ping: testing ping reachability
h1 -> h2
h2 -> h1
*** Results: 0% dropped (2/2 received)
```

（4）在交互式命令行中执行 sh ovs-ofctl dump-flows s1 命令查看交换机 s1 上的流表情况。

```
mininet> sh ovs-ofctl dump-flows s1
cookie=0x0, duration=227.841s, table=0, n_packets=80, n_bytes=8260, priority=0 actions=NORMAL
```

由于采用传统类型的交换机，且拓扑内无控制器存在，因此交换机内部只存在一条动作类型为 NORMAL 的流表。

（5）返回 MiniEdit，单击"Stop"按钮，停止网络拓扑。

> 提示　停止网络拓扑后，用户可以再向拓扑中添加其他设备。

3.5　项目习题

一、填空题

1. Mininet 是一种＿＿＿＿＿＿。
2. 基于源代码使用＿＿＿＿＿＿命令可以将 Mininet 安装在/mydir 目录下。
3. 基于软件包安装的 MiniEdit 的默认启动路径为＿＿＿＿＿＿。

4. MiniEdit 中的 IP Base 的作用是_____。

5. 命令 mn --switch=ovsk --controller=_____，可使创建的拓扑不使用控制器。

6. 在 Python 脚本中调用 Mininet 的 node 模块的命令是_____。

二、判断题

1. MiniEdit 中的 Legency switch 需要连接控制器。 （ ）

2. 在 MiniEdit 启动后，可以随意添加设备。 （ ）

三、简答题

1. 在 Ubuntu 操作系统中使用哪个命令可以通过软件包直接安装 Mininet？

2. py net.addHost('H1')的作用是什么？

3. 如何使用 Mininet 基本命令行设置拓扑使用的默认 DHCP 地址池为 192.188.11.0/24？

四、实操题

1. 分别尝试使用镜像和软件包的方式部署 Mininet。

2. 编写 Python 脚本，创建一个总线拓扑，拓扑中包含 8 台交换机，每台交换机下挂 3 台主机。该 Python 脚本能自动调度主机互相进行 ping 测试，并能自动在 h2 和 h8 之间进行 TCP 类型的 Lperf 测试。

项目4
Mininet项目实践

04

学习目标

（1）掌握Mininet中流表的配置与管理。
（2）了解Mininet内置控制器的功能和原理。
（3）掌握OVS不同的工作方式。
（4）了解OVS如何解决环路问题。

4.1 项目背景

前面的项目中已经介绍了 Mininet 工具的基本操作，本项目中管理员希望使用 Mininet 工具模拟生产环境拓扑，并对拓扑中的节点进行通信和流量控制。在首次搭建环境拓扑时，不添加控制器节点，手动下发流表实现网络连通，精准控制三层流量的通信路径；在完成测试后，添加控制器节点，实现流表的自动下发操作。

公司内部主机 h1 通过接入层交换机 s1 接入网络，数据通过 s1 与 s3 之间的链路进行转发，再通过核心交换机 s3 连接互联网，s1 和 s3 只处理 h1 发送的数据包。主机 h2 通过接入层交换机 s2 接入网络，数据通过 s2 与 s4 之间的链路进行转发，再通过核心交换机 s4 连接互联网，s2 和 s4 只处理 h2 发送的数据包。4 台 OVS 通过冗余链路保证拓扑的可靠性，配置 4 台 OVS 默认采用泛洪方式处理 ARP 广播报文。

生产环境拓扑如图 4-1 所示。

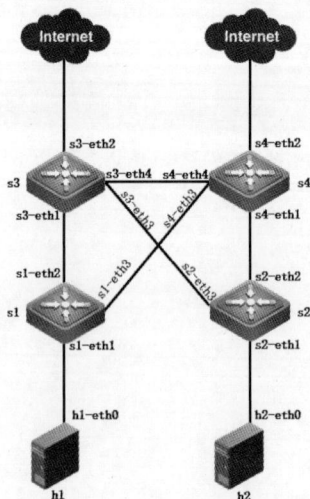

图 4-1　生产环境拓扑

Mininet 模拟器参数如表 4-1 所示。

表 4-1　Mininet 模拟器参数

角色	主机名称	系统版本	软件配置
Mininet 模拟器	mininet	Ubuntu 18.04	Git、GCC、Make、Mininet

Minient 模拟器网络规划如表 4-2 所示。

表 4-2　Mininet 模拟器网络规划

主机名称	端口	IP 地址	用途	LAN 区段
mininet	ens33	由 DHCP 分配	连接互联网	
	ens34	无 IP 地址	SDN 测试网络	LAN0

4.2　项目需求分析

使用 Mininet 构建相关测试拓扑，结合多台 OVS 和主机进行下发流表测试，熟悉 Mininet 的操作并测试此工具的稳定性和可用性。

综上所述，本项目设计了如下两项任务。

（1）使用 Mininet 手动下发流表。

（2）使用 Mininet 连接控制器实现故障链路切换。

4.3　项目相关知识

4.3.1　Mininet 自带控制器原理

默认情况下，Mininet 在创建基于 OpenFlow 交换机的网络时，如果在控制器的相关参数中使用了默认值，那么就会自动将交换机连接到 Mininet 自带的控制器上，以便保证模拟网络的正常通信。一般情况下，Mininet 自带控制器不携带网络接口信息，相当于一个后台运行的应用进程，默认监听的端口是 127.0.0.1:6653，此时拓扑中所有交换机均通过环回地址 127.0.0.1 与控制器进行 OpenFlow 信息交互。Mininet 中交换机与自带控制器连接时的交互消息如表 4-3 所示。

表 4-3　Mininet 中交换机与自带控制器连接时的交互消息

消息	类型	含义
Hello	交换机到控制器	交换机将其版本号发送到控制器（发送的是 OpenFlow 版本号）
Hello	控制器到交换机	控制器回复其支持的版本号
Features Request	控制器到交换机	控制器要求查看哪些交换机的端口是可用的
Set Config	控制器到交换机	控制器要求发送流信息
Features Reply	交换机到控制器	交换机回复端口、端口速率、支持的流表和动作集等参数
Packet-In	交换机到控制器	通常情况下，交换机收到一个数据包后进行检查，若发现无流表项匹配成功，那么交换机会发送 Packet-In 数据包给控制器，让控制器判断如何处理数据包

续表

消息	类型	含义
Packet-Out	控制器到交换机	控制器发送 Packet-Out 消息给交换机，告知交换机处理数据包的方法，一般情况下会要求交换机将数据包输出到 65531 端口（类似于广播）
Flow-Mod	控制器到交换机	当拓扑中产生了流量，控制器再次接收到带有 IP、MAC 等详细信息的 Packet-In 消息后，控制器会将 Packet-In 所报告的数据包的源/目的 IP 地址、源/目 MAC 地址、VLAN-ID、进端口、报文类型、协议以及对应的执行动作填入 Flow-Mod 消息，最终形成一条流表项发送给交换机

4.3.2 OVS 模式解析

OVS 有两种工作模式，分别是 standalone 和 secure。OVS 的工作模式可通过 fail_mode（故障模式）参数进行调整，默认模式是 standalone。交换机在配置了连接控制器的参数后，会在后台对控制器发起连接请求。如果交换机在发送了 3 次请求后依然没有收到回复，则直接根据不同的工作模式实施不同的转发策略。

1. 不同故障模式下的转发策略

（1）交换机设置的 fail_mode 模式为 standalone 时。

交换机接管转发逻辑，清除已有的流表项规则，并新增一条流表项，此流表项匹配交换机接收到的所有数据流量，此时交换机的执行动作是将流量输出到 Normal 接口。这时的交换机相当于一台可以 ARP 自学习的传统交换机，其转发逻辑与传统交换机无区别。与此同时，交换机仍然会在后台不断尝试连接控制器，一旦连接恢复正常，那么交换机就会马上清除 Normal 流表项，并向控制器请求下发流表项，同时将转发逻辑的控制权交给控制器。一系列动作完成后，交换机上接收到的数据包将重新根据控制器下发的流表项规则进行转发。需要注意的是，根据不同控制器的性能，在切换期间可能会产生一定的数据包丢失。

（2）交换机设置的 fail_mode 模式为 secure 时。

如果交换机预配置了流表项，那么已有的流表项会继续保持，交换机严格按照已有的流表项对数据包进行转发，并在后台不断尝试连接控制器；如果交换机本身没有流表项，那么交换机会将所有接收到的数据流量都丢弃，此时网络将不能正常通信。

需要特别说明的是，在 Mininet 中能设置多种不同的交换机类型，而交换机会根据其连接到控制器的情况自动选择在特定的工作模式下运行。

2. 交换机不同情况下运行的工作模式

（1）如果拓扑创建时，交换机类型是 default。

如果交换机成功连接到控制器，那么交换机工作模式是 secure 模式；如果交换机无法连接到控制器，那么交换机工作模式会从 secure 模式降级为 standalone 模式。

（2）如果拓扑创建时，交换机类型是 ovsk 和 ovs。

如果交换机成功连接到控制器，那么交换机工作模式是 secure 模式；如果交换机无法连接到控制器，那么 Mininet 创建拓扑时会报错，Mininet 环境随之被清除，并结束拓扑创建过程。需要注意的是，如果指定了控制器类型为 none，则拓扑会正常创建。

（3）如果拓扑创建时，交换机类型是 linuxbr。

交换机无论是否被设置了连接控制器的"--controller"参数，交换机都会忽略此参数，并将工作模式调整为 standalone 模式。

Mininet 中的交换机如果需要更改 fail_mode 参数，则需要在交互式命令行中执行命令，具体介绍如下。

3. 更改 fail_mode 参数的方法

（1）切换为 secure 模式。

```
mininet> sh ovs-vsctl set-fail-mode BridgeName secure
```

（2）切换为 standalone 模式。

```
mininet> sh ovs-vsctl set-fail-mode BridgeName standalone
```

（3）删除失败模式（恢复为默认模式 standalone）。

```
mininet> sh ovs-vsctl del-fail-mode BridgeName
```

4.3.3 在 Mininet 中管理交换机和流表

Mininet 的操作基本在交互式命令行中进行，Mininet 交互式命令行中管理交换机的常用命令如表 4-4 所示。

表 4-4 Mininet 交互式命令行中管理交换机的常用命令

命令	含义
sh ovs-vsctl show	查看交换机信息摘要
sh ovs-vsctl list port PORT	查看交换机中具体的端口信息
sh ovs-vsctl list-ports BRIDGE	查看交换机中端口的信息
sh ovs-vsctl add-port BRIDGE PORT	向交换机中添加端口，与命令 py net.attach("Bridge-port")的作用相同
sh ovs-vsctl get-controller BRIDGE	获取交换机的控制器信息
sh ovs-vsctl set-controller BRIDGE TARGET	向交换机添加控制器
sh ovs-vsctl set bridge BRIDGE protocol=OpenFlow10	配置交换机支持协议为 OpenFlow 1.0
sh ovs-vsctl set bridge BRIDGE protocol=OpenFlow13	配置交换机支持协议为 OpenFlow 1.3
sh ovs-ofctl show BRIDGE	获取交换机的端口编号信息

Mininet 交互式命令行中流表管理的常用命令如表 4-5 所示，其关键参数与 ovs-ofctl 命令一致。

表 4-5 Mininet 交互式命令行中流表管理的常用命令

命令	含义
sh ovs-ofctl dump-ports BRIDGE PORT	查询端口统计信息，主要显示交换机端口的数据包统计数据
sh ovs-ofctl dump-flows BRIDGE	查询交换机中所有的流表项
sh ovs-ofctl dump-flows BRIDGE -O OpenFlow13	查询交换机中所有版本为 OpenFlow 1.3 的流表项
sh ovs-ofctl add-flow BRIDGE MatchFields,Actions	向交换机添加流表项
sh ovs-ofctl add-flow BRIDGE MatchFields,Actions -O OpenFlow13	向交换机添加版本为 OpenFlow 1.3 的流表项
sh ovs-ofctl del-flows BRIDGE MatchFields,Actions	删除交换机中某具体的流表项
sh ovs-ofctl del-flows BRIDGE MatchFields,Actions -O OpenFlow13	删除交换机中版本为 OpenFlow 1.3 的特定动作的流表项
sh ovs-ofctl del-flows BRIDGE --strict priority=x	删除优先级为 x 的流表项

> **提 示**　如果命令中没有添加"-O"指定 OpenFlow 协议版本选项，则默认仅支持 OpenFlow
> 1.0 协议。

4.4　项目实践

4.4.1　任务 1　使用 Mininet 手动下发流表

任务规划

基于 Mininet 工具构建测试拓扑，拓扑内置 4 台 OVS，每台 OVS 下连一台主机，手动下发 OpenFlow 1.0 的流表。主机 h1 通过交换机 s1、s3 与主机 h3 进行通信，主机 h2 通过交换机 s2、s4 与主机 h4 进行通信。任务拓扑如图 4-2 所示。

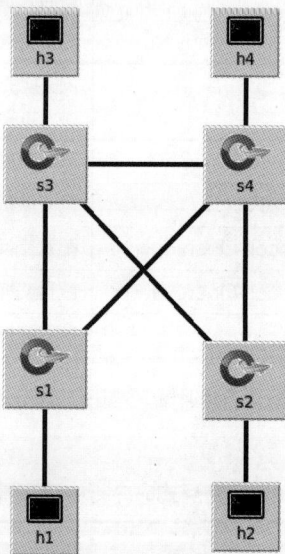

图 4-2　任务拓扑

网络规划如表 4-6 所示。

表 4-6　网络规划

主机名称	端口	IP 地址	对端接口
s1	eth1		h1-eth0
	eth2		s3-eth1
	eth3		s4-eth3
s2	eth1		h2-eth0
	eth2		s4-eth1
	eth3		s3-eth3

续表

主机名称	端口	IP 地址	对端接口
s3	eth1		s1-eth2
	eth2		h3-eth0
	eth3		s2-eth3
	eth4		s4-eth4
s4	eth1		s2-eth2
	eth2		h4-eth0
	eth3		s1-eth3
	eth4		s3-eth4
h1	eth0	10.0.0.1/8	s1-eth1
h2	eth0	10.0.0.2/8	s2-eth1
h3	eth0	10.0.0.3/8	s3-eth2
h4	eth0	10.0.0.4/8	s4-eth2

基于任务规划，其具体步骤如下。

（1）登录 Mininet 虚拟机，构建拓扑。

（2）配置拓扑，手动下发流表，实现主机之间的通信。

任务实施

本任务具体实施过程如下。

1. 登录 Mininet 虚拟机，构建拓扑

（1）登录 Mininet 虚拟机，打开终端命令行，并切换为 root 用户，启动 MiniEdit。

```
classroom@mininet:~$ su -          #切换身份时需要输入 classroom 用户的密码
root@mininet:~# cd /root/mininet/examples/
root@mininet:~/mininet/examples# ./miniedit.py
```

（2）在 MiniEdit 中单击左侧图标栏中的 OVS 图标（第 3 个图标），在右侧画布上单击 4 次，创建 4 台交换机，如图 4-3 所示。

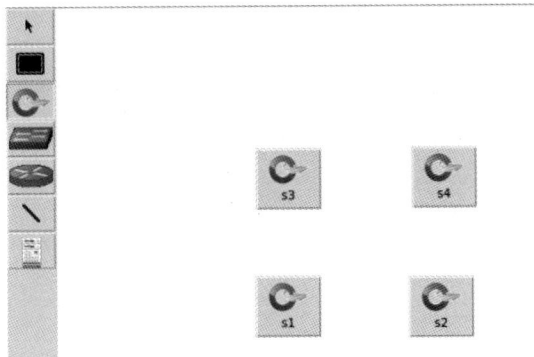

图 4-3　创建 4 台交换机

（3）单击左侧图标栏中的 Host 图标（第 2 个图标），在右侧画布上单击 4 次，创建 4 台主机，如图 4-4 所示。

（4）单击左侧图标栏中的 Netlink 图标（倒数第 2 个图标），按照任务要求在各节点之间连接线缆（连接过程中需要长按鼠标左键），如图 4-5 所示。

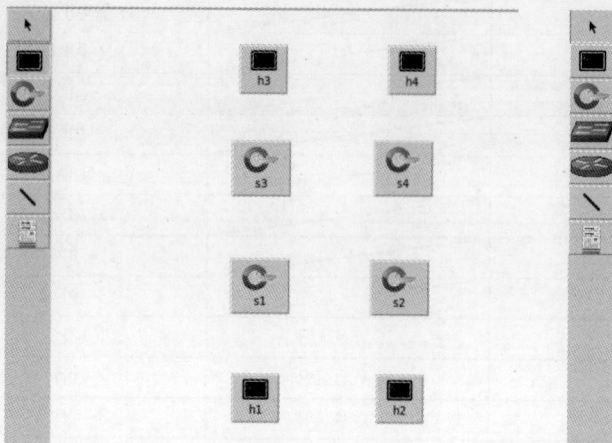

图 4-4　创建 4 台主机

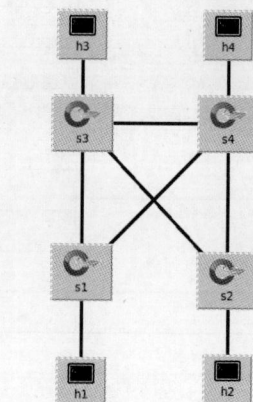

图 4-5　连接拓扑

（5）选择 MiniEdit 菜单栏中的"Edit"→"Preferences"选项，设置全局参数，选中"Start CLI"复选框，如图 4-6 所示。

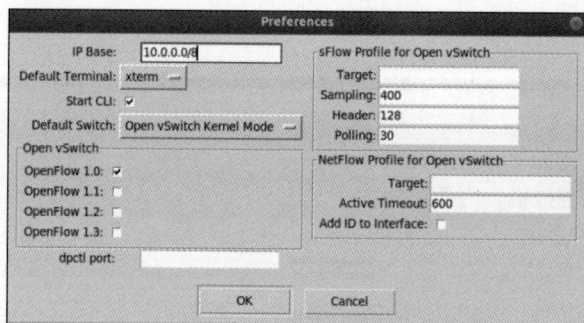

图 4-6　设置全局参数

（6）更改完毕后，单击"OK"按钮，保存并退出全局参数设置。单击 MiniEdit 中的"Run"按钮，启动拓扑后，左侧图标将变为灰色（不可再单击），如图 4-7 所示。

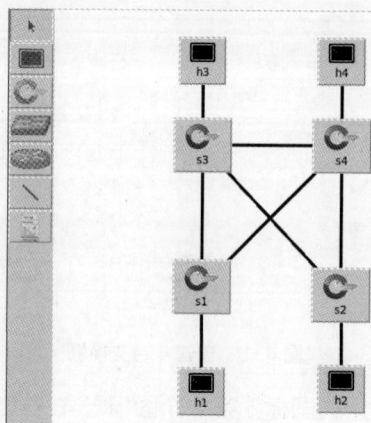

图 4-7　启动拓扑

2. 配置拓扑，手动下发流表，实现主机之间的通信

（1）在终端命令行中执行 net 命令，查看设备之间的连接状态。

```
mininet> net
h4 h4-eth0:s4-eth2
h1 h1-eth0:s1-eth1
h3 h3-eth0:s3-eth2
h2 h2-eth0:s2-eth1
s3 lo:   s3-eth1:s1-eth2 s3-eth2:h3-eth0 s3-eth3:s2-eth3 s3-eth4:s4-eth4
s4 lo:   s4-eth1:s2-eth2 s4-eth2:h4-eth0 s4-eth3:s1-eth3 s4-eth4:s3-eth4
s2 lo:   s2-eth1:h2-eth0 s2-eth2:s4-eth1 s2-eth3:s3-eth3
s1 lo:   s1-eth1:h1-eth0 s1-eth2:s3-eth1 s1-eth3:s4-eth3
```

可以观察到设备当前连接情况满足拓扑要求。

（2）查看主机 h1 和 h3 的 MAC 地址并记录，为下发流表做准备。

```
mininet> h1 ifconfig
h1-eth0: flags=4163<UP,BROADCAST,RUNNING,MULTICAST>  mtu 1500
        inet 10.0.0.1  netmask 255.0.0.0  broadcast 10.255.255.255
        inet6 fe80::50b3:c6ff:febe:acf1  prefixlen 64  scopeid 0x20<link>
        ether 52:b3:c6:be:ac:f1  txqueuelen 1000  (Ethernet)
mininet> h3 ifconfig
h3-eth0: flags=4163<UP,BROADCAST,RUNNING,MULTICAST>  mtu 1500
        inet 10.0.0.3  netmask 255.0.0.0  broadcast 10.255.255.255
        inet6 fe80::ec2c:29ff:fe74:d95a  prefixlen 64  scopeid 0x20<link>
    ether ee:2c:29:74:d9:5a  txqueuelen 1000  (Ethernet)
```

（3）查看交换机 s1 和 s3 的接口并记录，如图 4-8 所示。

```
mininet> sh ovs-ofctl show s1
OFPT_FEATURES_REPLY (xid=0x2): dpid:0000000000000001
n_tables:254, n_buffers:0
capabilities: FLOW_STATS TABLE_STATS PORT_STATS QUEUE_STATS ARP_MATCH_IP
actions: output enqueue set_vlan_vid set_vlan_pcp strip_vlan mod_dl_src mod_dl_dst mod_nw_src mod_nw_dst mod_nw_tos mod_tp_src mod_tp_dst
 1(s1-eth1): addr:2a:42:11:93:70:d8
     config:     0
     state:      0
     current:    10GB-FD COPPER
     speed: 10000 Mbps now, 0 Mbps max
 2(s1-eth2): addr:1e:b0:fe:99:1c:89
     config:     0
     state:      0
     current:    10GB-FD COPPER
     speed: 10000 Mbps now, 0 Mbps max
 3(s1-eth3): addr:26:9d:34:d9:69:f7
     config:     0
     state:      0
     current:    10GB-FD COPPER
     speed: 10000 Mbps now, 0 Mbps max
 LOCAL(s1): addr:36:6f:69:c1:1a:41
     config:     PORT_DOWN
     state:      LINK_DOWN
     speed: 0 Mbps now, 0 Mbps max
OFPT_GET_CONFIG_REPLY (xid=0x4): frags=normal miss_send_len=0
mininet> sh ovs-ofctl show s3
OFPT_FEATURES_REPLY (xid=0x2): dpid:0000000000000003
n_tables:254, n_buffers:0
capabilities: FLOW_STATS TABLE_STATS PORT_STATS QUEUE_STATS ARP_MATCH_IP
actions: output enqueue set_vlan_vid set_vlan_pcp strip_vlan mod_dl_src mod_dl_dst mod_nw_src mod_nw_dst mod_nw_tos mod_tp_src mod_tp_dst
 1(s3-eth1): addr:ba:f3:00:b0:74:4d
     config:     0
     state:      0
     current:    10GB-FD COPPER
     speed: 10000 Mbps now, 0 Mbps max
 2(s3-eth2): addr:6a:e3:c8:57:9d:1f
     config:     0
     state:      0
     current:    10GB-FD COPPER
     speed: 10000 Mbps now, 0 Mbps max
 3(s3-eth3): addr:6a:c3:70:fa:f7:a8
     config:     0
     state:      0
     current:    10GB-FD COPPER
     speed: 10000 Mbps now, 0 Mbps max
 LOCAL(s3): addr:5a:db:d8:3c:72:40
     config:     PORT_DOWN
     state:      LINK_DOWN
     speed: 0 Mbps now, 0 Mbps max
OFPT_GET_CONFIG_REPLY (xid=0x4): frags=normal miss_send_len=0
```

图 4-8　查看交换机 s1 和 s3 的接口

（4）交换机 S1 流表配置。

① 新增流表项，将所有 ARP 报文通过传统方式转发，流表优先级为 10，空闲超时时间为 0。

```
mininet> sh ovs-ofctl add-flow s1 priority=10,idle_timeout=0,arp,actions=normal
```

② 新增流表项，匹配 IPv4 且源 IP 地址为 10.0.0.1、目的 IP 地址为 10.0.0.3 的数据包，流表执行的操作为输出到端口 2，流表优先级为 20，空闲超时时间为 0。

```
mininet> sh ovs-ofctl add-flow s1 \ priority=20,idle_timeout=0,ip,nw_src=10.0.0.1,nw_dst=10.0.
0.3,actions=output:2
```

③ 新增流表项，匹配 IPv4 且源 IP 地址为 10.0.0.3、目的 IP 地址为 10.0.0.1 的数据包，流表执行的操作为输出到端口 1，流表优先级为 20，空闲超时时间为 0。

```
mininet> sh ovs-ofctl add-flow s1 \ priority=20,idle_timeout=0,ip,nw_src=10.0.0.3,nw_dst=10.
0.0.1,actions=output:1
```

（5）交换机 S3 流表配置。

① 新增流表项，将所有 ARP 报文通过传统方式转发，流表优先级为 10，空闲超时时间为 0。

```
mininet> sh ovs-ofctl add-flow s3 priority=10,idle_timeout=0,arp,actions=normal
```

② 新增流表项，匹配 IPv4 且源 IP 地址为 10.0.0.3、目的 IP 地址为 10.0.0.1 的数据包，流表执行的操作为输出到端口 1，流表优先级为 20，空闲超时时间为 0。

```
mininet> sh ovs-ofctl add-flow s3 \ priority=20,idle_timeout=0,ip,nw_src=10.0.0.3,nw_dst=10.0.
0.1,actions=output:1
```

③ 新增流表项，匹配 IPv4 且源 IP 地址为 10.0.0.1、目的 IP 地址为 10.0.0.3 的数据包，流表执行的操作为输出到端口 2，流表优先级为 20，空闲超时时间为 0。

```
mininet> sh ovs-ofctl add-flow s3 \ priority=20,idle_timeout=0,ip,nw_src=10.0.0.1,nw_dst=10.0.
0.3,actions=output:2
```

（6）交换机 S2 流表配置。

① 新增流表项，将所有 ARP 报文通过传统方式转发，流表优先级为 10，空闲超时时间为 0。

```
mininet> sh ovs-ofctl add-flow s2 priority=10,idle_timeout=0,arp,actions=normal
```

② 新增流表项，匹配 IPv4 且源 IP 地址为 10.0.0.2、目的 IP 地址为 10.0.0.4 的数据包，流表执行的操作为输出到端口 2，流表优先级为 20，空闲超时时间为 0。

```
mininet> sh ovs-ofctl add-flow s2 \priority=20,idle_timeout=0,ip,nw_src=10.0.0.2,nw_dst=10.0.0.4,
actions=output:2
```

③ 新增流表项，匹配 IPv4 且源 IP 地址为 10.0.0.4、目的 IP 地址为 10.0.0.2 的数据包，流表执行的操作为输出到端口 1，流表优先级为 20，空闲超时时间为 0。

```
mininet> sh ovs-ofctl add-flow s2 \priority=20,idle_timeout=0,ip,nw_src=10.0.0.4,nw_dst=10.0.0.2,
actions=output:1
```

（7）交换机 S4 流表配置。

① 新增流表项，将所有 ARP 报文通过传统方式转发，流表优先级为 10，空闲超时时间为 0。

```
mininet> sh ovs-ofctl add-flow s4 priority=10,idle_timeout=0,arp,actions=normal
```

② 新增流表项，匹配 IPv4 且源 IP 地址为 10.0.0.4、目的 IP 地址为 10.0.0.2 的数据包，流表执行的操作为输出到端口 1，流表优先级为 20，空闲超时时间为 0。

```
mininet> sh ovs-ofctl add-flow s4 \priority=20,idle_timeout=0,ip,nw_src=10.0.0.4,nw_dst=10.0.0.2,
actions=output:1
```

③ 新增流表项，匹配 IPv4 且源 IP 地址为 10.0.0.2、目的 IP 地址为 10.0.0.4 的数据包，流表执行的操作为输出到端口 2，流表优先级为 20，空闲超时时间为 0。

```
mininet> sh ovs-ofctl add-flow s4 \priority=20,idle_timeout=0,ip,nw_src=10.0.0.2,nw_dst=10.0.0.4,
actions=output:2
```

任务验证

本任务的具体验证过程如下。

（1）在终端命令行中执行 pingall 命令，查看节点间的连接情况。

```
mininet> pingall
*** Ping: testing ping reachability
h2 -> h4 X X
h4 -> h2 X X
h3 -> X X h1
h1 -> X X h3
*** Results: 66% dropped (4/12 received)
```

可以观察到通过流表的控制，实现了主机 h1 与主机 h3 的通信，但主机 h1 不能和主机 h2、h4 进行通信；主机 h2 能与主机 h4 进行通信，但不能和主机 h1、h3 进行通信。

（2）查看所有交换机的流表匹配状态。

```
mininet> dpctl dump-flows
*** s3 ------------------------------------------------------------------
 cookie=0x0, duration=978.651s, table=0, n_packets=4, n_bytes=392, priority=20,ip,nw_src=
10.0.0.3,nw_dst=10.0.0.1 actions=output:"s3-eth1"
 cookie=0x0, duration=977.497s, table=0, n_packets=4, n_bytes=392, priority=20,ip,nw_src=
10.0.0.1,nw_dst=10.0.0.3 actions=output:"s3-eth2"
 cookie=0x0, duration=978.676s, table=0, n_packets=407703030, n_bytes=17123527260,
priority=10,arp actions=NORMAL
*** s1 ------------------------------------------------------------------
 cookie=0x0, duration=978.674s, table=0, n_packets=4, n_bytes=392, priority=20,ip,nw_src=
10.0.0.1,nw_dst=10.0.0.3 actions=output:"s1-eth2"
 cookie=0x0, duration=978.668s, table=0, n_packets=4, n_bytes=392, priority=20,ip,nw_src=
10.0.0.3,nw_dst=10.0.0.1 actions=output:"s1-eth1"
 cookie=0x0, duration=978.689s, table=0, n_packets=385987388, n_bytes=16211470296,
priority=10,arp actions=NORMAL
*** s4 ------------------------------------------------------------------
 cookie=0x0, duration=994.905s, table=0, n_packets=4, n_bytes=392, priority=20,ip,nw_src=
10.0.0.4,nw_dst=10.0.0.2 actions=output:"s4-eth1"
 cookie=0x0, duration=993.728s, table=0, n_packets=4, n_bytes=392, priority=20,ip,nw_src=
10.0.0.2,nw_dst=10.0.0.4 actions=output:"s4-eth2"
 cookie=0x0, duration=994.935s, table=0, n_packets=347693911, n_bytes=14603144262,
priority=10,arp actions=NORMAL
*** s2 ------------------------------------------------------------------
 cookie=0x0, duration=994.932s, table=0, n_packets=4, n_bytes=392, priority=20,ip,nw_src=
10.0.0.2,nw_dst=10.0.0.4 actions=output:"s2-eth2"
 cookie=0x0, duration=994.920s, table=0, n_packets=4, n_bytes=392, priority=20,ip,nw_src=
10.0.0.4,nw_dst=10.0.0.2 actions=output:"s2-eth1"
```

```
    cookie=0x0, duration=994.951s, table=0, n_packets=394899890, n_bytes=16585795380,
priority=10,arp actions=NORMAL
```

> **提示**　　可以观察到所有交换机的流表接收的数据包和比特数量都非常高，这是由于拓扑结构存在环路，在 ARP 广播时，引起了 MAC 地址表振荡。可以通过执行 ovs-vsctl set bridge s1 stp_enable=true 命令开启 STP 功能。

4.4.2　任务 2　使用 Mininet 连接控制器实现故障链路切换

任务规划

基于 Mininet 工具构建测试拓扑，拓扑内置 4 台 OVS，每台 OVS 下连一台主机。OVS 均与默认控制器连接，控制器自动下发 OpenFlow 10 的流表实现全网互通。随后断开交换机 s1 和交换机 s3 之间的连接，模拟链路出现故障，查看控制器能否自动监测拓扑状态，实现流表项自动切换。任务拓扑如图 4-9 所示。

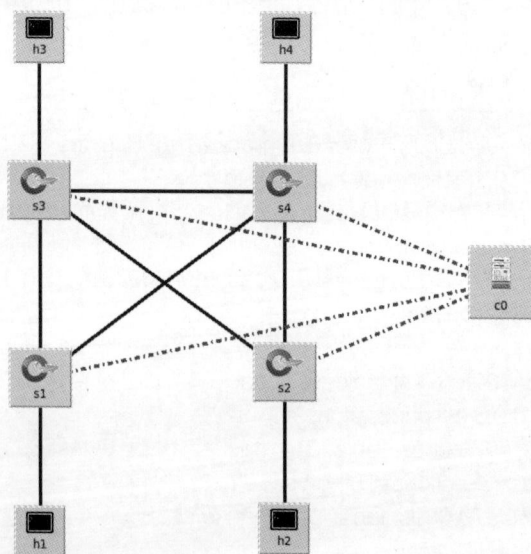

图 4-9　任务拓扑

基于任务规划，其具体步骤如下。

（1）登录 Mininet 虚拟机，构建拓扑。

（2）配置拓扑，连接控制器，自动检测链路状态下发流表。

任务实施

本任务具体实施过程如下。

（1）参考本项目任务 1，完成无控制器拓扑的构建。

（2）在本项目任务 1 拓扑的基础上，单击左侧图标栏中的 Controller 图标（最后一个图标），在右侧画布上单击 1 次，创建 1 台控制器，如图 4-10 所示。

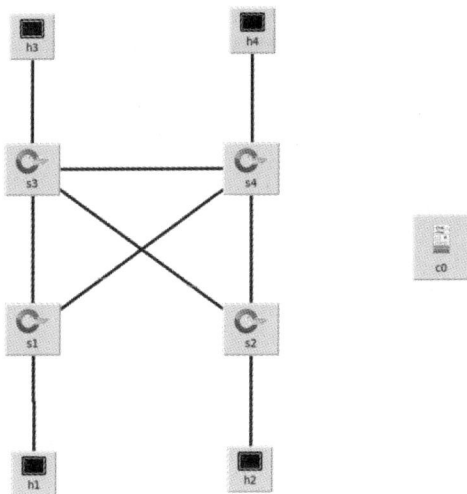

图 4-10 创建 1 台控制器

（3）单击左侧图标栏中的 Netlink 图标（倒数第 2 个图标），按照任务要求在控制器和交换机之间连接线缆（连接过程中需要长按鼠标左键），如图 4-11 所示。

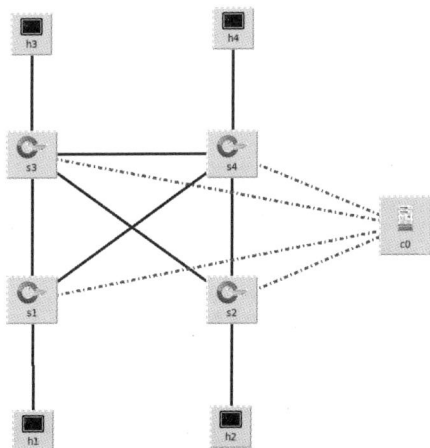

图 4-11 连接拓扑

（4）选择 MiniEdit 菜单栏中的"Edit"→"Preferences"选项，设置全局参数，选中"Start CLI"复选框，如图 4-6 所示。

（5）更改完毕后单击"Run"按钮，启动拓扑。

（6）在 Mininet 终端命令行中配置 OVS，开启 STP 功能。

```
*** Starting CLI:
mininet> sh ovs-vsctl set bridge s1 stp_enable=true
mininet> sh ovs-vsctl set bridge s2 stp_enable=true
mininet> sh ovs-vsctl set bridge s3 stp_enable=true
mininet> sh ovs-vsctl set bridge s4 stp_enable=true
```

提示　　Mininet 自带的控制器无法解决广播风暴的问题，大量的广播包会导致链路的处理能力被占用，影响实验结果，因此 OVS 需要开启 STP 功能。

任务验证

本任务的具体验证过程如下。

（1）以交换机 s1 为例，查看是否连接上控制器。

```
mininet> sh ovs-vsctl show
f97e57f7-7f9b-49a8-9699-64cb6dfe520c
    Bridge "s1"
        Controller "tcp:127.0.0.1:6633"
            is_connected: true
        fail_mode: secure
...
```

可以观察到，当前交换机 s1 通过 6633 端口与控制器正常连接。

（2）以交换机 s1 为例，查看流表下发情况，如图 4-12 所示。

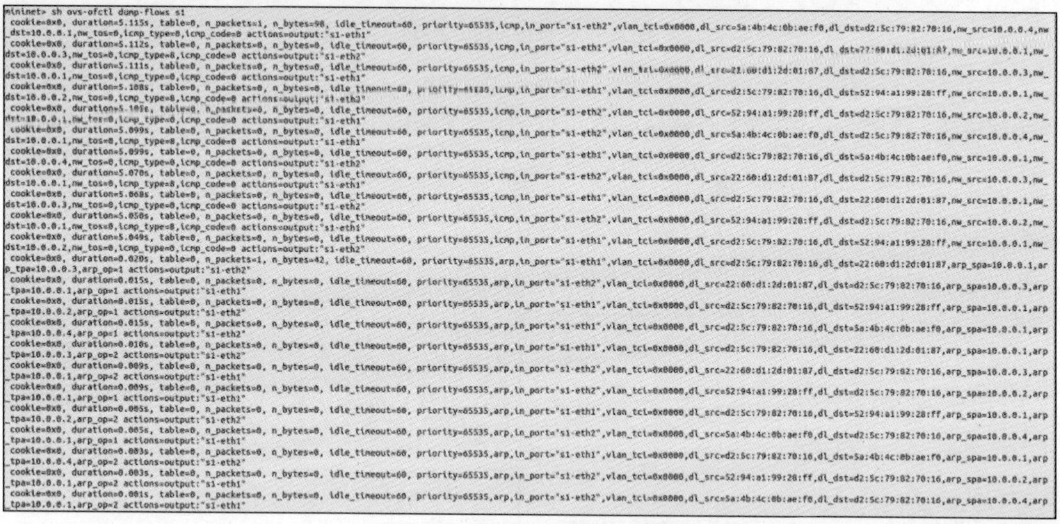

图 4-12　交换机 s1 流表下发情况

① 截取 Internet 控制消息协议（Internet Control Message Protocol，ICMP）类型的流表，并分析其含义。从 s1-eth1 端口接收的 ICMP 应答报文（icmp_ type=0），如果满足源 MAC 地址和源 IP 地址分别为 d2:5c:79:82:70:16,和 10.0.0.1，且目的 MAC 地址和目的 IP 地址分别为 22:60:d1:2d:01:87 和 10.0.0.3 的条件，则将此数据发送到 s1-eth2 端口。

```
cookie=0x0, duration=5.068s, table=0, n_packets=0, n_bytes=0, idle_timeout=60,
priority=65535,icmp,in_port="s1-eth1",vlan_tci=0x0000,dl_src=d2:5c:79:82:70:16,dl_dst=22:60:
d1:2d:01:87,nw_src=10.0.0.1,nw_dst=10.0.0.3,nw_tos=0,icmp_type=0,icmp_code=0 actions=output:
"s1-eth2"
```

② 截取 ARP 类型的流表，并分析其含义。从 s1-eth1 端口接收的 ARP 应答报文（arp_ op=2），如果满足源 MAC 地址和发送方协议地址分别为 d2:5c:79:82:70:16,和 10.0.0.1，且目的 MAC 地址和接收方协议地址分别为 22:60:d1:2d:01:87 和 10.0.0.3 的条件，则将此数据发送到 s1-eth2 端口。

```
cookie=0x0, duration=0.010s, table=0, n_packets=0, n_bytes=0, idle_timeout=60,
priority=65535,arp,in_port="s1-eth1",vlan_tci=0x0000,dl_src=d2:5c:79:82:70:16,dl_dst=22:60:d
1:2d:01:87,arp_spa=10.0.0.1,arp_tpa=10.0.0.3,arp_op=2 actions=output:"s1-eth2"
```

（3）在终端命令行中执行 net 命令，查看拓扑各节点的连接情况。

```
mininet> net
h1 h1-eth0:s1-eth1
h4 h4-eth0:s4-eth2
h3 h3-eth0:s3-eth2
h2 h2-eth0:s2-eth1
s2 lo:  s2-eth1:h2-eth0 s2-eth2:s4-eth1 s2-eth3:s3-eth3
s4 lo:  s4-eth1:s2-eth2 s4-eth2:h4-eth0 s4-eth3:s1-eth3 s4-eth4:s3-eth4
s3 lo:  s3-eth1:s1-eth2 s3-eth2:h3-eth0 s3-eth3:s2-eth3 s3-eth4:s4-eth4
s1 lo:  s1-eth1:h1-eth0 s1-eth2:s3-eth1 s1-eth3:s4-eth3
c0
```

通过分析流表和连接信息，可知主机 h1 与主机 h3 需要通过交换机 s1 和 s3 之间的链路进行通信。

（4）在终端命令行中执行 pingall 命令，查看主机节点之间的连通性。

```
mininet> pingall
*** Ping: testing ping reachability
h1 -> h4 h3 h2
h4 -> h1 h3 h2
h3 -> h1 h4 h2
h2 -> h1 h4 h3
*** Results: 0% dropped (12/12 received)
```

（5）以交换机 s1 为例，连通测试执行完成后，查看流表的匹配情况。

```
mininet> sh ovs-ofctl dump-flows s1
cookie=0x0, duration=38.127s, table=0, n_packets=1, n_bytes=37, idle_timeout=60,
priority=65535,icmp,in_port="s1-eth1",vlan_tci=0x0000,dl_src=d2:5c:79:82:70:16,dl_dst=22:60:
d1:2d:01:87,nw_src=10.0.0.1,nw_dst=10.0.0.3,nw_tos=0,icmp_type=0,icmp_code=0 actions=output:
"s1-eth2"
cookie=0x0, duration=33.029s, table=0, n_packets=1, n_bytes=42, idle_timeout=60, priority=65535,
arp,in_port="s1-eth2",vlan_tci=0x0000,dl_src=22:60:d1:2d:01:87,dl_dst=d2:5c:79:82:70:16,arp_spa=
10.0.0.3,arp_tpa=10.0.0.1,arp_op=1 actions=output:"s1-eth1"
...
```

通过查看流表的 n_packets 字段和 n_bytes 字段，可知流表已经被匹配。

（6）根据流表的连接情况，在终端命令行中使用 link 命令，断开交换机 s1 与 s3 之间的连接。

```
mininet> link s1 s3 down
```

（7）在终端命令行中再次执行 pingall 命令，查看连通状态是否正常。

```
mininet> pingall
*** Ping: testing ping reachability
h1 -> h4 h3 h2
h4 -> h1 h3 h2
h3 -> h1 h4 h2
h2 -> h1 h4 h3
*** Results: 0% dropped (12/12 received)
```

（8）查看交换机 s1 流表下发情况。

```
mininet> sh ovs-ofctl dump-flows s1
cookie=0x0, duration=11.092s, table=0, n_packets=0, n_bytes=0, idle_timeout=60, priority=65535,
arp,in_port="s1-eth1",vlan_tci=0x0000,dl_src=d2:5c:79:82:70:16,dl_dst=22:60:d1:2d:01:87,arp_spa=
10.0.0.1,arp_tpa=10.0.0.3,arp_op=2 actions=output:"s1-eth3"
```

```
cookie=0x0, duration=16.084s, table=0, n_packets=0, n_bytes=0, idle_timeout=60, priority=65535,
icmp,in_port="s1-eth1",vlan_tci=0x0000,dl_src=d2:5c:79:82:70:16,dl_dst=22:60:d1:2d:01:87,nw_
src=10.0.0.1,nw_dst=10.0.0.3,nw_tos=0,icmp_type=0,icmp_code=0 actions=output:"s1-eth3"
```

通过持续时间（duration）字段，可以观察到流表被重新生成，而控制器已经自动感知到链路
状态的变化，重新指导主机 h1 与主机 h3 之间流量的转发，将输出端口从 eth2 切换到了 eth3。

4.5 项目习题

一、填空题

1. 在 Mininet 交互式命令行中查看名为 MiniB 的交换机的摘要信息的命令是_____。

2. 为名为 MiniBri 的交换机下发一条"匹配的数据包的进端口是 1，源 IP 地址是 10.22.33.32/
32，执行动作为 drop"的流表项命令是_____。

二、简答题

1. 分析 Mininet 自带控制器与 OpenDayLight 控制器的异同。

2. 分析 OVS 两种 fail-mode 模式的异同点。

三、实操题

尝试基于 Mininet 模拟具有 3 台 OVS 且没有控制器的局域网。通过在交互式命令行中下发流
表项，实现局域网间的正常通信，要求如下。

（1）交换机名称分别为 s1、s2、s3，主机名称分别为 h1、h2、h3、h4。

（2）主机 h1 和 h3 同属一个局域网，IP 网段为 192.168.11.0/24；主机 h2 和 h4 同属一个局
域网，IP 网段为 192.168.12.0/24。

（3）交换机的连接方式为 s1-s2-s3，主机与交换机的连接为 s1-h1、s2-h2、h3-s3-h4。

（4）下发流表项，使主机 h1 能访问主机 h2、h3、h4，主机 h2 仅能访问主机 h4，主机 h3
仅能与主机 h1 通信，主机 h4 能与主机 h1、h2 通信。

（5）在交互式命令行中执行 pingall 命令进行测试，验证下发流表项的正确性。

（6）在交互式命令行中查看下发的流表项匹配数据。

项目5
基于OpenDayLight
构建SDN控制面

05

学习目标

（1）了解SDN控制器的概念及作用。

（2）了解企业对SDN控制器的需求。

（3）掌握OpenDayLight控制器的业务部署流程。

（4）掌握OpenDayLight控制器的功能及原理。

（5）掌握Postman工具的操作方法。

5.1 项目背景

基于前期项目的实践，网络管理员对 SDN 有了一定的了解，能使用 OVS 手动下发流表实现基本的局域网通信。但 OVS 仅仅是 SDN 中的转发部分，其转控分离理念中的集中控制部分仍未实现。因此，网络管理员计划近期在原测试拓扑的基础上增加 SDN 控制器。考虑到 SDN 控制器可靠性和稳定性的要求，网络管理员计划在控制器中部署 OpenDayLight，并基于 OpenDayLight 的 DLUX 组件和北向 API 实现流表下发和网络通信控制。网络拓扑结构如图 5-1 所示。

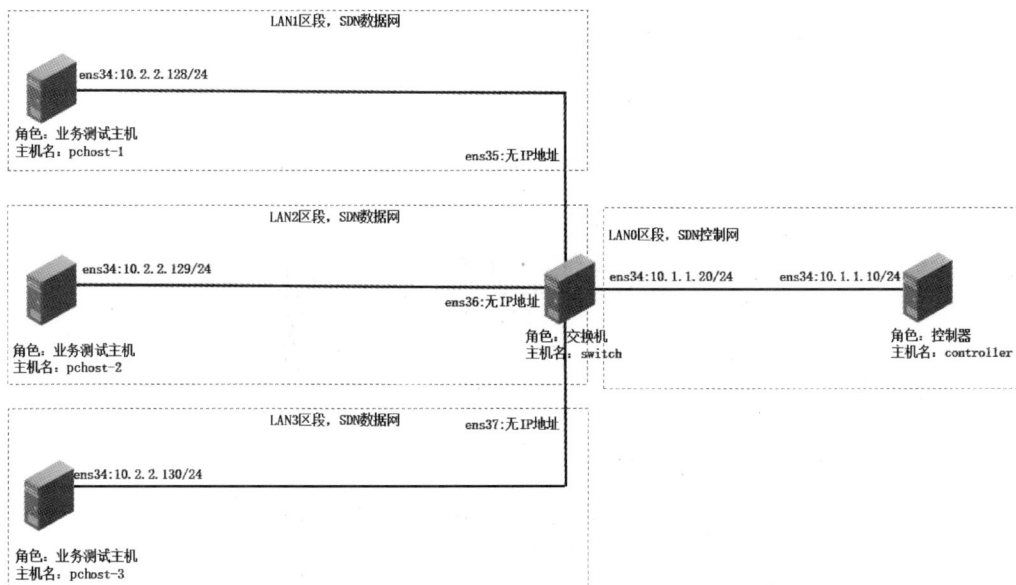

图 5-1 网络拓扑结构

角色规划如表 5-1 所示。

表 5-1 角色规划

角色	主机名称	系统版本	软件配置
控制器	controller	Ubuntu 18.04	OpenDayLight-Lithium Java 1.8 Postman
交换机	switch	Ubuntu 18.04	OVS 2.16.0
Mininet 模拟器	mininet2	Ubuntu 18.04	Mininet

网络规划如表 5-2 所示。

表 5-2 网络规划

主机名称	端口	IP 地址	用途	LAN 区段
controller	ens33	由 DHCP 分配	连接互联网	
	ens34	10.1.1.10/24	SDN 控制网	LAN0
switch	ens33	由 DHCP 分配	连接互联网	
	ens34	10.1.1.20/24	SDN 控制网	LAN0
	ens35	无 IP 地址	SDN 数据网	LAN1
	ens36	无 IP 地址	SDN 数据网	LAN2
	ens37	无 IP 地址	SDN 数据网	LAN3
mininet2	ens33	由 DHCP 分配	连接互联网	
	ens34	10.1.1.100/24	SDN 控制网	LAN0
pchost-1	ens33	由 DHCP 分配	连接互联网	
	ens34	10.2.2.128/24	SDN 数据网	LAN1
pchost-2	ens33	由 DHCP 分配	连接互联网	
	ens34	10.2.2.129/24	SDN 数据网	LAN2
pchost-3	ens33	由 DHCP 分配	连接互联网	
	ens34	10.2.2.130/24	SDN 数据网	LAN3

流量规划如表 5-3 所示。

表 5-3 流量规划

源 IP 地址	目的 IP 地址	动作	协议类型	优先级	硬超时/s
		转发	ARP	100	360
10.2.2.128	10.2.2.129	丢弃	IP	100	360
10.2.2.129	10.2.2.130	转发交换机 3 段端口	IP	100	360
10.2.2.130	10.2.2.129	转发交换机 2 段端口	IP	100	360

5.2 项目需求分析

    SDN 的本意是网络控制与数据转发分离，控制器的功能需要避免配置在交换设备上。因此，网络管理员需要使用测试环境的"控制器"角色部署控制器的相关软件和功能，并在控制器中下发流表，以实现网络正常通信。

综上所述，本项目设计了如下几项任务。

（1）安装 OpenDayLight，并在 UI 中查看 SDN 拓扑相关信息。

（2）使用 MiniEdit 工具连接 OpenDayLight 控制器，测试控制器功能。

（3）使用 YangUI 下发三层流表，实现通信控制。

（4）使用 Postman 下发三层流表，实现通信控制。

5.3 项目相关知识

5.3.1 SDN 控制器概述

控制器是 SDN 架构的核心，其作用类似于计算机操作系统，可以用于管理和控制底层网络资源。控制器可以为上层应用程序提供使用网络资源的 API（北向 API）。一般情况下，SDN 控制器应具备以下几个功能。

（1）抽象数据模型功能：将底层网络资源、协议、用户策略抽象为一个个数据模型，提供给上层应用程序使用。

（2）北向接口功能：通过 API 的方式向上层应用程序提供调用抽象底层网络资源的能力。通过 API 可以增、删、改网络资源（如子网、端口等）的相关配置，还可以获取网络配置的相关信息（如拓扑信息、连接信息等）。

（3）管理网络资源功能：具备发现和管理主机、端口、设备、链路等网络资源，维护全网拓扑的能力，如 LLDP、ARP 学习等。

（4）管理网络配置与网络状态功能：通过特定的消息机制获取网络资源的动态变化信息，对网络信息进行配置。

（5）提供网络基本服务功能：具备路由计算和路由转发等网络基本服务的能力。

（6）南向接口功能：具备封装和抽象底层网络协议（如 VLAN、STP 等协议）、网络设备的能力，为控制器访问底层网络设备提供统一的接口。一般情况下，常用的南向接口协议有 OpenFlow 协议等。

（7）数据存储功能：具备存储拓扑信息、网络配置信息的能力，数据存储后可供控制器随时调用。

目前主流的控制器有 OpenDayLight、ONOS、Floodlight、Ryu、POX 等。锐捷、华为、思科、VMware、惠普等厂商也已积极地参与 SDN 控制器的研发中。

5.3.2 OpenDayLight

1. OpenDayLight 简介

OpenDayLight 是目前比较主流的 SDN 控制器，是由 Linux 基金会联合多家网络设备厂商于 2013 年创建的开源项目，项目目标是减少用户运营网络复杂度，延长现有基础网络生命周期的同时，建设能管理不同的网络设备和支持 SDN 新服务和新功能的通用的 SDN 控制平台。

OpenDayLight 是基于 Java 语言进行开发的，其采用了开放服务网关（Open Service Gateway initiative，OSGi）体系架构，实现了控制器各个功能的组件化和模块化，使应用程序能以包

（Bundle，Karaf 控制台中的最小单位）的方式动态加载和卸载，使控制器支持动态扩/缩容和热部署。OpenDayLight 引入了由模型驱动的套接字抽象层（Socket Abstraction Layer，SAL）（一种用于在网络设备和应用程序 YANG 模型之间进行数据交换的机制）。SAL 向上连接功能模块，以插件的形式为之提供底层设备服务；向下连接多种协议，通过屏蔽不同底层协议的差异性，为上层功能模块提供一致性服务。

OpenDayLight 以元素周期表中的元素名称作为版本号，更新频率为 6 个月一次。OpenDayLight 于 2014 年发布了第一款控制器产品，至今已经拥有 15 个版本。OpenDayLight 软件包可从官方网站下载，需要注意的是，OpenDayLight 依赖于 Java 平台，因此在安装 OpenDayLight 之前需要准备好 Java 平台的安装包。从 OpenDayLight-Lithium 版本开始，OpenDayLight 便可以在 Java 1.8 版本上运行，并开始使用 Apache Karaf 容器为用户提供管理和测试 SDN 生产环境的控制台，使用户能够使用 feature 命令管理 OpenDayLight 复杂、庞大的组件和功能，同时使用 DLUX 组件为用户提供更好的用户交互界面，提升交互体验。OpenDayLight-Lithium 版本是功能相对比较完善且比较稳定的 OpenDayLight 控制器版本，本项目中将使用此版本进行讲解。

2. OpenDayLight 控制器的架构

OpenDayLight 控制器架构在每个版本中都会有些差异，但总体上讲，OpenDayLight 架构可以被形象地分成 3 层：底部第 1 层是数据传输通道，包括物理设备、虚拟交换机等；中间第 2 层是 OpenDayLight 平台，包括南向协议、SAL 框架、北向协议以及各种应用功能等；最上层是第三方网络业务应用，如能支持 OpenStack。

3. OpenDayLight 控制器的启动

一般情况下，OpenDayLight 支持两种启动方式：一种是以 Karaf 控制台驻留模式启动 OpenDayLight，另一种是以后台服务模式启动 OpenDayLight。

（1）以 Karaf 控制台驻留模式启动 OpenDayLight

以 OpenDayLight-Lithium 为例（需提前切换到 OpenDayLight 安装目录下）。

```
root@hostname:/mnt/distribution-karaf-0.3.0-Lithium # ./bin/karaf
```

优点：操作简单，能比较直观地看到其控制台是否已经正常启动。

缺点：启动后，Karaf 控制台必须占用一个会话窗口，当用户从 Karaf 控制台注销之后或关闭会话窗口之后，OpenDayLight 的服务就会停止，不利于网络管理员对其进行管理，容易造成单点故障。

（2）以后台服务模式启动 OpenDayLight

① 以 OpenDayLight-Lithium 为例（需提前切换到 OpenDayLight 安装目录下）。

```
root@hostname:/mnt/distribution-karaf-0.3.0-Lithium# ./bin/start
```

优点：OpenDayLight 能长期驻留在主机操作系统中，网络管理员无论是否注销 Karaf 控制台都不影响 OpenDayLight 服务的正常运行，只有网络管理员执行 kill 进程、shutdown 命令或关闭主机后才会使 OpenDayLight 停止。

缺点：无法直观地得知 OpenDayLight 是否启动完成，需要等待 OpenDayLight 以后台服务启动 1~2min 后，才能执行命令连接控制台，否则可能会报错。

② 用户需要手动执行如下命令，以 OpenDayLight 内置用户身份 karaf 连接 Karaf 控制台。

```
root@hostname:/mnt/distribution-karaf-0.3.0-Lithium# ./bin/client -u karaf
```

> **注意** 此时，会要求输入 OpenDayLight 控制台默认用户 karaf 的密码，密码一般为 karaf 或 admin（OpenDayLight 不同版本的密码不一样）。

OpenDayLight-Karaf 控制台正常启动后的界面如图 5-2 所示。

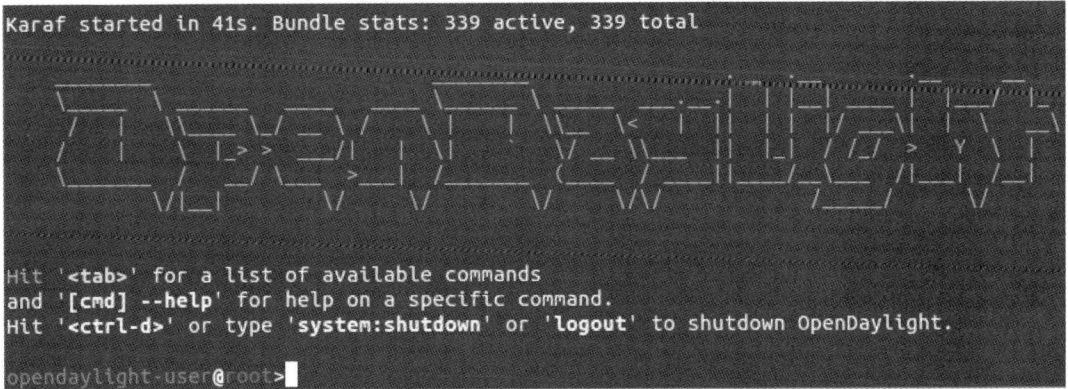

图 5-2　OpenDayLight-Karaf 控制台正常启动后的界面

4. OpenDayLight 的项目与组件

OpenDayLight 是一个综合的 SDN 开源项目，以 OpenDayLight 为父项目，全球协作社区在此父项目下创建和补充了许多子项目，用于逐步完善 OpenDayLight 的功能和架构。OpenDayLight 部分项目依赖关系如图 5-3 所示。

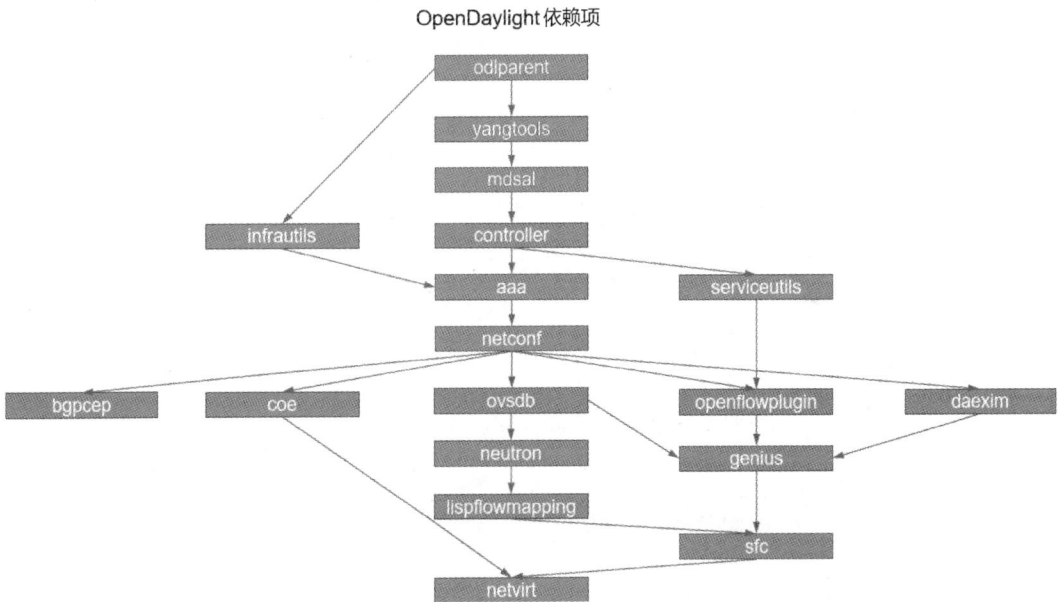

图 5-3　OpenDayLight 部分项目依赖关系

从图 5-3 中可以看出，OpenDayLight 父项目的名称为 odlparent，该父项目下有许多子项目，如 yangtools、mdsal、controller、openflowplugin 等。这些项目通过一定的依赖关系相互协作，而用户可以自由安装搭配这些项目，以达到 OpenDaylight 功能定制化的目的。

（1）OpenDayLight 关键项目

① yangtools 项目：基础结构项目，也是 OpenDayLight 内核项目，功能主要是在 OpenDayLight 中为 mdsal、OFConfig 等 Java[基于 Java 虚拟机（Java Virtual Machine，JVM）语言]项目和应用程序提供必要的 YANG 模型化语言支持。

② mdsal 项目：模型驱动 SAL（Model-Driven-SAL，MD-SAL）能为 OpenDayLight 数据存储、远程过程调用（Remote Procedure Call，RPC）、路由、通知的订阅和发布等服务提供基础结构服务，功能主要是为应用程序和插件开发人员提供 API 开发的支持。mdsal 项目依赖于 yangtools 和 odlparent 项目。

③ controller 项目：主要功能是为多厂家网络设备的 SDN 部署提供一个高可用、模块化、可扩展并支持多协议的控制器基础架构。

④ aaa 项目：实现 OpenDaylight 的身份验证、授权和审计功能。安装 odl-restconf 组件后，OpenDaylight 的多数北向 API 和所有 restconf API 都将受到安全保护。

⑤ netconf 项目：主要功能是为 OpenDayLight 提供管理网络设备、更新和配置数据信息的机制。一般来说，netconf 需要配合 restconf（旨在为应用程序提供获取配置数据、状态数据、通知事件的网络配置与管理协议）一起工作。netconf 项目在 OpenDayLight-Beryllium（铍）版本中进行了整合（同时包括了 netconf 和 restconf）。

⑥ openflowplugin 项目：旨在基于 mdsal 开发一个可支持 OpenFlow 规范（OpenFlow 1.0 和 OpenFlow 1.3）的可扩展的插件，以添加对后续 OpenFlow 规范的支持。openflowplugin 项目的功能包括连接管理（负责早期会话协商，确定交换机功能和身份）、设备管理（负责处理与交换机的低级交互，确保对交换机的公平访问）、统计数据管理（负责维护交换机上的计数器及计数器在 MD-SAL 数据存储中的表示之间的同步）和 RPC 管理（负责将应用程序的请求从 MD-SAL 路由到设备）。openflowplugin 项目的架构如图 5-4 所示。

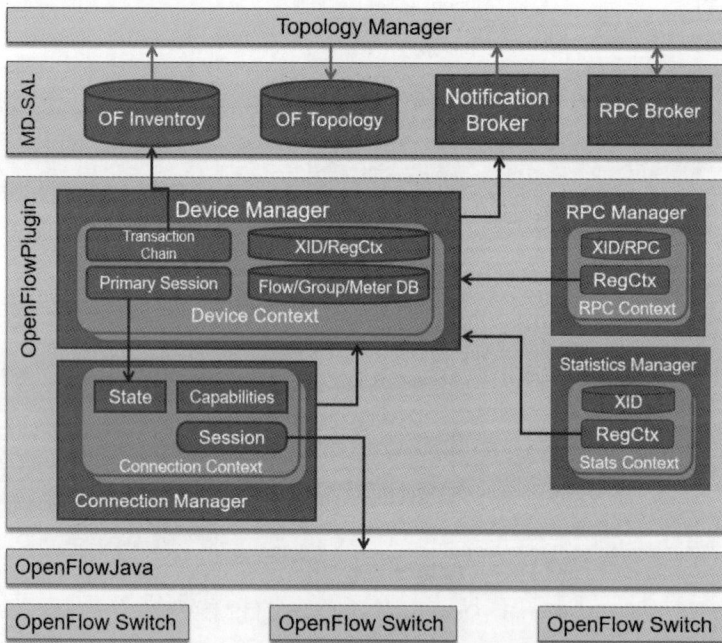

图 5-4   openflowplugin 项目的架构

⑦ serviceutils 项目：主要功能是协助 OpenDayLight 提供网络服务，如二层数据包处理、环路消除、ARP 数据包处理、MAC 地址跟踪、主机跟踪三层的网络地址转换等。

⑧ daexim 项目：实现 OpenDaylight 的数据备份和数据恢复，支持将控制器的数据导出为 JSON 格式文件，在控制器出现故障时可将该文件重新导入。

对于以上这些项目，在首次启动的 OpenDayLight 中，默认情况下需要用户手动安装。每个项目可以称为一个组件，每个组件可以由一个或多个 Bundle 构成。

（2）卸载组件的执行步骤

① 删除 OpenDayLight 安装目录下的 data 目录。

```
root@hostname:/mnt/distribution -karaf-0.3.0-Lithium# rm -rf ./data
```

② 以 root 用户身份在 OpenDayLight 目录下执行命令，之后 OpenDayLight 会重新启动。

```
root@hostname:/mnt/distribution-karaf-0.3.0-Lithium# ./bin/karaf clean
```

5. OpenDayLight 关键组件监听的服务端口

在安装所有关键组件后，启动服务一般需要 1～2min。restconf、dlux、mdsal 关键组件各自监听的端口分别是 TCP/8181、TCP/8080、TCP/6633，其中 8181 端口可用于北向 API 的调试；8080 端口是 Web 界面默认端口，同时可以用于北向 API 的调试与调用；6633 端口是控制器服务的监听端口，控制器通过此端口连接交换机进行管理。用户可以使用 ss -tlnp 命令查询端口监听状态。

6. OpenDayLight 的 Karaf 控制台命令

网络管理员可以通过 Karaf 控制台进行一些管理工作，常用命令如表 5-4 所示。

表 5-4　Karaf 控制台常用命令

命令	含义
system:shutdown	关闭并退出终端命令行
logout	退出终端命令行
log:tail	查看当前最新日志信息
log:display|more	逐页查看 OpenDayLight 日志
feature:list	查看模块信息
feature:list -i	查看已安装的模块信息
feature:install <feature1> <feature2>	安装一个或多个模块，模块名之间用空格隔开
help	查看终端命令行可用的命令

7. OpenDayLight 的 dlux 项目

dlux 项目在 OpenDayLight 中为用户提供了一个可视化的 Web-UI，用户通过该界面可以查看拓扑、流表，也可以配置流表和交换机信息，如端口、网桥等。

（1）dlux 项目包括的 Bundle

① odl-dluxapps-core：Web-UI 的核心部分，负责页面数据的转换与处理。

② odl-dluxapps-nodes：Web-UI 用于获取拓扑节点信息并进行图形化显示的模块。

③ odl-dluxapps-yangui：用于与控制器交互的模块，可以基于 YANG 模型渲染表单。

默认情况下，安装了 dlux 项目支持之后，用户可以通过浏览器访问 Web-UI 地址：http://{controller-ip}:8080/index.html（如果是 Carbon 以后的版本，则 Web-UI 地址为 http://{controller-ip}:8181/index.html），其中{controller-ip}指的是控制器的 IP 地址。

（2）通过浏览器访问 Web-UI

默认情况下，访问 Web-UI 需要进行身份验证，默认的用户名为 admin，密码为 admin。

用户身份验证通过后，默认将进入 Topology 页面，页面示例如图 5-5 所示。Topology 页面主要用于显示 controller 通过 LLDP 检测到的拓扑信息（主要是交换机与 Host 连接的部分，controller 不会显示在拓扑中），如果 OpenFlow 交换机连接主机的链路没有交换流量，那么拓扑中只会显示 OpenFlow 交换机；只有 Host 的上连链路有流量经过时，通过单击 Controls 下方的"Reload"按钮进行刷新。用户可以在此页面中获取交换机的 ID，即 Node ID，通过将鼠标指针悬停在拓扑中的图标显示其他信息，如连接线的端点信息、节点的其他信息等。

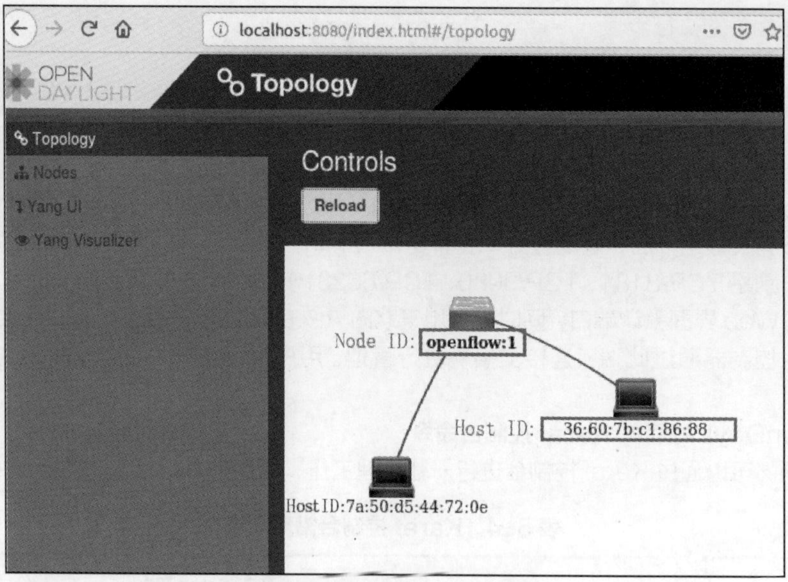

图5-5 Topology 页面示例

在 Web-UI 中，用户还可以切换到其他几个页面，具体如下。

① Nodes 选项卡：可以切换到 Nodes 节点信息页面。在 Nodes 节点信息页面中显示的是控制器已连接的交换机节点信息，主要有 Node ID（交换机节点 ID）、Node Name（交换机名称）、Node Connectors（交换机连接）、Statistics（交换机统计信息）等，数据以表格形式呈现，每个交换机节点占一行。如果表格中的字体是蓝色的，则说明用户可以通过单击蓝色字体查看更多详细内容。单击 Node Connectors 列中的字体，将显示交换机节点的端口信息，用户可以获取端口 ID、端口名、端口在网桥中的编号、MAC 地址等信息；单击 Statistics 列中的 Flows，将跳转显示流表相关数据的统计信息，如流表 ID、活动的流表项、数据包匹配数、数据包查找量等；单击 Statistics 中的 Node Connectors，用户可以获取交换机端口的统计数据，包括请求/传输的数据包个数、请求/传输的字节数、请求/传输的丢弃数据包个数、请求/传输的错误数据包个数、泛洪数据包错误个数等。

② Yang UI 选项卡：可以切换到基于 YANG 模型渲染的表单页面中。表单页面中包括 Module 目录、Actions API 路径和操作区域、状态事件通告区域和表单区域。其中，Module 目录用于显示已安装、可操作的所有组件的 API；Actions API 路径和操作区域用于显示当前访问的 API 路径、设置对 API 中执行的操作方法等；状态事件通告区域用于显示上一次操作的状态（成功、失败或错误等）；表单区域用于展示和设置渲染好的 YANG 模型表单，使用户可以通过表单写入或读取 YANG 模型数据。

③ Yang Visualizer 选项卡：可以切换到 Yang Visualizer 页面，通过图形化界面查看 Yang 模型数据。

8. OpenDayLight 的表示层状态转换协议

Yang UI 页面中的 Module 目录可以展示已安装组件提供的所有 YANG 模型的 API 目录，而这些目录是根据表示层状态转换（Respresentational State Transfer，RESTCONF）规范进行呈现的。简单地说，restconf 是 OpenDayLight 的北向 API，负责为用户提供网络配置与管理的 API 和详细路径。在 OpenDayLight 中，restconf 是一个协议类项目，其能基于 HTTP 运行 REST 协议，访问 YANG 模型中定义的数据，其组件一般为 odl-restconf；能基于 HTTP 对外提供 API 服务，默认监听端口为 8181，在 OpenDayLight-Lithium 之前的版本中，其同时能监听 8080 端

口传送过来的请求。用户可以通过 feature:list |grep odl-restconf 命令查看所有可安装的 restconf 组件，通过 feature:install odl-restconf 命令安装 restconf 组件。

restconf 提供 API 和详细路径，但是其需要 mdsal 组件提供存储数据的功能支持。mdsal 组件安装后，在 YangUI 的 Module 目录中被允许使用的数据存储有两种：config（配置数据，包含通过控制器插入的数据，主要用于变更或插入网络或系统的配置数据）和 operational（运行数据，包含其他数据的信息，主要用于查看应用程序反馈的网络或系统状态等信息）。operational 只有读数据权限，不可更改设置；config 同时支持对数据的读和写操作。一般情况下，operational 中的数据是运行时的数据，而 config 的数据是用户预期中要应用的数据，operational 与 config 的数据是同步的。需要注意的是，如果用户的 config 数据设置错误，则是不会同步到 operational 中的，此时在 operational 和 config 中的数据是不相同的。

Module 目录的基本结构如图 5-6 所示。一般情况下，第一层目录被称为顶级节点，也称为模块，通常以 rev.TIME 结尾（TIME 应为该项目创建时间）；第二层目录可以是 operational 或 config。operational 和 config 的下一层目录被称为节点，节点的下层目录被称为子节点，子节点下还可以接关键字或挂载点。用户在选择 Module 目录时，下方的 Actions 区域也将同步显示当前的 API 路径。在 API 路径中，一般情况下顶级节点与节点之间使用"："符号进行连接，节点与子节点之间使用"/"符号进行分隔。如图 5-6 所示，展开 Module 目录，顶级节点为 network-topology（不含 rev.TIME 部分），节点为 network-topology，子节点为 topology {topology-id}。

图 5-6 Module 目录的基本结构

ROOT 目录被展开后，YangUI 中的 Actions 的 API 路径如图 5-7 所示。根据其 API 命名规则，可以看出此 API 路径的顶级节点为 network-topology，节点为 network-topology，子节点为 topology。API 路径后还存在空白方框，代表节点的关键字（Module 目录中的"{}"部分），前面的选择列表代表对 Actions 的可用操作（GET），最后的按钮分别代表保存、发送、展示完整路径和自定义 API 请求。

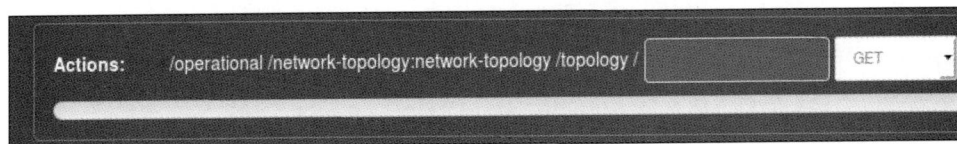

图 5-7 YangUI 中的 Actions 的 API 路径

安装 restconf 组件之后，OpenDayLight 将允许第三方程序（如 Postman）使用 HTTP 请求调用 restconf，每个 HTTP 请求的 URL 都应该以 http://{controller-ip}:8181/restconf 开头。需要调用 Module 时，首先要在 URL 中补全需要调用的数据存储名称（如 operational、config），然后在数据存储名称后添加实例标识符<moduleName>:<nodeName>/<nodeName>/<valueOfKey1>。其中，<moduleName>表示 Module 模块的名称，第一个<nodeName>表示节点的名称，第二个<nodeName>表示子节点的名称，<valueOfKey1>表示子节点需要输入的关键字。

97

因此，一个正常的 operational 数据存储 URL 路径可以表示如下。

http://{controller-ip}:8181/restconf/operational/<moduleName>:<nodeName>/<node
Name>/<valueOfKey1>

一个正常的 config 数据存储 URL 路径可以表示如下。

http://{controller-ip}:8181/restconf/config/<moduleName>:<nodeName>/<nodeNam
e>/<valueOfKey1>

如图 5-8 所示，topology 子节点的 Module 目录层次转换为的 HTTP 格式的 URL 路径应该表示如下。

http://{controller-ip}:8181/restconf/operational/network-topology:network-topology/opology/
<valueOfKey1>

图 5-8　topology 子节点的 Module 目录层次

默认情况下，安装 restconf 组件之后，就能支持用户在 dlux 项目的 YangUI 页面中使用 GET、PUT、POST、DELETE 等 HTTP 操作方法，分别代表获取、上传、创建、删除等操作。这些操作方法可以在 YangUI 的 Actions 区域中进行选择，如图 5-9 所示。operational 仅支持 GET 方法，而 config 可以支持 GET、PUT、POST、DELETE 等方法。

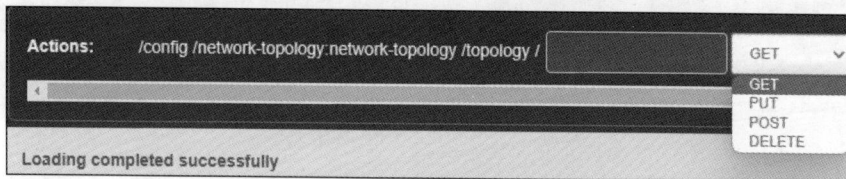

图 5-9　Actions 区域的操作方法选项

restconf 能支持 XML 和 JSON 格式的 HTTP 数据类型，其能通过 HTTP 头部的 Content-Type 字段定义请求的媒体（输入的代码）格式，通过 HTTP 头部的 Accept 字段定义响应的媒体（输出的代码）格式。默认情况下，YangUI 中使用的是 JSON 格式的 HTTP 数据类型。

9. OpenDayLight 自动下发的流表

默认情况下，OVS 连接到 OpenDayLight 之后，OpenDayLight 就会在拓扑内部进行 LLDP 发现并生成拓扑。在此过程中，OpenDayLight 会自动为拓扑生成流表项，保证链路的通信并进行拓扑检测。例如，在单交换机连接 2 台主机的拓扑中，OpenDayLight 自动生成的流表项一般有 4 条，如图 5-10 所示。

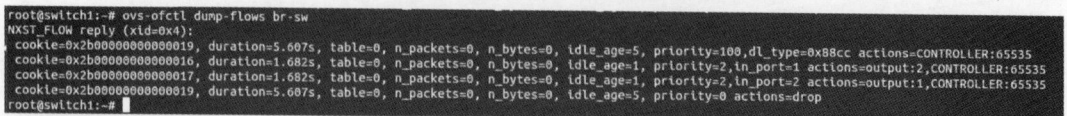

图 5-10　OpenDayLight 自动生成的流表项

在 OpenDayLight 自动下发的流表项中，一般情况下，至少有一条流表项用于匹配 LLDP 数据包执行动作输出到控制器，用于确保 LLDP 数据包的正常转发和链路发现；另外，至少有一条 table miss 流表项用于丢弃没有被匹配上的数据包。

5.3.3 YangUI 模块

1．Network-topology 模块

在 YangUI 中，常用的 Module 主要有两个，分别是 network-topology 和 opendaylight-inventory，其中前者主要用于拓扑信息的查询与管理，后者主要用于流表的查询与管理。

network-topology 模块常用数据存储为 operational，常用的节点为 network-topology。用户可以先将 Module 目录展开到 operational 下的 network-topology，再在 Actions 中使用 GET 方法，最后单击"Send"按钮，查询当前已检测到的拓扑信息，如图 5-11 所示。

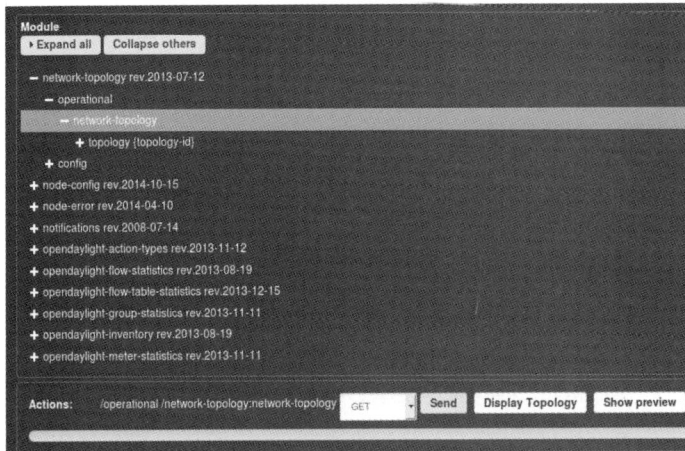

图 5-11　通过 GET 方法查询当前已检测到的拓扑信息

假设当前已有一个拓扑，执行 Send 操作后的结果页面如图 5-12 所示。

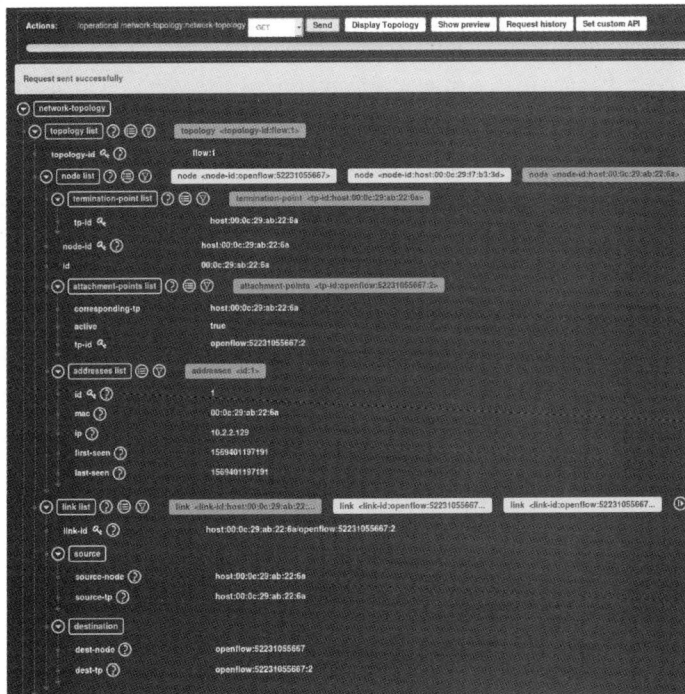

图 5-12　执行 Send 操作后的结果页面

从图 5-12 中可以看出，Send 请求发送成功后，状态事件区域中显示为"Request sent successfully"。在 network-topology 表单区域中，总体目录结构如下。

```
network-topology                    #节点名称
 ⊦ topology list                    #拓扑列表
 ⊦ node list                        #拓扑中的节点列表（设备列表）
     ⊦ termination-point list        #节点的端点列表（设备端口列表）
     ⊦ attachment-point list         #节点的远端列表（设备远端端口列表）
     ⊦ address list                  #节点端点的 IP 地址列表
 ⊦ link list                        #连接列表
     ⊦ source                        #源端（连接的源端信息）
     ⊦ destination                   #目的端（连接的远端信息）
```

（1）在 topology list（拓扑列表）中可以获取控制器管理的所有拓扑 ID。在图 5-12 中，topology-id 表示拓扑 ID，即 flow:1。

（2）在 node list（设备列表）中可以获取当前拓扑中的所有节点的 ID 信息。图 5-12 中共显示了 3 个节点，它们的 node-id 值分别为 openflow:52231055667、host:00:0c:29:f7:b3:3d、host:00:0c:29:ab:22:6a。

选中"host:00:0c:29:ab:22:6a"复选框，node list 下的其他内容都是节点 host:00:0c:29:ab:22:6a 对应的信息。termination-point list 中的内容表示 host:00:0c:29:ab:22:6a 节点下有一个 ID 为 host:00:0c:29:ab:22:6a 的端口（tp-id 的值为 host:00:0c:29:ab:22:6a）。

（3）attachment-points list 中的内容表示节点 host:00:0c:29:ab:22:6a 连接的远端端口为激活状态（active 值为 true），远端端口的 ID 为 openflow:52231055667:2（attachment-points list 中的 tp-id 的值为 openflow:52231055667:2）。

（4）addresses list 中的内容表示节点 host:00:0c:29:ab:22:6a 的 MAC 地址为 00:0c:29:ab:22:6a（MAC 地址的值为 00:0c:29:ab:22:6a），IP 地址为 10.2.2.129。用户可以通过单击没有标记为黄色的 node-id 查看不同的 node 的信息（黄色代表正在查看的 node）。node-id 以 openflow 开头，表示该节点是一个交换机节点；如果以 host 开头，则代表该节点是一个主机节点。

（5）在 link list 中可以获取拓扑中所有连线的源端和目的端信息。在图 5-12 中，link list 一行中显示了 3 条记录，且右侧还有一个向右的三角箭头可以单击，说明右侧还有记录被隐藏，用户可以通过单击三角箭头查看被隐藏的条目。标记为深色的条目代表正在查看的 link。link-id 为 host:00:0c:29:ab:22...的内容，省略号表示后面还有内容无法显示，用户可以通过将鼠标指针悬停在条目上查看所有内容。从 link-list 对应的数据可以看出该连接的 ID 为 host: 00:0c:29:ab:22:6a/openflow:52231055667:2，这条连接的源端节点是 host:00:0c:29:ab:22:6a（根据 source-node 的值为 host:00:0c:29:ab:22:6a 可以得到该结论），源端的端口是 host: 00:0c:29:ab:22:6a（根据 source-tp 的值为 host:00:0c:29:ab:22:6a 可以得到该结论）；这条连接的目的端的节点是 openflow:52231055667（根据 dest-node 的值为 openflow: 52231055667 可以得到该结论），目的端的端口是 openflow:52231055667:2（根据 dest-tp 的值为 openflow:52231055667:2 可以得到该结论）。单击其他没有标记为深色的条目，可以切换 link list 显示的内容。一般来讲，该拓扑中有多少条连线，在 link list 中就会有双倍的连接记录。因为连接是相对而言的，对于节点端口 host:00:0c:29:ab:22:6a 而言，其目的端是 openflow:52231055667:2；而对于节点端口 openflow:52231055667:2 而言，其目的端是 host:00:0c:29:ab:22:6a。

2. opendaylight-inventory 模块

opendaylight-inventory 模块常用的数据存储为 config，常用的节点为 nodes，常用的子节点名称为 node{id}下的 table{id}，主要用于流表与流表项的设置。其目录结构如图 5-13 所示。

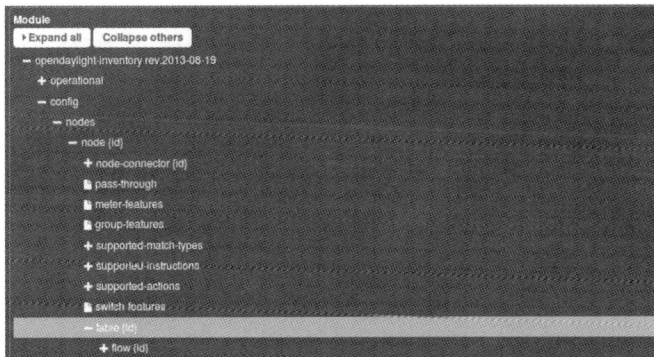

图 5-13　opendaylight-inventory 目录结构

单击 Module 目录 config 的 node{id} 下的 table{id}，在 Actions 中选择操作方法 PUT，表示进行的操作是配置流表，如图 5-14 所示。

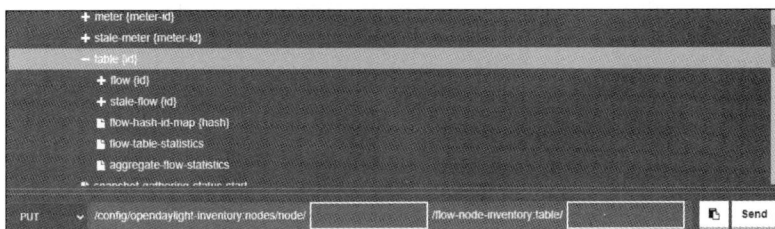

图 5-14　opendaylight-inventory 模块 table 节点的 Actions

从图 5-14 中可以看出，Actions 中需要填写两个空格，它们对应的值分别为交换机的 node-id 和流表的 ID。如果交换机仅支持 OpenFlow 1.0，那么流表的 ID 只能为 0；如果是支持 OpenFlow 1.3 的交换机，则可以填写为 0~253。如果要设置 node-id 为 openflow:522310 的交换机的流表 0，那么 Actions 应填写的内容如图 5-15 所示。

图 5-15　table 节点的 Actionsy 应填写的内容

在 Actions 下方的表单区域中可以看到当前只显示了 table list（流表列表）这一行。该行右侧有一个"＋"按钮，单击一次"＋"按钮，表示为 table list 添加一个流表的表单，此时，其目录结构如图 5-16 所示。

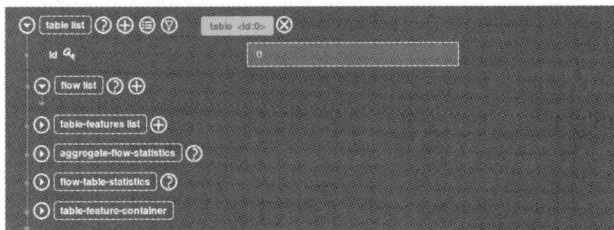

图 5-16　为 table list 添加一个流表的表单后的目录结构

在这里可以设置 ID，如果更改了 table list 中的 ID，那么 Actions 中的第一个空格的对应值也会改变。同时，在 table list 下可以通过单击 flow list 右侧的"＋"按钮，为该流表添加一个流表项的表单，此时，其目录结构如图 5-17 所示。

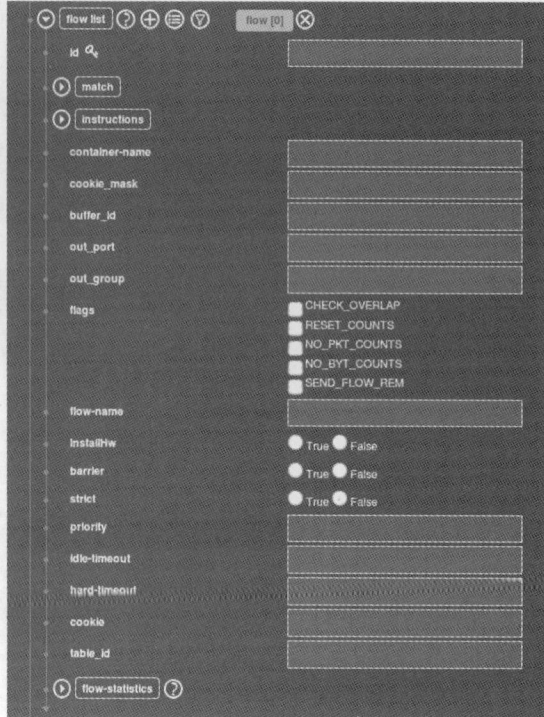

图 5-17　为流表添加一个流表项的表单后的目录结构

在 flow list 中，id、priority、idle-timeout、hard-timeout、table-id 属于流表项的其他设置项，用户可以自行规划，它们仅能填写为十进制数。需要注意的是，table-id 需要与前面填写的流表 ID 一致；id 指的是流表项 ID，在默认情况下为 0，建议用户手动规划并记录，以免在下发多条流表项时发生混乱。记录的流表 ID 也可以用于事后回溯查看、流表项删除等操作。

在 flow list 中，match 表单默认是收起的，需要单击左侧的三角符号才能展开。match 表单展开后的目录结构如图 5-18 所示。

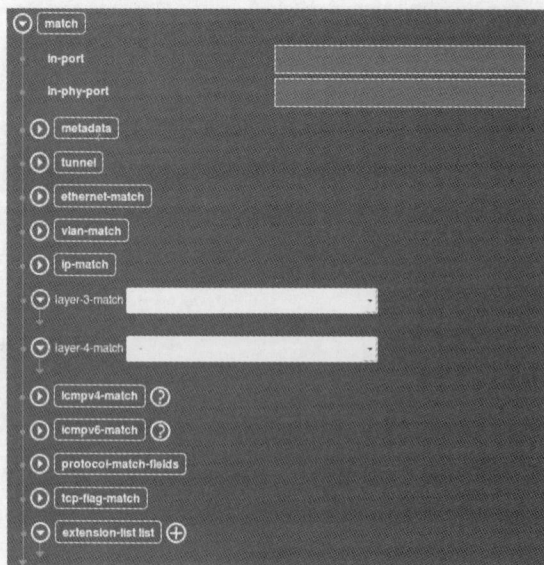

图 5-18　match 表单展开后的目录结构

由图 5-18 可以看出，match 表单下还有其他默认为收起状态的表单项（向右的三角符号代表表单是收起的，向下的三角符号代表展开）。

（1）match 区域表单中的注意事项

① ethernet-type 中的报文类型（typo）可以填写为十进制或十六进制的格式，常见的十进制、十六进制对应的以太网代表类型有 2055—0x0806—ARP、2048—0x0800—IPv4、2269—0x08dd—IPv6。

② ip-match 中的 IP 匹配设置 ip-protocol，仅支持十进制填写格式，常用的十进制对应的 IP 类型有 1—ICMP、6—TCP、17—UDP。

③ 2 层匹配项 ethernet-type 会影响 3 层匹配项的应用。例如，当 ethernet-type 中设置的值为 0x0800 时，3 层匹配项中 ipv4-match 的匹配设置才生效；当 ethernet-type 中设置的值为 0x08dd 时，3 层匹配项中 ipv6-match 的匹配设置才生效。

④ 3 层匹配项会影响 4 层匹配项的应用。例如，当 ip-protocol 设置的值为 6 时，4 层的 tcp-match 的匹配设置才生效；当 ip-protocol 设置的值为 17 时，4 层的 udp-match 的匹配设置才生效。

在 flow list 中，instructions 指令默认情况下也是收起的，其展开状态的目录结构如图 5-19 所示。

图 5-19　instructions 指令展开状态的目录结构

可以看出，instructions 下默认情况下只有一条记录，名为 instruction list。单击右侧的"＋"按钮，可以添加一个指令表单，添加指令表单后，默认下层目录是展开状态，如图 5-20 所示。

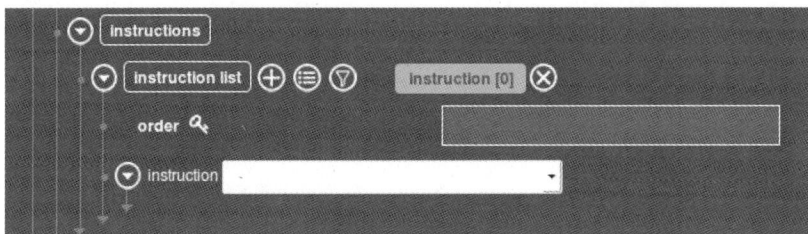

图 5-20　添加指令表单后的目录结构

从图 5-20 中可以看出，instruction list 可设置的选项为 order 和 instruction。其中，order 是必填项，表示指令表单的编号，默认第一个指令表单编号为 0；instruction 是通过下拉列表进行选择的，表示选择执行的指令类型。

（2）instruction 常用的类型选项

① apply-actions-case：用于设置立刻执行动作的事件。

② clear-actions-case：用于设置执行清除动作集的事件。

③ go-to-table-case：用于设置执行跳转到其他流表的事件。

④ meter-case：用于设置执行计量动作的事件。

⑤ write-actions-case：用于设置执行写入动作集的事件。

⑥ write-metadata-case：用于设置执行写入元数据的事件。

instruction 下拉列表如图 5-21 所示。

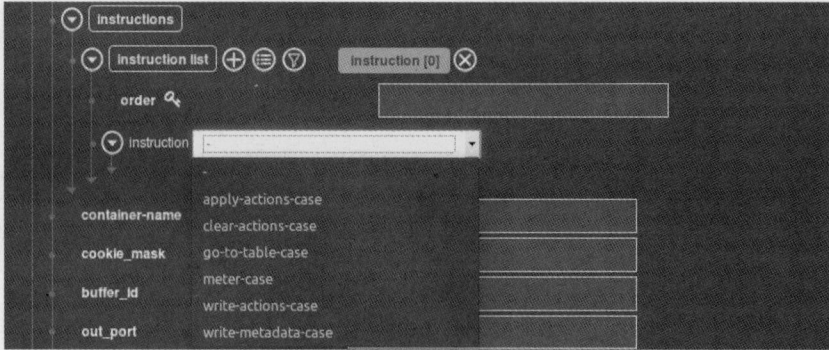

图 5-21　instruction 下拉列表

　　以选择"apply-actions-case"选项为例，默认会显示下一层目录：apply-actions（应用动作），主要用于设置动作相关的参数。apply-actions 目录下是 action list（动作列表），需要通过单击右侧的"＋"按钮进行添加，单击多次可以添加多个动作列表，每个动作列表仅能设置一个动作参数。展开的 apply-actions 的目录结构如图 5-22 所示。

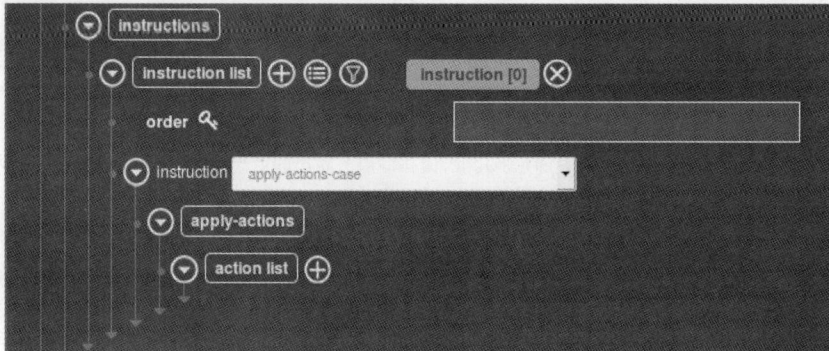

图 5-22　展开的 apply-actions 的目录结构

　　添加一个 action list 之后，在列表中可设置的选项为 order 和 action。其中，order 是必填项，用于设置该动作列表的编号，默认第一个动作列表的编号为 0；action 是使用下拉列表进行选择的，主要用于选择动作的类型，常用的动作类型有 controller-action-case（执行输出控制器）、drop-action-case（执行丢弃动作）、output-action-case（执行输出动作）、flood-action-case（执行泛洪输出）。action list 目录结构如图 5-23 所示。

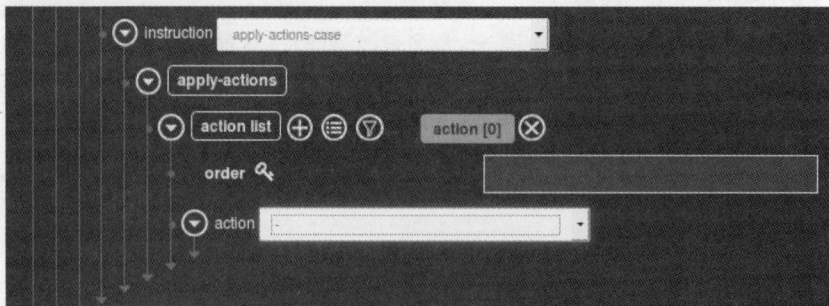

图 5-23　action list 目录结构

　　action 下拉列表如图 5-24 所示。

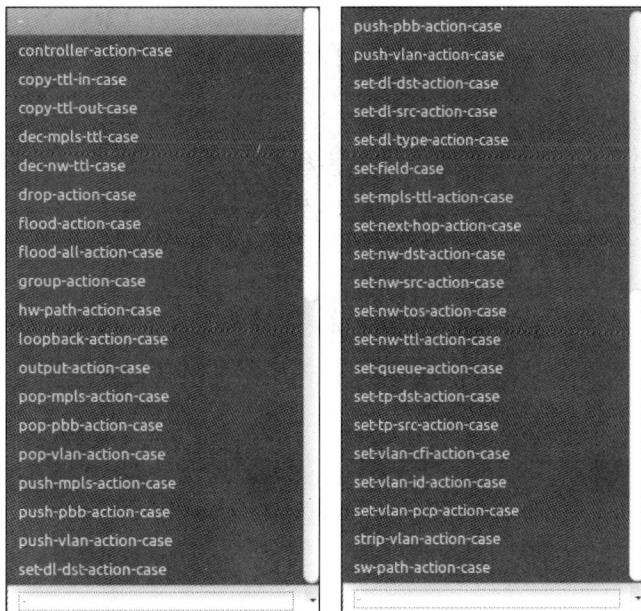

图 5-24　action 下拉列表

选择动作类型之后，还需要手动展开随着选择后刷新出来的菜单项。如图 5-25 所示，以 output-action-case 为例，选择该类型后下方会出现名为 output-action 的新表单项，需要单击左侧的三角符号展开该目录。

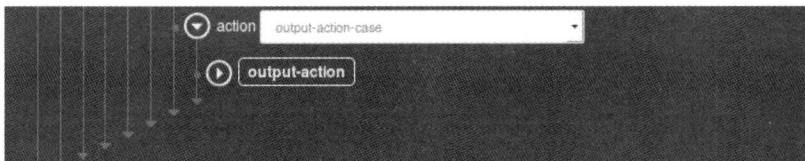

图 5-25　选择 output-action-case 后出现的 output-action 的新表单项

展开 output-action 后的目录结构如图 5-26 所示，其中 output-node-connector 的值为交换端口编号，表示输出到的交换机端口编号（交换机端口编号可以使用 ovs-ofctl show BRIDGE 命令获取）。

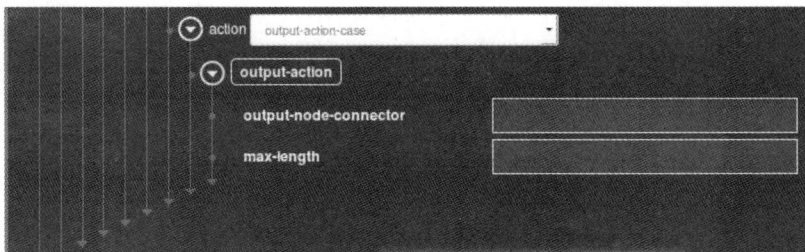

图 5-26　展开 output-action 后的目录结构

5.3.4　通过 HTTP 调用 restconf 的代码格式

安装 restconf 支持之后，即允许第三方应用程序使用 XML 或 JSON 代码通过 HTTP 请求进行调用。以基于 JSON 格式的流表设置为例，部分代码框架及解释如下。

```
{ #代码的固定格式，设置的所有内容都要在这个大括号中编写
    "table": [ #表示设置的是流表，中括号代表是一个集合，中括号下允许有多个大括号的内容
        { #表示是一个流表的设置
            "id": "x", #表示设置流表的 ID 为 x，x 取值范围为 0～253
            "flow": [ #表示设置的是流表项，中括号代表是一个集合，中括号下允许有多个大括号的内容
                { #表示是一个流表项的设置
                    "id": "x", #表示设置的是流表项的 ID
                    "match": { #表示设置的是匹配域的内容
                        "in-port": "x" #设置匹配进端口为 x 的数据包，如果有其他匹配项，则需要用 "," 隔开
                    },  #表示匹配域设置已经完毕
                    "instructions": { #表示设置的是指令集的内容
                        "instruction": [ /*表示设置的是指令的内容，中括号表示这是一个集合，允许后面
有多个大括号的内容*/
                            {   #表示一个指令的设置
                                "order": "x", #设置指令的编号为 x，一般第一个指令编号为 0
                                "apply-actions": { /*这里表示应用事件的设置，相当于在 YangUI 中选择
apply-actions-case*/
                                    "action": [ /*表示设置的是动作的内容，中括号代表是一个集合，允
许后面有多个大括号的内容*/
                                        { #表示是一个动作的设置
                                            "order": "x",        /*表示动作的标号为 x，默认情况下，第一
个动作编号为 0*/
                                            "output-action": { /*表示是一个输出动作的配置，相当于在
YangUI 中选择 output-action-case*/
                                                "output-node-connector": "x"     /*这里表示设置的是
数据的接口编号*/
                                            } #这里表示输出动作的配置结束
                                        } /*这里表示一个动作的设置结束。如果需要添加第二个动作的配
置，那么需要在后面添加 ","并换行输入一对大括号 "{}"，在括号中进行第二个动作的配置*/
                                    ] #这里表示 action 所有配置已结束
                                } #这里表示 apply-actions 的配置已经结束
                            } /*这里表示一个指令的设置结束。如果需要添加第二个指令的配置，那么需要
在后面添加 ","并换行输入一对大括号 "{}"，在括号中进行第二个指令的配置*/
                        ] #这里表示 instruction 的所有配置已经结束
                    }, #这里表示所有的 instructions 配置已经结束
                    "priority": "x",  #这里表示配置流表项的优先级为 x
                    "idle-timeout": "x",  #这里表示流表项的空闲超时为 x
                    "hard-timeout": "x",  #这里表示流表项的硬超时为 x
                    "table_id": "x"  #这里表示流表项所属的流表 ID 为 x，需要与前面 table 下的 ID 一致
                } /*这里表示一个流表项的配置已经结束。如果需要添加第二个流表项的配置，那么需要在后
面添加 ","并换行输入一对大括号 "{}"，在大括号中进行第二个流表项的配置*/
            ] #这里表示流表项的所有配置已经结束
        } /*这里表示一个流表的配置已经结束。如果需要添加第二个流表的配置，那么需要在后面添加 ","
并换行输入一对大括号 "{}"，在大括号中进行第二个流表项的配置*/
    ] #这里表示流表的所有配置已经结束
} #这里表示配置已经结束，与第一个左大括号相呼应
```

提示 初学者可以通过 YangUI 获取代码。以流表设置为例，在 YangUI 中输入流表设置的相关参数后，在 Actions 栏中单击"Show preview"按钮，将打开悬浮窗，即 Preview 窗口，用于显示当前设置的表单转换为代码后的格式，如图 5-27 所示。

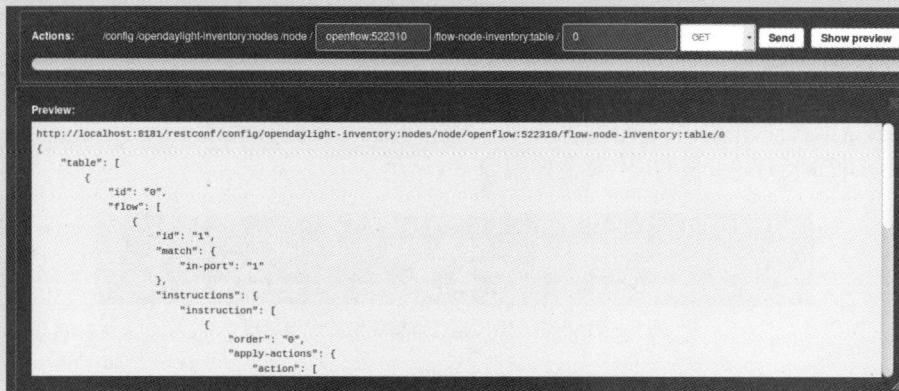

图 5-27 单击"Show preview"按钮后打开的悬浮窗

在 Preview 窗口中，第一行显示的是该操作的 HTTP 格式的 URL 路径，第二行即开始显示流表设置相关的代码。

5.4 项目实践

5.4.1 任务 1 安装 OpenDayLight

任务规划

微课视频

为了分离转发面与控制面，管理员决定在公司业务测试环境中部署 OpenDayLight，并使用 OpenDayLight-YangUI 和 Postman 查看和分析拓扑，观察 OpenDayLight 自动下发的流表。其具体可以通过以下步骤完成。

（1）配置初始化环境，包括安装 Java 和上传控制器安装包。

（2）安装控制器并查看控制器运行状态。

（3）配置 OVS 连接控制器，并查看连接状态。

（4）在控制器的 UI 中查看当前网络拓扑。

（5）通过 Postman 工具获取当前网络拓扑状态。

任务实施

本任务具体实施过程如下。

（1）各主机的主机名称、IP 地址配置过程略，读者可参考项目 1 的实践内容进行配置。

（2）使用 Xftp、SecureFX、WinSCP 等工具将所需软件通过 NAT 网络从物理主机传入 controller 中，默认安装包存放路径是/home/classroom，需要上传的软件包为 distribution-karaf-0.3.0-Lithium.tar.gz。

（3）使用 root 用户登录 controller，打开终端命令行，执行 apt 命令，安装 Java 环境。

```
root@controller:~# apt install openjdk-8-jre-headless
```

（4）编辑/etc/profile 环境变量文件，添加 JDK 运行环境变量。

```
root@controller:~# vim /etc/profile
#Java 设置，在文件末尾添加以下内容后保存并退出即可
export JAVA_HOME=/usr/lib/jvm/java-8-openjdk-amd64
export PATH=$JAVA_HOME/bin:$PATHexport CLASSPATH=.:$JAVA_HOME/lib/dt.jar:
$JAVA_HOME/lib/tools.jar
```

保存并退出后，可以使用 cat /etc/profile | grep JAVA 命令进行查看。

添加 JDK 运行环境变量的操作结果如图 5-28 所示。

```
root@controller:~# cat /etc/profile | grep JAVA
export JAVA_HOME=/usr/lib/jvm/java-8-openjdk-amd64
export PATH=$JAVA_HOME/bin:$PATH
export CLASSPATH=.:$JAVA_HOME/lib/dt.jar:$JAVA_HOME/lib/tools.jar
```

图 5-28　添加 JDK 运行环境变量的操作结果

（5）解压 OpenDayLight 程序包到/mnt 目录下。

```
root@controller:/home/classroom# tar -xzf \
distribution-karaf-0.3.0-Lithium.tar.gz -C /mnt
```

（6）重新加载环境变量后，启动 OpenDayLight 控制台。

```
root@controller:~# source /etc/profile
root@controller:~# /mnt/distribution-karaf-0.3.0-Lithium/bin/karaf
```

启动 OpenDayLight 控制台的操作结果如图 5-29 所示。

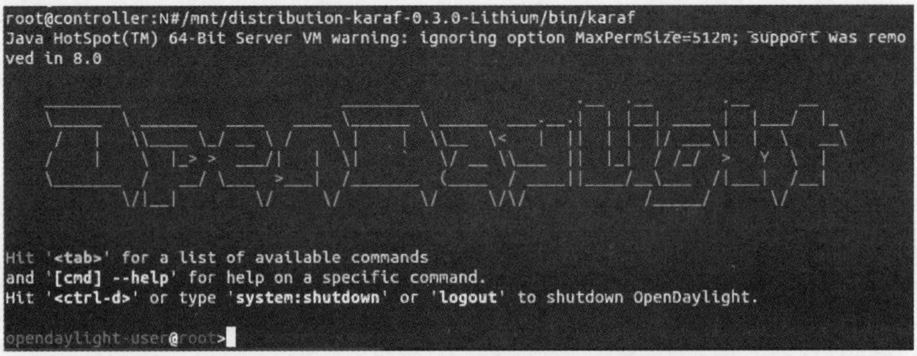

图 5-29　启动 OpenDayLight 控制台的操作结果

（7）安装控制器的必要组件。

```
opendaylight-user@root>feature:install odl-restconf
opendaylight-user@root>feature:install odl-l2switch-switch
opendaylight-user@root>feature:install odl-openflowplugin-all
opendaylight-user@root>feature:install odl-dlux-all
opendaylight-user@root>feature:install odl-mdsal-all
opendaylight-user@root>feature:install odl-adsal-northbound
```

（8）在 controller 上打开另一个终端，使用命令查看控制器组件监听端口 8080、8181 和 6633 是否正常启动（建议在安装组件 3~5min 后进行查看）。其中，8080 端口由 dlux 组件监听，8181 端口由 restconf 组件监听，6633 端口由 mdsal 组件监听。

查看控制器组件监听端口的操作结果如图 5-30 所示。

```
root@controller:~# ss -tlnp | grep 8080
LISTEN  0        50                    *:8080                    *:*
 users:(("java",pid=8673,fd=322))
root@controller:~# ss -tlnp | grep 8181
LISTEN  0        50                    *:8181                    *:*
 users:(("java",pid=8673,fd=314))
root@controller:~# ss -tlnp | grep 6633
LISTEN  0        128                   *:6633                    *:*
 users:(("java",pid=8673,fd=347))
```

图 5-30　查看控制器组件监听端口的操作结果

（9）在 switch 上打开终端，切换为 root 用户加载环境变量后，启动 OVS 守护进程，创建名为 br-sw 的网桥，将本地端口 ens35、ens36 和 ens37 加入网桥。

```
classroom@switch:~$ su root
root@switch:~# source /etc/profile
root@switch:~# ovs-ctl start
root@switch:~# ovs-vsctl add-br br-sw
root@switch:~# ovs-vsctl add-port br-sw ens35
root@switch:~# ovs-vsctl add-port br-sw ens36
root@switch:~# ovs-vsctl add-port br-sw ens37
```

（10）配置网桥模式为 secure，使网桥不能通过传统方式实现报文正常通信（严格按照流表执行通信控制），并将通信协议设置为 OpenFlow 1.0。

```
root@switch:~# ovs-vsctl set-fail-mod br-sw secure
root@switch:~# ovs-vsctl set bridge br-sw protocol=OpenFlow10
```

（11）查看当前网桥详细信息和流表详细信息。

```
root@switch:~# ovs-vsctl show
root@switch:~# ovs-ofctl dump-flows br-sw
```

（12）设置 switch 连接到 OpenDayLight 控制器。

```
root@switch:~# ovs-vsctl set-controller br-sw tcp:10.1.1.10:6633
```

（13）查看连接控制器之后网桥与流表的详细信息。

```
root@switch:~# ovs-vsctl show
root@switch:~# ovs-ofctl dump-flows br-sw
```

提 示　　**若网桥信息中显示 is-connected“true”，则说明连接成功。**

（14）在 pchost-1 上 ping pchost-2。

```
classroom@pchost-1$ ping 10.2.2.129
```

连接到 OpenDayLight 控制器的操作结果如图 5-31 所示。

```
root@switch:~# ovs-vsctl show
f94f73b1-7e79-4c55-81e1-a2b42380c76a
    Bridge br-sw
        Controller "tcp:10.1.1.10:6633"
            is_connected: true
        fail_mode: secure
        Port ens36
            Interface ens36
        Port ens35
            Interface ens35
        Port ens37
            Interface ens37
        Port br-sw
            Interface br-sw
                type: internal
    ovs_version: "2.16.0"
```

图 5-31　连接到 OpenDayLight 控制器的操作结果

（15）返回 controller 主机，打开火狐浏览器，访问网址 http://localhost:8080/index.html，输入用户 admin 和密码 admin 进行登录，如图 5-32 所示。

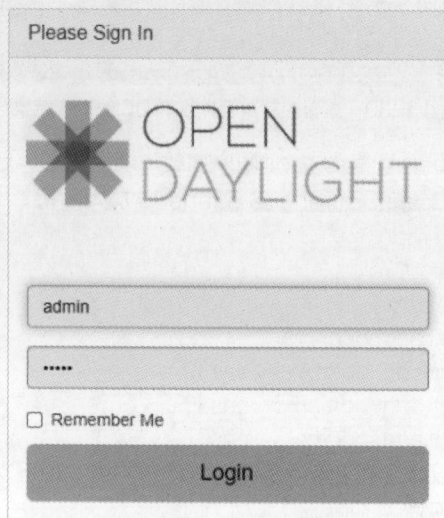

图 5-32　输入用户和密码

（16）登录后，在 Topology 页面中查看当前拓扑，如图 5-33 所示。

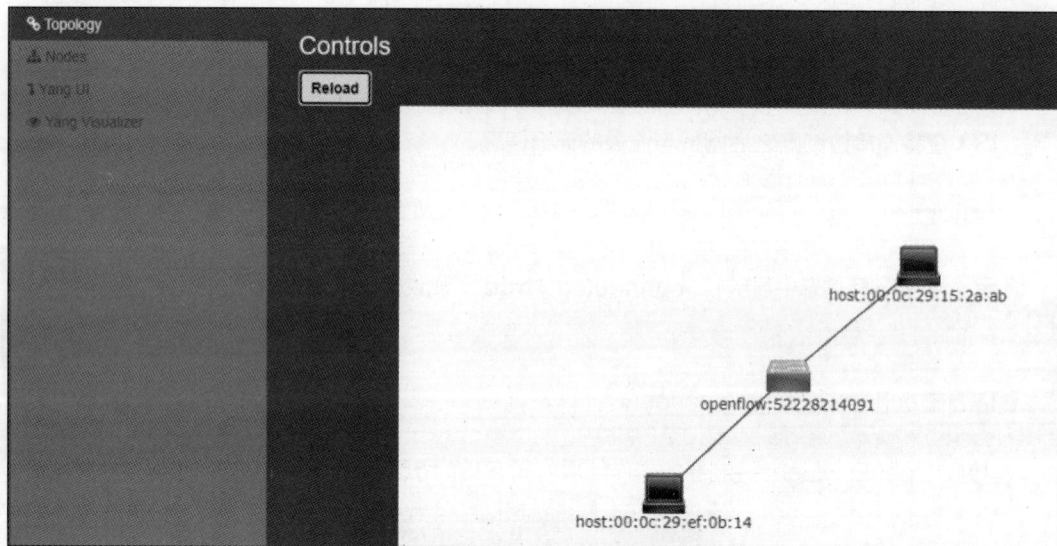

图 5-33　在 Topology 页面中查看当前拓扑

（17）在 YangUI 中查看拓扑信息。选择页面左侧的"Yang UI"选项，进入 YangUI 界面，在 Module 界面中找到并单击 network-topology rev.2013-07-12 目录左侧的"+"按钮，显示 operational 和 config 目录。单击 operational 目录左边的"+"按钮，展开 operational 目录。单击目录下方的 network-topology，选择 Actions 右侧的"GET"选项，再单击"Send"按钮，等待下方出现 Request sent successfully 提示（显示为绿色字体），即代表获取成功，返回结果将存放在绿色提示文字下方，通过分析结果可以查看当前拓扑信息，如图 5-34 所示。

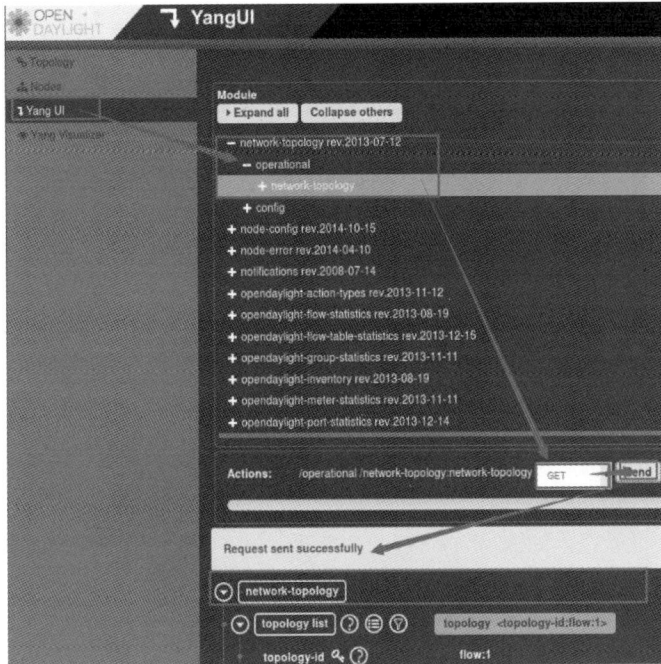

图 5-34　在 YangUI 中查看当前拓扑信息

将 Web 页面下拉，即可看见完整的结果，如图 5-35 所示。

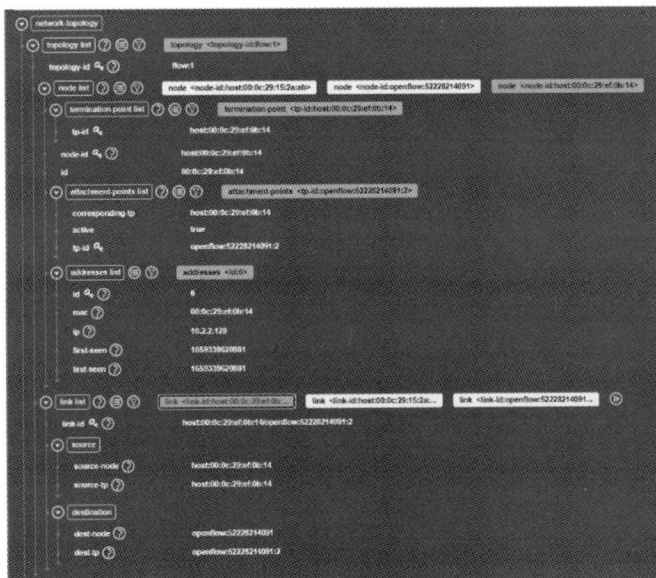

图 5-35　完整的结果

（18）在 controller 上打开命令行，切换为 root 用户，打开 Postman，设置 URL 地址为
http://localhost:8181/restconf/operational/network-topology:network-topology，方法为 GET，
在 Authorization 中设置 TYPE 为 Basic Auth，输入用户名和密码（均为 admin），单击"Send"
按钮发送请求，请求成功之后，在下方的 Body 中接收获取到的拓扑信息。

使用 Postman 发送请求的操作结果如图 5-36 所示。

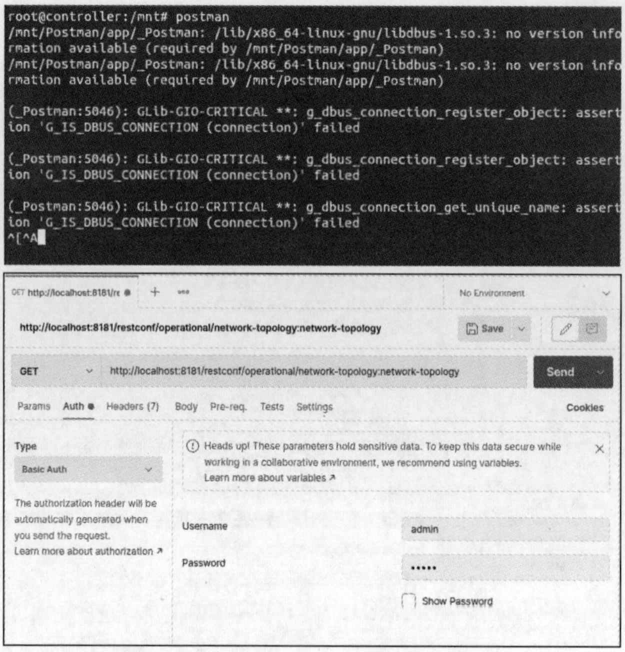

图 5-36　使用 Postman 发送请求的操作结果

（19）在 Postman 中查看接收的信息，如图 5-37～图 5-39 所示。

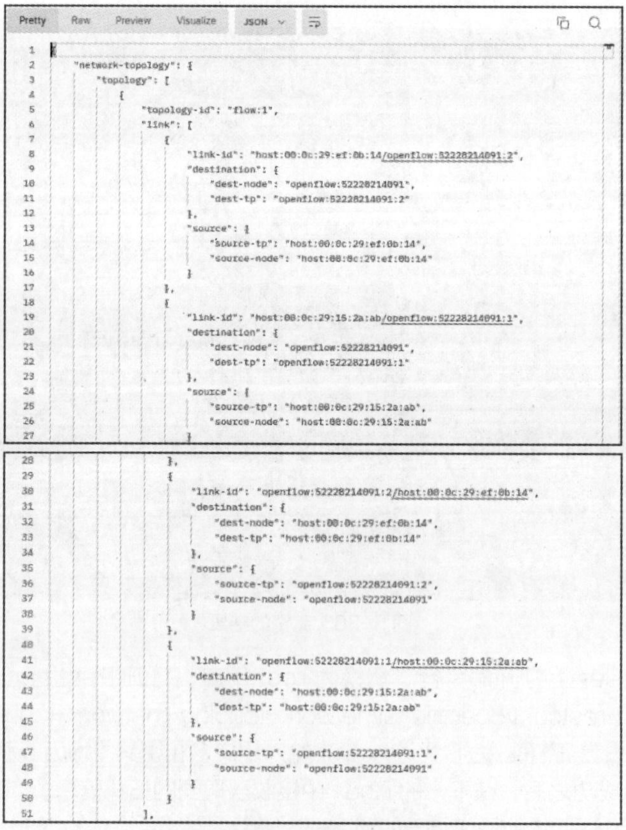

图 5-37　获取到的拓扑信息

```
52          "node": [
53              {
54                  "node-id": "host:00:0c:29:15:2a:ab",
55                  "termination-point": [
56                      {
57                          "tp-id": "host:00:0c:29:15:2a:ab"
58                      }
59                  ],
60                  "host-tracker-service:addresses": [
61                      {
62                          "id": 7,
63                          "mac": "00:0c:29:15:2a:ab",
64                          "last-seen": 1659339620882,
65                          "ip": "10.2.2.129",
66                          "first-seen": 1659339620882
67                      }
68                  ],
69                  "host-tracker-service:id": "00:0c:29:15:2a:ab",
70                  "host-tracker-service:attachment-points": [
71                      {
72                          "tp-id": "openflow:52228214091:1",
73                          "corresponding-tp": "host:00:0c:29:15:2a:ab",
74                          "active": true
75                      }
76                  ]
77              },
```

图 5-38 "host-tracker-service:addresses" 的信息（1）

```
100             {
101                 "node-id": "host:00:0c:29:ef:0b:14",
102                 "termination-point": [
103                     {
104                         "tp-id": "host:00:0c:29:ef:0b:14"
105                     }
106                 ],
107                 "host-tracker-service:addresses": [
108                     {
109                         "id": 6,
110                         "mac": "00:0c:29:ef:0b:14",
111                         "last-seen": 1659339620881,
112                         "ip": "10.2.2.128",
113                         "first-seen": 1659339620881
114                     }
115                 ],
116                 "host-tracker-service:id": "00:0c:29:ef:0b:14",
117                 "host-tracker-service:attachment-points": [
118                     {
119                         "tp-id": "openflow:52228214091:2",
120                         "corresponding-tp": "host:00:0c:29:ef:0b:14",
121                         "active": true
122                     }
123                 ]
124             }
125         ]
126     }
```

图 5-39 "host-tracker-service:addresses" 的信息（2）

如图 5-37 所示，topology-id 的值为 flow:1，表示该拓扑的 ID 为 flow:1；link 后中括号的内容为该拓扑中的连线信息，包括连线的 ID（link-id，表示是一条连线）、源端（source）和目的端（destination）的具体信息。源、目的端都包含连接节点（dest-node 为目的连接节点，source-node 为源连接节点）和连接端口（dest-tp 为目的连接端口，source-tp 为源连接端口）的信息。

如图 5-38 和图 5-39 所示，可以看到描述主机节点的信息中还包含 "host-tracker-service:addresses" 的信息，从中可以看到主机节点的 MAC 地址、IP 地址等具体信息。

如图 5-40 所示，node 后的中括号内的内容用于描述拓扑中节点的具体信息，拓扑中的一台设备就是一个节点，node-id 代表节点的 ID 信息，以 "openflow:" 开头的节点代表交换机，而以 "host" 开头的节点代表主机。node 中的 termination-point 后的中括号内的内容用于描述节点端口的具体信息，其中 tp-id 代表节点端口的 ID 信息。

```
{
    "node-id": "openflow:52228214091",
    "opendaylight-topology-inventory:inventory-node-ref": "/
        opendaylight-inventory:nodes/opendaylight-inventory:node
        [opendaylight-inventory:id='openflow:52228214091']",
    "termination-point": [
        {
            "tp-id": "openflow:52228214091:3",
            "opendaylight-topology-inventory:inventory-node-connector-ref":
                "/opendaylight-inventory:nodes/opendaylight-inventory:node
                [opendaylight-inventory:id='openflow:52228214091']/
                opendaylight-inventory:node-connector
                [opendaylight-inventory:id='openflow:52228214091:3']"
        },
        {
            "tp-id": "openflow:52228214091:2",
            "opendaylight-topology-inventory:inventory-node-connector-ref":
                "/opendaylight-inventory:nodes/opendaylight-inventory:node
                [opendaylight-inventory:id='openflow:52228214091']/
                opendaylight-inventory:node-connector
                [opendaylight-inventory:id='openflow:52228214091:2']"
        },
        {
            "tp-id": "openflow:52228214091:LOCAL",
            "opendaylight-topology-inventory:inventory-node-connector-ref":
                "/opendaylight-inventory:nodes/opendaylight-inventory:node
                [opendaylight-inventory:id='openflow:52228214091']/
```

图 5-40　node 信息

在 Postman 中获取到拓扑代码后，分析原理基本如在 YangUI 中一致，可以从 link 中分析拓扑的连接源和目的源，从 node 中获取到拓扑的节点及其具体信息，即可通过这些信息掌握拓扑结构。

任务验证

本任务的具体验证过程如下。

（1）查看 OpenDayLight 运行日志。

```
opendaylight-user@root>log:tail
```

查看 OpenDayLight 运行日志的操作结果如图 5-41 所示。

```
2022-07-01 10:21:06,510 | WARN  | entLoopGroup-8-1 | OFFrameDecoder                   | 255 - org.opendaylight.openflowjava.openflow
-protocol-impl - 0.6.0.Lithium | Unexpected exception from downstream.
java.io.IOException: Connection reset by peer
        at sun.nio.ch.FileDispatcherImpl.read0(Native Method)[:1.8.0_312]
        at sun.nio.ch.SocketDispatcher.read(SocketDispatcher.java:39)[:1.8.0_312]
        at sun.nio.ch.IOUtil.readIntoNativeBuffer(IOUtil.java:223)[:1.8.0_312]
        at sun.nio.ch.IOUtil.read(IOUtil.java:192)[:1.8.0_312]
        at sun.nio.ch.SocketChannelImpl.read(SocketChannelImpl.java:379)[:1.8.0_312]
        at io.netty.buffer.PooledUnsafeDirectByteBuf.setBytes(PooledUnsafeDirectByteBuf.java:311)[153:io.netty.buffer:4.0.26.Final]
        at io.netty.buffer.AbstractByteBuf.writeBytes(AbstractByteBuf.java:881)[153:io.netty.buffer:4.0.26.Final]
        at io.netty.channel.socket.nio.NioSocketChannel.doReadBytes(NioSocketChannel.java:241)[151:io.netty.transport:4.0.26.Final]
        at io.netty.channel.nio.AbstractNioByteChannel$NioByteUnsafe.read(AbstractNioByteChannel.java:119)[151:io.netty.transport:4.
0.26.Final]
        at io.netty.channel.nio.NioEventLoop.processSelectedKey(NioEventLoop.java:511)[151:io.netty.transport:4.0.26.Final]
        at io.netty.channel.nio.NioEventLoop.processSelectedKeysOptimized(NioEventLoop.java:468)[151:io.netty.transport:4.0.26.Final
]
        at io.netty.channel.nio.NioEventLoop.processSelectedKeys(NioEventLoop.java:382)[151:io.netty.transport:4.0.26.Final]
        at io.netty.channel.nio.NioEventLoop.run(NioEventLoop.java:349)[151:io.netty.transport:4.0.26.Final]
        at io.netty.util.concurrent.SingleThreadEventExecutor$2.run(SingleThreadEventExecutor.java:111)[152:io.netty.common:4.0.26.F
inal]
        at io.netty.util.concurrent.DefaultThreadFactory$DefaultRunnableDecorator.run(DefaultThreadFactory.java:137)[152:io.netty.co
mmon:4.0.26.Final]
        at java.lang.Thread.run(Thread.java:748)[:1.8.0_312]
2022-07-01 10:21:07,336 | WARN  | entLoopGroup-8-1 | OFFrameDecoder                   | 255 - org.opendaylight.openflowjava.openflow
-protocol-impl - 0.6.0.Lithium | Closing connection.
```

图 5-41　查看 OpenDayLight 运行日志的操作结果

（2）查看已安装组件。

```
opendaylight-user@root>feature:list -i
```

查看已安装组件的操作结果如图 5-42 所示。

```
opendaylight-user@root>feature:list -i
Name                                        | Version           | Installed | Repository        | Descr
iption
------------------------------------------------------------------------------------------------
standard                                    | 3.0.3             | x         | standard-3.0.3     | Karaf
 standard feature
config                                      | 3.0.3             | x         | standard-3.0.3     | Provi
de OSGi ConfigAdmin support
region                                      | 3.0.3             | x         | standard-3.0.3     | Provi
de Region Support
package                                     | 3.0.3             | x         | standard-3.0.3     | Packa
ge commands and mbeans
http                                        | 3.0.3             | x         | standard-3.0.3     | Imple
mentation of the OSGi HTTP Service
war                                         | 3.0.3             | x         | standard-3.0.3     | Turn
Karaf as a full WebContainer
kar                                         | 3.0.3             | x         | standard-3.0.3     | Provi
de KAR (KARaf archive) support
ssh                                         | 3.0.3             | x         | standard-3.0.3     | Provi
de a SSHd server on Karaf
management                                  | 3.0.3             | x         | standard-3.0.3     | Provi
de a JMX MBeanServer and a set of MBeans in K
odl-nsf-managers                            | 0.5.0-Lithium     | x         | nsf-0.5.0-Lithium  | OpenD
aylight :: AD-SAL :: Network Service Function
odl-adsal-northbound                        | 0.5.0-Lithium     | x         | nsf-0.5.0-Lithium  | OpenD
aylight :: AD-SAL :: Northbound APIs
```

图 5-42　查看已安装组件的操作结果

（3）查看网桥和流表详细信息（连接控制器前）。

root@switch:~#ovs-vsctl show

root@switch:~#ovs-ofctl dump-flows br-sw

设置完成后，查看网桥和流表详细信息（连接控制器前）的操作结果如图 5-43 所示。

图 5-43　查看网桥和流表详细信息（连接控制器前）的操作结果

（4）查看网桥和流表详细信息（连接控制器后）。

root@switch:~#ovs-vsctl show

root@switch:~#ovs-ofctl dump-flows br-sw

查看网桥和流表详细信息（连接控制器后）的操作结果如图 5-44 所示。

图 5-44　查看网桥和流表详细信息（连接控制器后）的操作结果

（5）测试两台主机互相通信的情况。

在 pchost-1 上测试与其他主机连通情况的操作结果如图 5-45 所示。

```
classroom@pchost-1:~$ ping 10.2.2.129
PING 10.2.2.129 (10.2.2.129) 56(84) bytes of data.
64 bytes from 10.2.2.129: icmp_seq=1 ttl=64 time=10.6 ms
64 bytes from 10.2.2.129: icmp_seq=2 ttl=64 time=5.93 ms
64 bytes from 10.2.2.129: icmp_seq=3 ttl=64 time=6.90 ms
^C
--- 10.2.2.129 ping statistics ---
3 packets transmitted, 3 received, 0% packet loss, time 2003ms
rtt min/avg/max/mdev = 5.931/7.820/10.626/2.025 ms
classroom@pchost-1:~$
```

图 5-45　在 pchost-1 上测试与其他主机连通情况的操作结果

由于网桥连接 OpenDayLight 控制器之后默认会下发流表，因此两台主机能正常通信。

（6）查看并分析流表。

root@switch:~# ovs-ofctl dump-flows br-sw

查看流表的操作结果如图 5-46 所示。

```
root@switch:~# ovs-ofctl dump-flows br-sw
 cookie=0x2a00000000000e, duration=2.643s, table=0, n_packets=0, n_bytes=0, idle_timeout=1800, hard_timeout=3600, priority=10,dl_s
rc=00:0c:29:ef:0b:14,dl_dst=00:0c:29:15:2a:ab actions=output:ens36
 cookie=0x2a00000000000f, duration=2.643s, table=0, n_packets=0, n_bytes=0, idle_timeout=1800, hard_timeout=3600, priority=10,dl_s
rc=00:0c:29:15:2a:ab,dl_dst=00:0c:29:ef:0b:14 actions=output:ens35
 cookie=0x2b00000000000009, duration=2117.452s, table=0, n_packets=13, n_bytes=1130, priority=2,in_port=ens36 actions=output:ens37,o
utput:ens35,CONTROLLER:65535
 cookie=0x2b0000000000000a, duration=2117.452s, table=0, n_packets=0, n_bytes=0, priority=2,in_port=ens37 actions=output:ens36,outpu
tens35 ,CONTROLLER:65535
 cookie=0x2b0000000000000b, duration=2117.452s, table=0, n_packets=12, n_bytes=1060, priority=2,in_port=ens35 actions=output:ens36,o
utput:ens37,CONTROLLER:65535
 cookie=0x2b00000000000009, duration=2121.435s, table=0, n_packets=0, n_bytes=0, priority=0 actions=drop
```

图 5-46　查看流表的操作结果

由图 5-47 可知，在主机上进行 ping 测试之后，一共生成了 7 条流表项，由上至下分别如下。

① 匹配源 MAC 地址为 00:0c:29:ef:0b:14、目的 MAC 地址为 00:0c:29:15:2a:ab 的数据包，动作是转发到交换机的 ens36 端口输出，流表项空闲超时时间为 1800 s，硬超时时间为 3600 s，优先级为 10。

② 匹配源 MAC 地址为 00:0c:29:15:2a:ab、目的 MAC 地址为 00:0c:29:ef:0b:14 的数据包，动作是转发到交换机的 ens35 端口输出，流表项空闲超时时间为 1800 s，硬超时时间为 3600 s，优先级为 10。

③ 匹配入端口为 ens36 的数据包，动作是转发到交换机的 ens35、ens37 端口和 controller 的 65535 端口，流表项优先级为 2，永不过期。

④ 匹配入端口为 ens37 的数据包，动作是转发到交换机的 ens36、ens37 端口和 controller 的 65535 端口，流表项优先级为 2，永不过期。

⑤ 匹配入端口为 ens35 的数据包，动作是转发到交换机的 ens36、ens37 端口和 controller 的 65535 端口，流表项优先级为 2，永不过期。

⑥ 匹配所有数据包，动作为丢弃，流表项永不过期。

5.4.2　任务2　使用MiniEdit连接OpenDayLight控制器

任务规划

OpenDayLight 控制器安装完成后，网络管理员需要对控制器继续进行测试。要求使用 MiniEdit

工具模拟公司业务测试环境，但需要使用 MiniEdit 远程连接到 OpenDayLight 控制器进行调试。任务拓扑如图 5-47 所示。

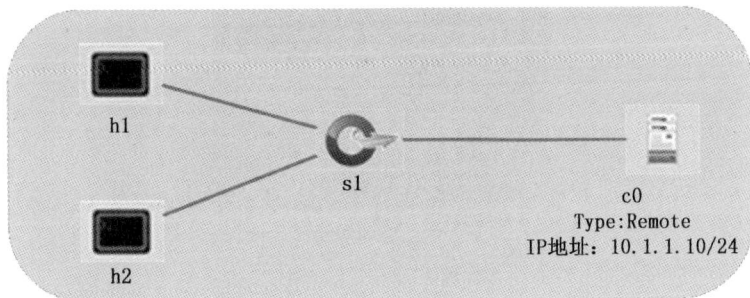

图 5-47　任务拓扑

其具体步骤如下。
（1）启动 Mininet 工具。
（2）使用图形化界面构建拓扑。
（3）配置控制器参数，连接远程 OpenDayLight 控制器。

任务实施

本任务具体实施过程如下。
（1）根据本项目任务 1，启动 OpenDayLight 控制器。
（2）切换到 mininet2 节点，在终端命令行中切换为 root 用户，执行启动 MiniEdit 工具的脚本，其绝对路径为"/root/mininet/mininet/examples/miniedit.py"。
（3）单击左侧图标栏中的 Controller 图标，在右侧画布空白处单击，创建 1 台控制器。
（4）在名为 c0 的控制器上长按鼠标右键，弹出"Controller Options"菜单，长按鼠标右键，将鼠标指针滑动到"Properties"选项后松开，即进入设置控制器详细参数（Controller Details）会话窗口，如图 5-48 和图 5-49 所示。

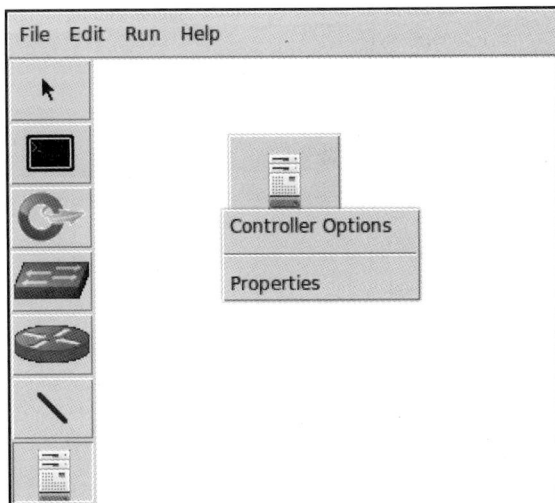

图 5-48　选择"Properties"选项

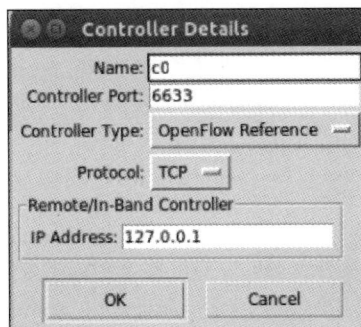

图 5-49　Controller Details 会话窗口

117

（5）设置 Controller Type 为 Remote Controller，更改 IP Address 的值为 OpenDayLight 控制器的 IP 地址 10.1.1.10，单击"OK"按钮，即可保存设置，如图 5-50 所示。

图 5-50　设置相关参数后的 Controller Details 会话窗口

> **提示**　在 MiniEdit 中，只有控制器类型为 **Remote** 或 **In-Band** 时才需要更改为其他 IP 地址，否则默认为 **127.0.0.1** 即可。

（6）单击左侧图标栏中的 Switch 图标，在右侧画布空白处单击，创建交换机。默认情况下，创建的是 OVS 类型的交换机，且无须更改 s1 交换机的详细参数。

（7）单击左侧图标栏中的 Host 图标，在右侧画布空白处单击两次，即可生成两台主机。

（8）单击左侧图标栏中的 Netlink 图标，按照任务要求在各节点之间连接线缆（连接过程中需要长按鼠标左键）。

（9）选择 MiniEdit 菜单栏中的"Edit"→"Preferences"选项，设置全局参数，按照任务要求更改 IP Base 为 10.2.2.0/24，选中"Start CLI"复选框（表示启动拓扑的同时启动 Mininet 交互式命令行），如图 5-51 所示。

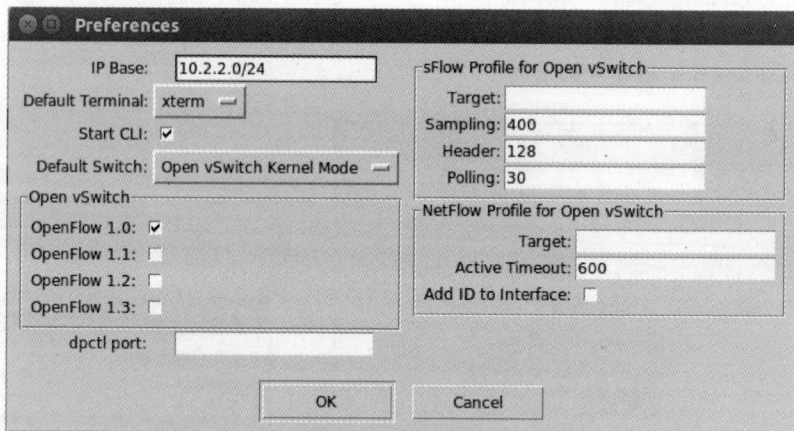

图 5-51　设置全局参数

（10）配置完毕，单击"OK"按钮，保存并退出全局参数设置。单击 MiniEdit 中的 Run 图标，启动拓扑，此时左侧的多个图标将变为灰色不可单击，启动拓扑后的界面如图 5-52 所示。

（11）此时启动 MiniEdit 的命令行，将显示启动 Mininet 各角色的日志信息，并在成功启动后自动显示 Mininet 交互式命令行，如图 5-53 所示。

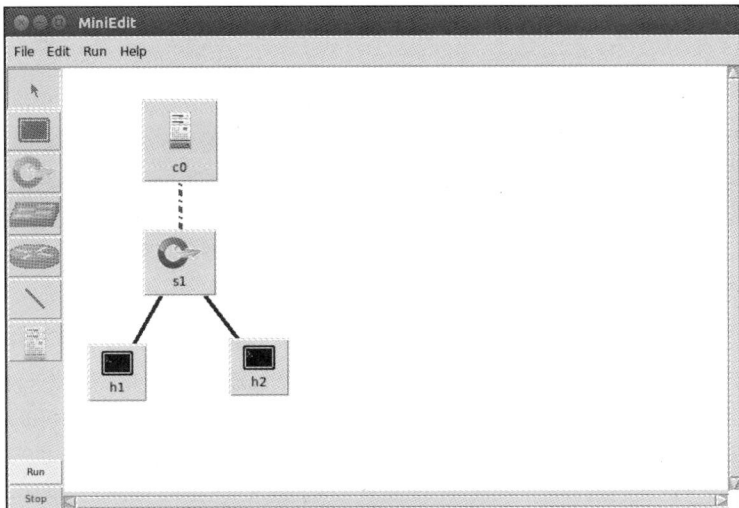

图 5-52　启动拓扑后的界面

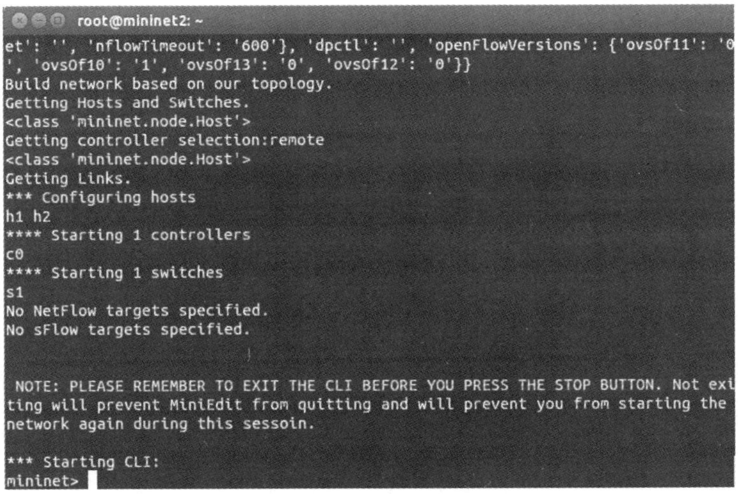

图 5-53　Mininet 交互式命令行

可以看出，当前拓扑已经正常运行，"controller selection:remote"说明控制器类型已经为 Remote。如果出现错误，则需要检查 OpenDayLight 控制器与 Mininet 主机之间的通信是否存在问题，此类错误信息如图 5-54 所示。

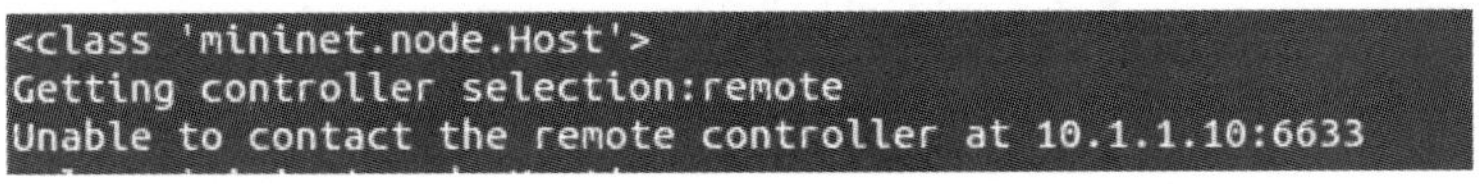

图 5-54　错误信息

任务验证

本任务的具体验证过程如下。

（1）在交互式命令行中使用 nodes 和 net 命令查看拓扑信息。

```
mininet> nodes
mininet> net
```

（2）在交互式命令行中使用命令查看当前交换机上的流表信息。

root@mininet2:~/mininet/mininet/examples# ovs-ofctl dump-flows s1

查看当前交换机上的流表信息的操作结果如图 5-55 所示。

图 5-55　查看当前交换机上的流表信息的操作结果

可以看出，在拓扑建立完成后 Remote 自动下发了流表规则，从上到下分别如下：将匹配到的 LLDP 数据包输出到 CONTROLLER，优先级为 100；将进端口为 eth2 的数据包输出到 eth1 端口和 CONTROLLER，优先级为 2；将进端口为 eth1 的数据包输出到 eth2 端口和 CONTROLLER，优先级为 2；匹配所有数据包动作为 drop，优先级为 0（table miss）；与 Default 控制器不同，Default 默认情况下不自动下发流表，只有在拓扑中出现流量通信时才会通过特定的消息类型自动收敛，从而下发详细的流表规则。

（3）在交互式命令行中使用 pingall 命令查看主机节点之间的连通情况。

mininet> pingall

pingall 命令的操作结果如图 5-56 所示。

图 5-56　pingall 命令的操作结果

（4）在交互式命令行中使用命令查看 s1 交换机上的流表情况。

root@mininet2:~/mininet/mininet/examples# ovs-ofctl dump-flows s1

查看 s1 交换机上的流表情况的操作结果如图 5-57 所示。

图 5-57　查看 s1 交换机上的流表情况的操作结果

可以看出，在 pingall 测试后再查看交换机上的流表详细情况，可以获知当前存在 6 条流表，多出来的 2 条流表项分别指导 h1 主机发送到 h2 主机的 ARP 数据包走向，以及指导 h2 主机回复 h1 主机的 ARP 数据包走向。相对来说，Default 控制器下发的流表项更加精准，其在 ping 测试后自动下发的流表项精准匹配了 h1 和 h2 之间的 ICMP 包的走向。

5.4.3　任务 3　使用 YangUI 下发三层流表实现通信控制

任务规划

在公司业务测试环境中使用 OpenDayLight+OVS 的组网架构，基于 OpenFlow 1.0，通过 OpenDayLight 的 YangUI 手动下发流表三层控制。其具体步骤如下。

（1）启动 OpenDayLight 控制器。

微课视频

（2）启动并配置 OVS，修改支持的协议类型和工作模式。

（3）通过 YangUI 下发流表配置。

任务实施

本任务具体实施过程如下。

（1）任务前置条件为开启 OpenDayLight 和 OVS，前导项目中已经进行过介绍，此处不赘述。

（2）在 switch 中启动 OVS 守护进程后，添加名为 br-sw 的网桥，以及数据网使用的端口 ens35、ens36 和 ens37，并执行 ifconfig 命令启用端口。

（3）在 switch 中配置交换机工作模式为 secure，默认不进行传统报文转发，并连接至 OpenDayLight 控制器。

```
root@switch:~# ovs-vsctl set-fail-mode br-sw secure
root@switch:~# ovs-vsctl set-controller br-sw tcp:10.1.1.10:6633
```

（4）检查 switch 上的 OVS 与 OpenDayLight 控制器的连接状态。

（5）在 switch 上执行命令，强制让 OVS 支持 OpenFlow 1.0 协议。由于默认情况下 OVS 支持 OpenFlow 1.0 协议，因此执行该命令将不会带来变化。

```
root@switch:~# ovs-vsctl set bridge br-sw protocols=OpenFlow10
```

（6）检查 switch 上的 OVS 是否存在 OpenDayLight 自动下发的流表。

```
root@switch:~# ovs-ofctl dump-flows br-sw
```

查看 switch 流表的操作结果如图 5-58 所示。

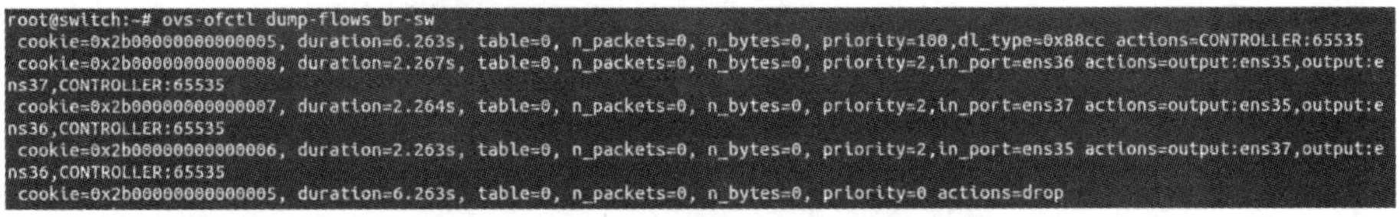

图 5-58　查看 switch 流表的操作结果

由图 5-59 可以得知，OpenDayLight 自动向 OVS 下发了流表。为避免对本次任务产生干扰，需要删除已有的流表项。

（7）删除 OVS 中已有的流表项后，重新查看现有流表情况。

```
root@switch:~# ovs-ofctl del-flows br-sw
root@switch:~# ovs-ofctl dump-flows br-sw
```

（8）查询网桥端口详细情况。

```
root@switch:~# ovs-ofctl show br-sw
```

查询网桥端口详细情况的操作结果如图 5-59 所示。

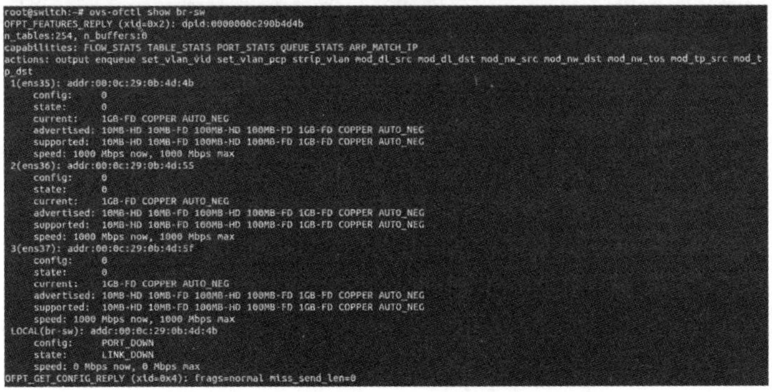

图 5-59　查询网桥端口详细情况的操作结果

由图 5-60 可以得出，ens35 对应在网桥上的端口编号是 1，ens36 对应在网桥上的端口编号是 2，ens37 对应在网桥上的端口编号是 3。

（9）执行 ip address show 命令，查看 pchost-1、pchost-2 和 pchost-3 数据网的网卡详细信息并记录。网卡信息记录如表 5-5 所示。

表 5-5　网卡信息记录

主机	端口	IP 地址	MAC 地址
pchost-1	ens34	10.2.2.128/24	00:0c:29:30:2e:59
pchost-2	ens34	10.2.2.129/24	00:0c:29:15:2a:ab
pchost-3	ens34	10.2.2.130/24	00:0c:29:d3:55:69

（10）返回 controller，登录 OpenDayLight 的 Web-UI，若登录正常，则默认进入 Topology 页面。

（11）记录在 Topology 页面中显示的交换机图形下的文字代表需要下发流表的交换机 ID，也称为 node-id，这里 node-id 是 openflow:52239765790。

（12）在火狐浏览器左侧列表项中选择"Yang UI"选项，进入 YangUI 页面，等待页面右侧的 Module 组件列表加载完毕，如图 5-60 所示。

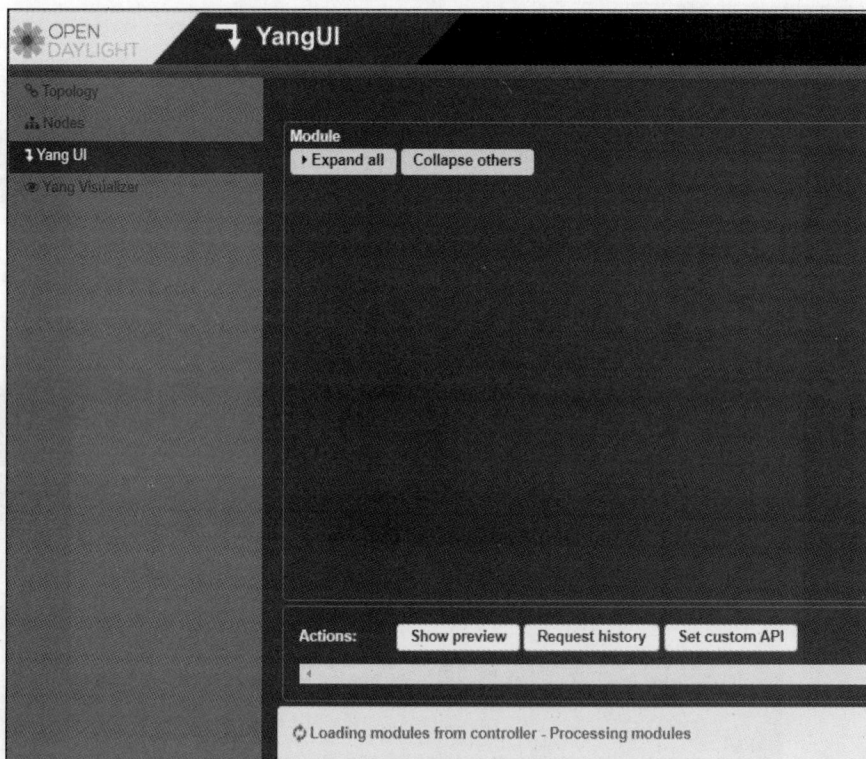

图 5-60　YangUI 页面

从图 5-60 中可以看出，页面正在加载 OpenDayLight 当前可用的组件 Module，加载完毕会提示"Loading completed successfully"，并在 Module 组件列表中显示可用组件，如图 5-61 所示。

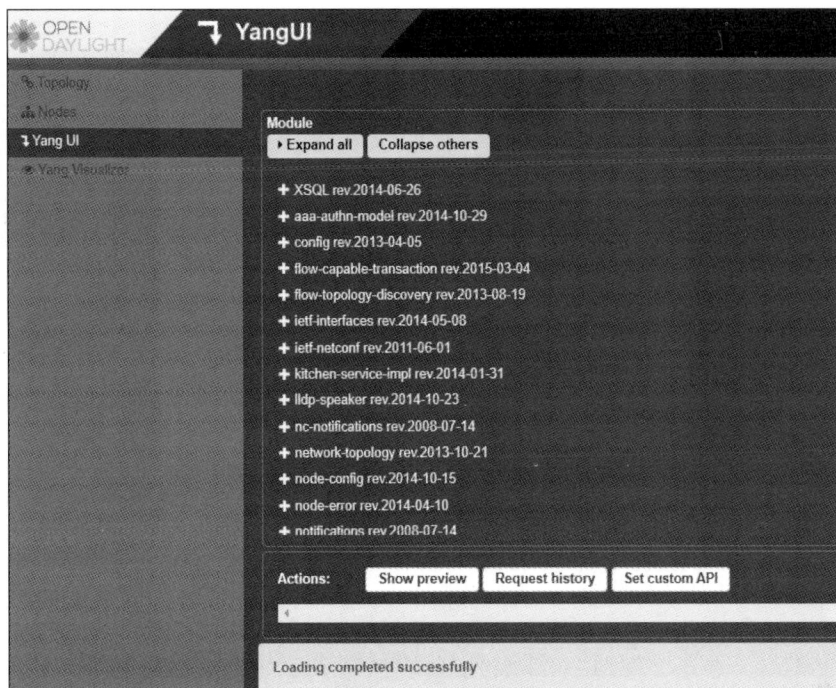

图 5-61　成功加载 OpenDayLight 当前可用组件

（13）在 Module 中找到 opendaylight-inventory rev.2013-08-19 组件列表，单击其左侧的"+"按钮，展开此组件的数据存储区域列表，可以看到其分为 operational 数据存储区域和 config 数据存储区域，如图 5-62 所示。

（14）依次单击 config 目录下 nodes→node{id}→table{id}左侧的"+"按钮，展开 table{id} 子节点，选择 flow{id}选项，进入流表项参数清单，"-"表示条目已经展开，如图 5-63 所示。

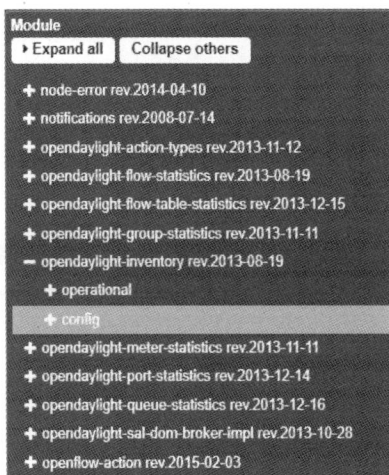

图 5-62　展开 opendaylight-inventory
rev.2013-08-19 组件列表

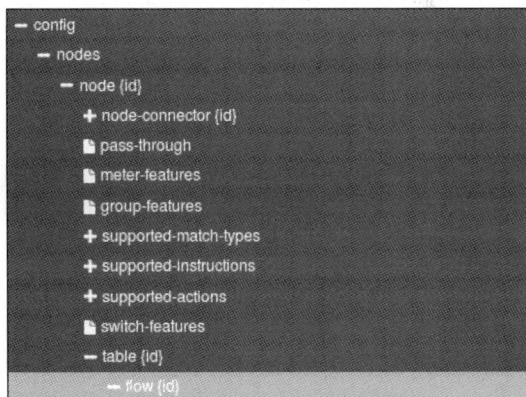

图 5-63　进入流表项参数清单

（15）选择 flow{id}选项后，即可填写流表项参数清单，如图 5-64 所示（建议全屏显示）。

123

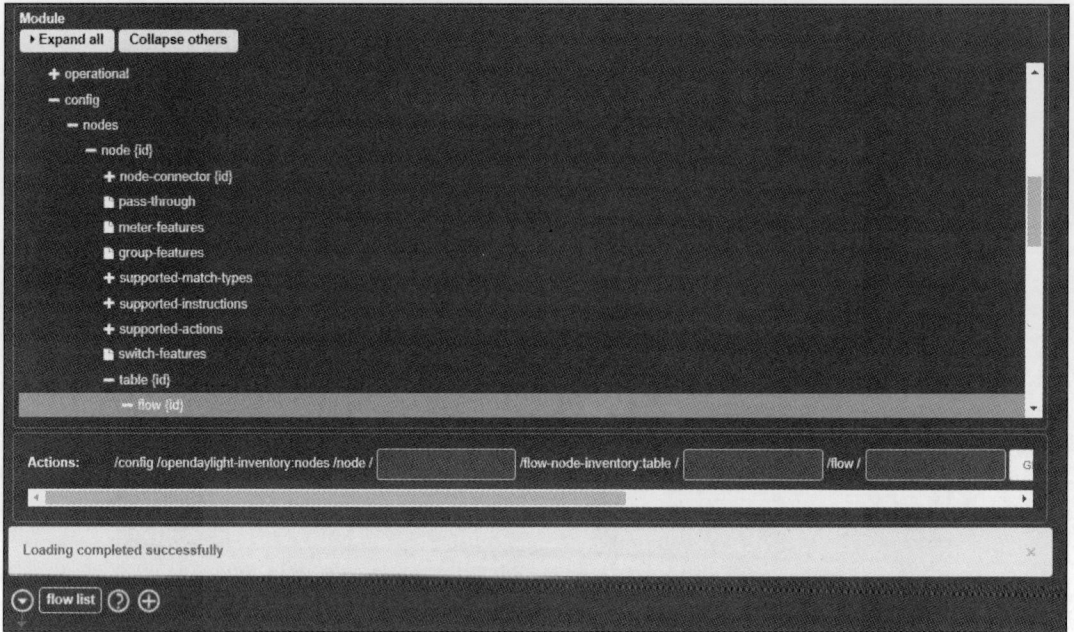

图 5-64　填写流表项参数清单

可以看出 Actions 动作区域中显示了 flow{id}在 YangUI 中的相对路径，且相对路径需要补全；另外，在 Actions 区域下方的参数填写区域中出现了 flow list（流表项列表）。

（16）三层通信需要保证二层的正常通信，由于任务中对二层通信没有精准匹配的要求，因此不对 ARP 数据包的转发进行限制，均执行 NORMAL 动作，即进行正常转发。

① 在 Actions 区域中补全 node-id（Topology 页面中记录的 node-id）和 table-id（这里下发基于 OpenFlow 1.0 的流表，仅可填写为 0），如图 5-65 所示。

图 5-65　补全 node-id 和 table-id

② 单击 flow list 右侧的"+"按钮，展开流表项列表，填写流表项 id 为 100，如图 5-66 所示。

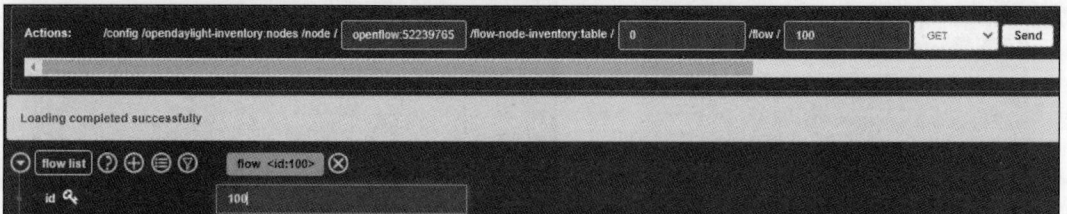

图 5-66　填写流表项 id

③ 依次单击 match→ethernet-match→ethernet-type 左侧的三角符号，展开下层目录，在 ethernet-type 的"type"文本框中输入 0x0806，表示匹配以太网类型是 ARP，如图 5-67 所示。

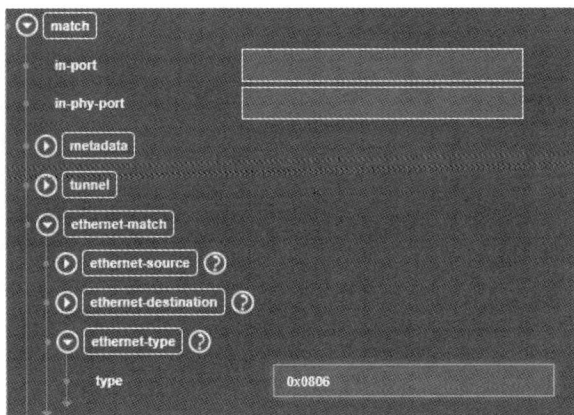

图 5-67　在 ethernet-type 的"type"文本框中输入 0x0806

④ 填写匹配域内容后，展开 instructions 下层目录，单击 instruction list 右侧的"＋"按钮，添加一个指令清单，填写 order 的值为 0，表示这是第一个指令列表；设置 instruction 为 apply-actions-case，表示指令是应用动作事件。选择完毕后单击下方刚出现的 apply-actions 左侧的三角符号，展开下层目录，单击 action list 右侧的"＋"按钮，添加一个动作清单，填写 order 的值为 0，表示这是第一个动作。设置 action 为 output-action-case，表示要执行输出端口的动作。单击 output-action 左侧的三角符号，展开下层目录，填写 output-node-connector 的值为 NORMAL，表示输出的端口为 NORMAL，即正常转发，如图 5-68 所示。

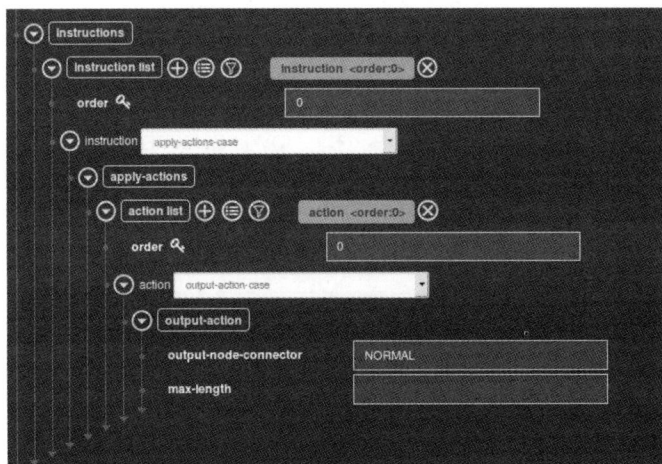

图 5-68　填写流表设置项

⑤ 填写其他流表设置项，如流表优先级、空闲超时时间、硬超时时间、流表 ID，这里分别是 100、0、360、0，如图 5-69 所示。

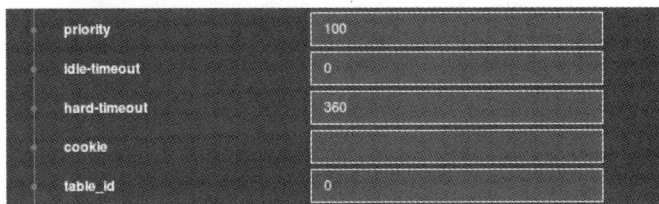

图 5-69　填写其他流表设置项

⑥ 确认无误后更改 Actions 区域中的 GET 为 PUT，单击"Send"按钮，将下发流表到交换机中，提示"Request sent successfully"时表示下发成功，如图 5-70 所示。

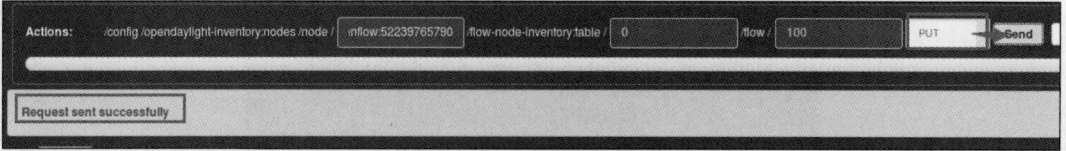

图 5-70　下发流表到交换机中

（17）下发新流表项，指导 pchost-2 发往 pchost-3 的 IP 通信数据包的流向。此流表项匹配 IPv4 以太网类型且源 IP 地址为 10.2.2.129、目的 IP 地址为 10.2.2.130 的数据包，处理动作为将数据包输出到网桥的 3 端口，即 pchost-3 连接的网桥端口。

① 在 flow-id 为 100 的流表项设置清单中更改 flow list 下的 id 为 101，更改完成后，Actions 区域中的 flow-id 也会自动更新为 101，如图 5-71 所示。

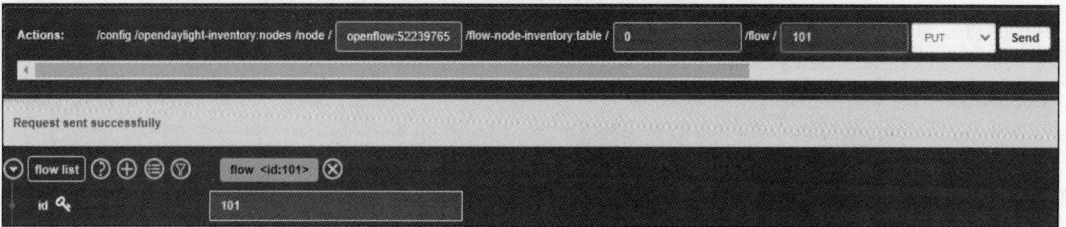

图 5-71　更改 flow list 下的 id 为 101

② 在 match 区域设置清单中，更改 ethernet-match 下的 ethernet-type 中的 type 值为 0x0800，表示匹配的以太网类型为 IPv4。设置 layer-3-match 为 ipv4-match，表示在三层进行匹配。设置完毕之后会出现"ipv4-source"和"ipv4-destination"文本框，需要分别输入 10.2.2.129/32 和 10.2.2.130/32，表示匹配的源 IPv4 地址是 10.2.2.129，匹配的目的 IPv4 地址是 10.2.2.130。由于需要精准地匹配 IP 地址而非一个网段的 IP 地址，因此在地址后面输入的子网掩码是 32，如图 5-72 所示。填写完毕之后，匹配域的设置即完成。

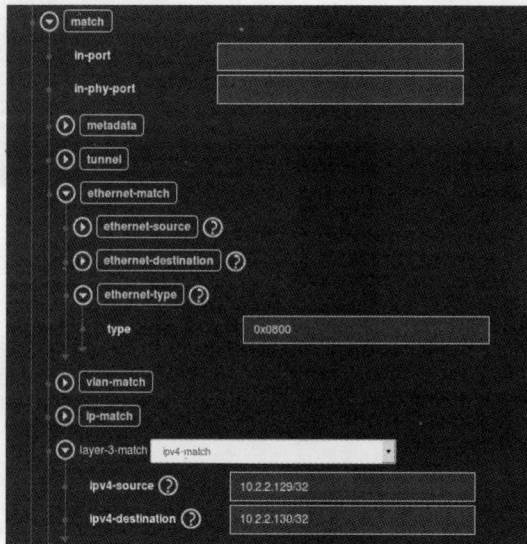

图 5-72　填写匹配域

③ 修改指令设置。由于新流表项的指令仍然是应用动作事件且动作类型是 output-action-case，因此指令设置中只需要更改 output-node-connector 的值为 3 即可，表示该数据包最终的处理动作是输出到编号为 3 的网桥端口，如图 5-73 所示。

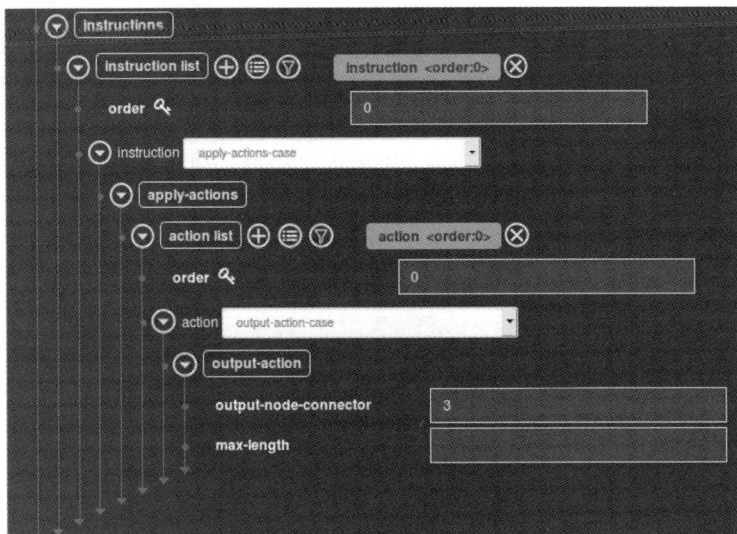

图 5-73 更改 output-node-connector 的值为 3

④ 修改其他参数设置。在新流表项中，priority、idle-timeout、hard-timeout、table_id 均保持不变，它们的值分别为 100、0、360、0，如图 5-74 所示。

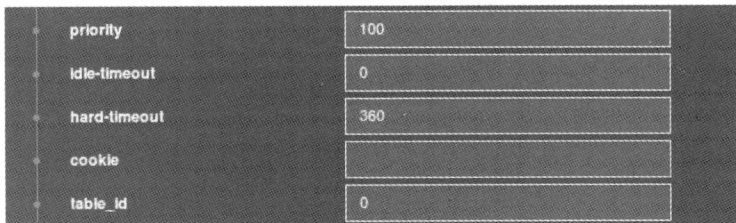

图 5-74 修改其他参数设置

⑤ 以上设置完毕后，确认 Actions 中的请求方法为 PUT，单击"Send"按钮即可下发流表项，提示"Request sent successfully"时表示下发成功，如图 5-75 所示。

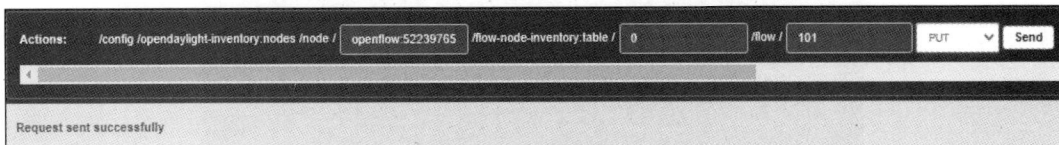

图 5-75 下发流表项

（18）下发新流表项，指导 pchost-3 回复给 pchost-2 的数据包走向。此流表项需要匹配以太网类型是 IPv4 且源 IPv4 地址是 10.2.2.130、目的 IPv4 地址是 10.2.2.129 的数据包，处理动作为输出到编号为 2 的网桥端口。

① 在 flow-id 为 101 的流表项设置清单中更改 flow list 下的 id 为 102，更改完成后 Actions 区域中的 flow-id 会自动更新为 102，如图 5-76 所示。

127

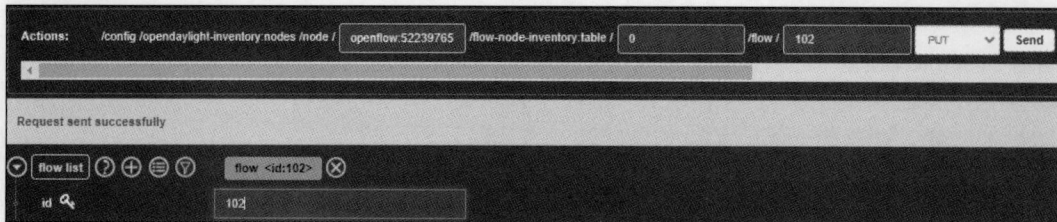

图 5-76　更改 flow list 下的 id 为 102

② 保留 ethernet-type 中的 type 设置，表示此流表项依旧要匹配 IPv4 的以太网类型。更改 layer-3-match ipv4-match 中的 ipv4-source 的值为 10.2.2.130/32，ipv4-destination 的值为 10.2.2.129/32，表示匹配的源 IPv4 地址为 10.2.2.130，匹配的目的 IPv4 地址为 10.2.2.129，如图 5-77 所示。

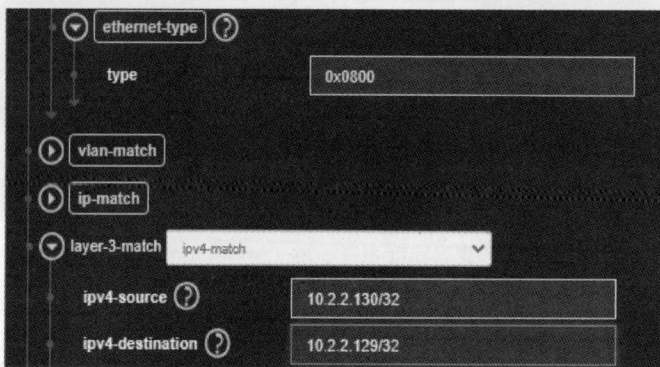

图 5-77　更改 ipv4-source 和 ipv4-destination 的值

③ 修改指令参数设置。这里只需更改 output-node-connector 的值为 2，表示该数据包最终的处理动作是输出到编号为 2 的网桥端口，如图 5-78 所示。

图 5-78　更改 output-node-connector 的值为 2

④ 设置其他流表项。在新流表项中，priority、idle-timeout、hard-timeout、table_id 均保持不变，它们的值分别为 100、0、360、0。

⑤ 以上设置完毕后，确认 Actions 中的请求方法为 PUT，单击"Send"按钮下发流表项，提示"Request sent successfully"时表示下发成功。

（19）新增流表项，禁止 pchost-2 ping pchost-1，此流表项可以匹配以太网类型为 IPv4 且源 IPv4 地址为 10.2.2.129、目的 IPv4 地址为 10.2.2.128 的数据包，动作为丢弃。

① 在 flow-id 为 102 的流表项设置清单中更改 flow list 下的 id 为 103，更改完成后 Actions 区域中的 flow-id 会自动更新为 103，如图 5-79 所示。

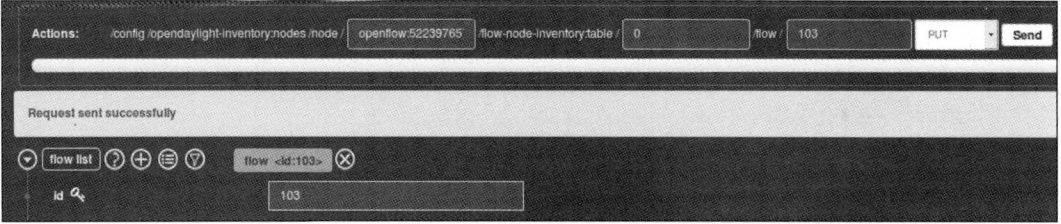

图 5-79　更改 flow list 下的 id 为 103

② 修改匹配域信息。保留 ethernet-type 中的 type 设置，表示此流表项依旧要匹配 IPv4 的以太网类型。更改 layer-3-match 中的 ipv4-source 的值为 10.2.2.129/32，ipv4-destination 的值为 10.2.2.128/32，表示匹配的源 IPv4 地址为 10.2.2.129，匹配的目的 IPv4 地址为 10.2.2.128，如图 5-80 所示。

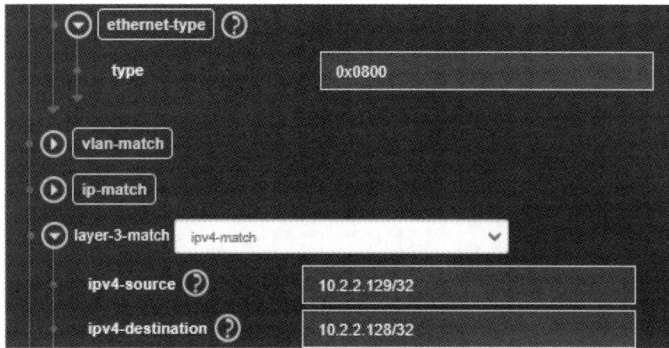

图 5-80　修改匹配域信息

③ 更改指令设置。由于新流表项的指令仍然是应用动作事件且动作类型也是 output-action-case，因此需将 action list 中的 action 设置为 drop-action-case，表示数据包的处理动作为丢弃（drop），如图 5-81 所示。

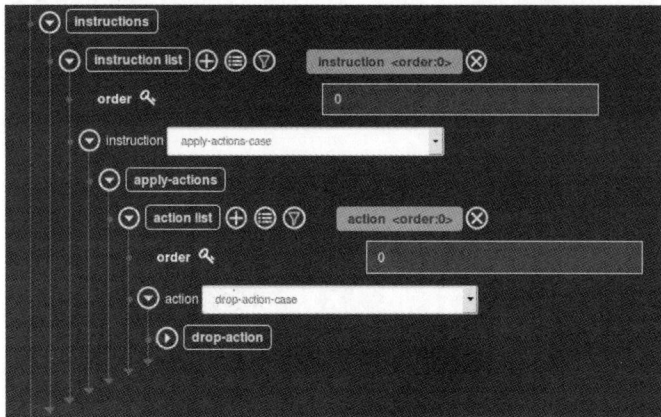

图 5-81　更改指令设置

④ 设置其他流表项。在新流表项中，priority、idle-timeout、hard-timeout、table_id 均保持不变，它们的值分别为 100、0、360、0。

⑤ 确认参数无误后，确认 Actions 区域中的方法是 PUT，单击"Send"按钮下发流表项，提示"Request sent successfully"时表示下发成功。

任务验证

本任务的具体验证过程如下。

（1）返回 switch 主机，使用如下命令查看下发流表项是否已经正常被网桥接收到。

```
root@switch:~# ovs-ofctl dump-flows br-sw
```

查看下发流表项的操作结果如图 5-82 所示。

```
root@switch:~# ovs-ofctl dump-flows br-sw
 cookie=0x0, duration=234.423s, table=0, n_packets=0, n_bytes=0, hard_timeout=360, priority=100,arp actions=NORMAL
 cookie=0x0, duration=113.892s, table=0, n_packets=0, n_bytes=0, hard_timeout=360, priority=100,ip,nw_src=10.2.2.129,nw_dst=10.2.2.1
30 actions=output:ens37
 cookie=0x0, duration=58.799s, table=0, n_packets=0, n_bytes=0, hard_timeout=360, priority=100,ip,nw_src=10.2.2.130,nw_dst=10.2.2.12
9 actions=output:ens36
 cookie=0x0, duration=8.402s, table=0, n_packets=0, n_bytes=0, hard_timeout=360, priority=100,ip,nw_src=10.2.2.129,nw_dst=10.2.2.128
 actions=drop
```

图 5-82　查看下发流表项的操作结果

（2）在 pchost-2 上分别执行 ping 命令，测试与 pchost-3 和 pchost-1 的通信。

```
root@pchost-2:~ # ping 10.2.2.130
```

ping 10.2.2.130 的操作结果如图 5-83 所示。

```
root@pchost-2:~# ping 10.2.2.130
PING 10.2.2.130 (10.2.2.130) 56(84) bytes of data.
64 bytes from 10.2.2.130: icmp_seq=1 ttl=64 time=6.49 ms
64 bytes from 10.2.2.130: icmp_seq=2 ttl=64 time=1.97 ms
64 bytes from 10.2.2.130: icmp_seq=3 ttl=64 time=2.54 ms
64 bytes from 10.2.2.130: icmp_seq=4 ttl=64 time=1.87 ms
^C
--- 10.2.2.130 ping statistics ---
4 packets transmitted, 4 received, 0% packet loss, time 3005ms
rtt min/avg/max/mdev = 1.872/3.220/6.496/1.908 ms
```

图 5-83　ping 10.2.2.130 的操作结果

```
root@pchost-2:~ # ping 10.2.2.128
```

ping 10.2.2.128 的操作结果如图 5-84 所示。

```
root@pchost-2:~# ping 10.2.2.128
PING 10.2.2.128 (10.2.2.128) 56(84) bytes of data.
^C
--- 10.2.2.128 ping statistics ---
6 packets transmitted, 0 received, 100% packet loss, time 5018ms

root@pchost-2:~#
```

图 5-84　ping 10.2.2.128 的操作结果

（3）返回 switch，查看测试后的流表项匹配情况。

```
root@switch:~# ovs-ofctl dump-flows br-sw
```

测试后的流表项匹配情况如图 5-85 所示。

```
root@switch:~# ovs-ofctl dump-flows br-sw
 cookie=0x0, duration=112.152s, table=0, n_packets=6, n_bytes=360, hard_timeout=360, priority=100,arp actions=NORMAL
 cookie=0x0, duration=88.711s, table=0, n_packets=5, n_bytes=490, hard_timeout=360, priority=100,ip,nw_src=10.2.2.129,nw_dst=10.2.2.
130 actions=output:ens37
 cookie=0x0, duration=75.175s, table=0, n_packets=5, n_bytes=490, hard_timeout=360, priority=100,ip,nw_src=10.2.2.130,nw_dst=10.2.2.
129 actions=output:ens36
 cookie=0x0, duration=54.645s, table=0, n_packets=6, n_bytes=588, hard_timeout=360, priority=100,ip,nw_src=10.2.2.129,nw_dst=10.2.2.
128 actions=drop
```

图 5-85　测试后的流表项匹配情况

由图 5-86 可以看出匹配 ARP 的流表项命中次数是 6（n_packets=6）；动作为 output:ens37 的流表项匹配了 5 次，动作为 output:ens36 的流表项也匹配了 5 次，说明 ping pchost-3 的测试发包和回包都正常匹配并转发成功；而动作为 drop 的流表项匹配了 6 次，与 ping pchost-1 测试的发送的数据包数量一致，说明数据包被全部拦截。

5.4.4　任务 4　使用 Postman 下发三层流表实现通信控制

🖊 任务规划

微课视频

在公司业务测试环境中使用 OpenDayLight+OVS 的组网架构，基于 OpenFlow 1.0，通过 Postman 工具，使用可编程方式下发流表，实现公司业务主机三层通信控制。其具体步骤如下。

（1）启动 OpenDayLight 控制器。

（2）启动并配置 OVS，修改支持的协议类型和工作模式。

（3）配置 Postman 工具连接 OpenDayLight 控制器，下发三层流表。

🖊 任务实施

> **提示**　本任务的初始环境配置与本项目任务 3 的步骤（1）～（13）完全相同，读者可参考配置方法重新搭建，也可以使用 VMW 内置的快照功能进行实验环境的恢复。

本任务具体实施过程如下。

（1）返回 controller 节点，启动终端命令行，切换为 root 用户，启动 Postman 工具。

（2）对 Postman 进行基础配置。

① 配置 Authorization（鉴权）信息。将鉴权类型（Type）更改为 Basic Auth，在右侧填写访问 OpenDayLight 的 restconf 的用户名和密码（默认用户为 admin，密码为 admin），如图 5-86 所示。

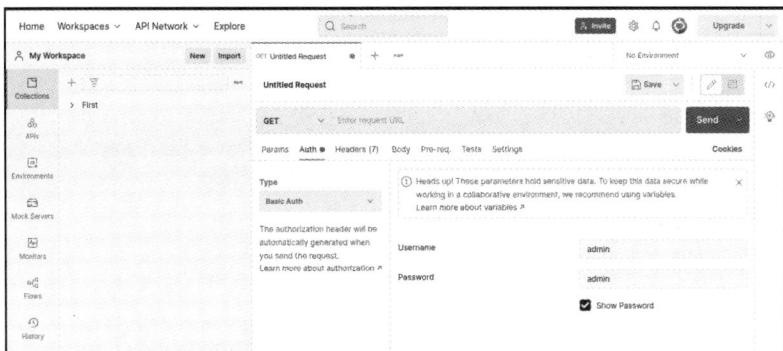

图 5-86　配置 Authorization 信息

② 配置 Headers（头部）信息。在 Postman 中的"Headers"选项卡中增加一条设置，其中 KEY 为 Content-Type，VALUE 为 application/json（这条设置用于配置用户填写的代码的默认格式），如图 5-87 所示。

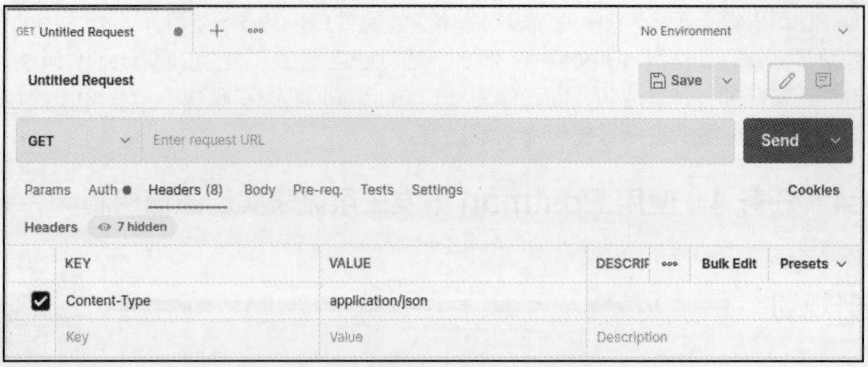

图 5-87　配置 Headers 信息

（3）下发第 1 条流表，使所有 ARP 数据包均执行 NORMAL 动作。应保证二层通信正常，流表项根据要求设置为 360s 过期（硬超时为 360s），优先级为 100，流表项 ID 为 100。

① 在 GET 下拉列表中选择"PUT"选项，表示将方法更改为 PUT。在 URL 文本框中输入如下格式的信息，如图 5-88 所示。

http://localhost:8181/restconf/config/opendaylight-inventory:nodes/node/openflow:52228214091/flow-node-inventory:table/0/flow/100

其中，openflow:52228214091 代表在 Web-UI 的 Topology 页面中获取到的交换机节点 ID（node-id），0 代表流表 ID（table-id），100 代表流表项 ID（flow-id）。输入完成之后，单击 Postman 中的其他空白处，即可退出编辑 URL。

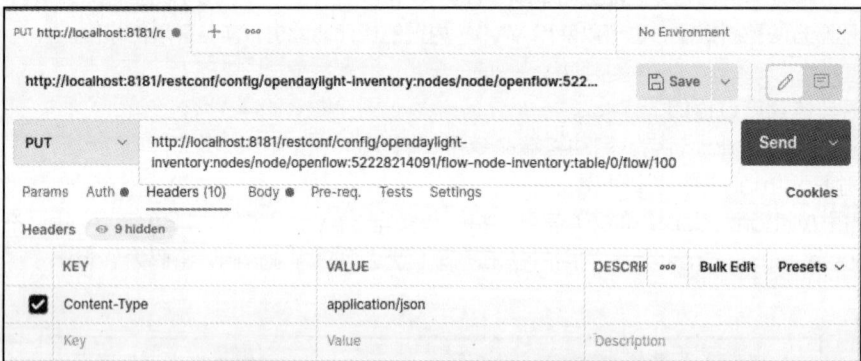

图 5-88　在 URL 文本框中输入信息（1）

② 选择"Body"选项卡，选择"raw"选项，填写如下代码格式（是注释，可忽略）。

```
{ #开始设置流表
    "flow": [
        { #开始一个流表项配置
            "id": "100", #设置流表项的 ID，这里设置为 100
            "match": { #开始设置匹配域信息
                "ethernet-match": { #开始设置 2 层匹配信息
                    "ethernet-type": { #设置匹配的 2 层以太网类型
                        "type": "0x0806" #设置以太网类型为 0x0806（ARP）
                    } #结束 2 层以太网类型匹配设置
                } #结束 2 层匹配信息设置
            }, #结束匹配域信息配置
...
```

③ 单击 "Send" 按钮，将设置推送到 OpenDayLight 中，如果页面右下方的 Status 为 "200 OK"，则说明推送成功，如图 5-89 所示。

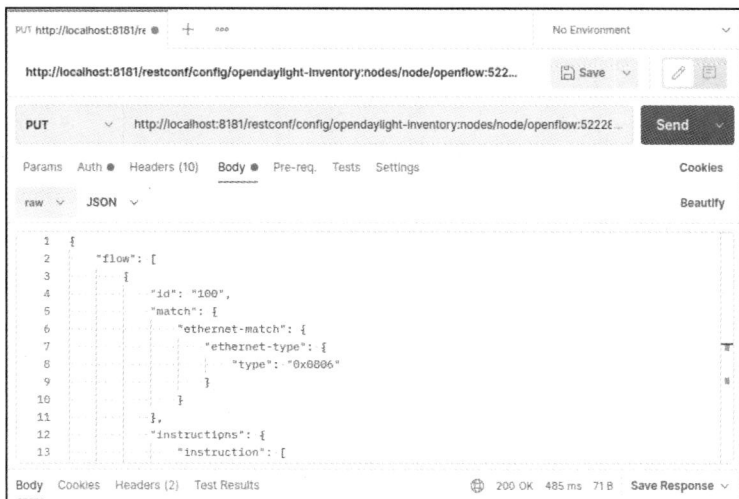

图 5-89　将设置推送到 OpenDayLight 中（1）

（4）下发第 2 条流表项，指导 pchost-2 发往 pchost-3 的 IP 通信数据包的流向。此流表项匹配 IPv4 以太网类型且源 IP 地址为 10.2.2.129、目的地址是 10.2.2.130 的数据包，处理动作为将数据包输出到网桥的 3 端口，即 pchost-3 连接的网桥端口。其流表项优先级为 100，流表项硬超时时间为 360s，流表项 ID 为 101，流表 ID 为 0。

① 在 URL 文本框中输入如下格式的信息，如图 5-90 所示。

http://localhost:8181/restconf/config/opendaylight-inventory:nodes/node/openflow:52228214091/flow-node-inventory:table/0/flow/101

其中，openflow:52228214091 代表在 Web-UI 的 Topology 页面中获取到的交换机节点 ID（node-id），0 代表流表 ID（table-id），101 代表流表项 ID（flow-id）。输入完成之后，单击 Postman 中的其他空白处，即可退出编辑 URL。

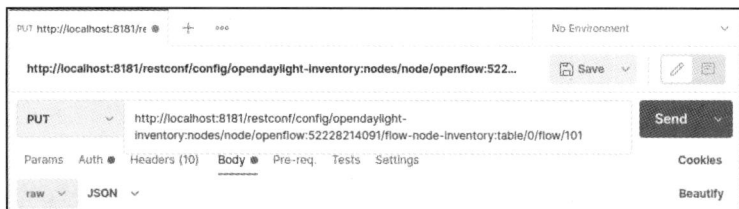

图 5-90　在 URL 文本框中输入信息（2）

② 选择 "Body" 选项卡，填写如下代码格式。

```
{ #开始流表设置
    "flow": [
        { #开始一个流表项设置
            "id": "101", #设置流表项的 ID，这里为 101
            "match": { #开始设置匹配域信息
                "ethernet-match": { #开始设置 2 层匹配信息
                    "ethernet-type": { #开始设置 2 层以太网类型信息
                        "type": "0x0800" #设置以太网类型为 0x0800（IPv4）
```

```
        } #结束以太网类型信息配置
      }, #结束 2 层匹配信息配置
      "ipv4-source": "10.2.2.129/32",
#匹配源 IPv4 地址，这里设置为 10.2.2.129/32，表示匹配源 IPv4 地址为 10.2.2.129 的数据包
      "ipv4-destination": "10.2.2.130/32"
#匹配目的 IPv4 地址，这里设置为 10.2.2.130/ 32，表示匹配目的 IPv4 地址为 10.2.2.130 的数据包
      }, #结束匹配域信息配置
…
```

③ 单击"Send"按钮，将设置推送到 OpenDayLight 中，如果页面右下方的 Status 为"200 OK"，则说明推送成功，如图 5-91 所示。

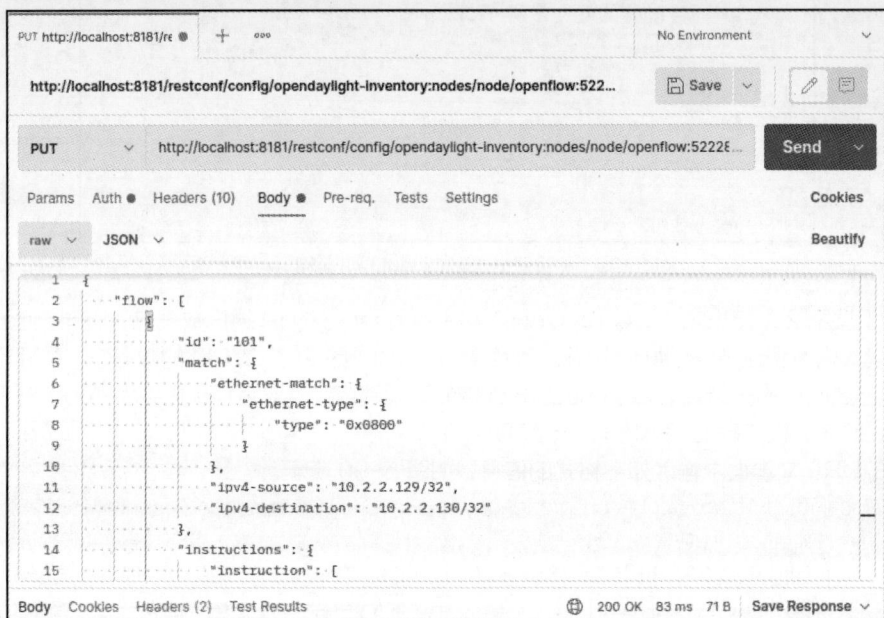

图 5-91　将设置推送到 OpenDayLight 中（2）

（5）下发第 3 条流表项，指导 pchost-3 回复给 pchost-2 的数据包走向。此流表项需要匹配以太网类型是 IPv4 且源 IPv4 地址是 10.2.2.130、目的 IPv4 地址是 10.2.2.129 的数据包，处理动作为输出到编号为 2 的网桥端口。其流表项优先级为 100，流表项硬超时时间为 360s，流表项 ID 为 102，流表 ID 为 0。

① 在 URL 文本框中输入如下格式的信息，如图 5-92 所示。

http://localhost:8181/restconf/config/opendaylight-inventory:nodes/node/openflow:52228214091/flow-node-inventory:table/0/flow/102

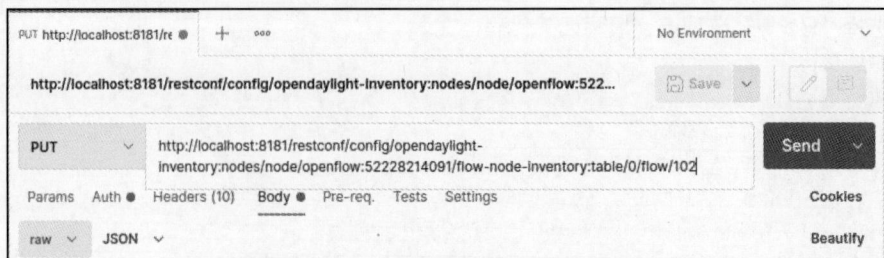

图 5-92　在 URL 输入框中输入信息（3）

② 选择"Body"选项卡，填写如下代码格式。

```
{ #开始流表设置
    "flow": [ #开始流表项配置
        { #开始一个流表项配置
            "id": "102", #设置流表项 ID
            "match": { #设置匹配域信息
                "ethernet-match": { #设置 2 层匹配信息
                    "ethernet-type": { #设置以太网类型配置
                        "type": "0x0800" #设置以太网类型为 0x0800（IPv4）
                    } #结束以太网类型配置
                }, #结束 2 层匹配信息配置
                "ipv4-source": "10.2.2.130/32",
#匹配源 IPv4 地址，这里设置为 10.2.2.130/32，表示匹配源 IPv4 地址为 10.2.2.130 的数据包
                "ipv4-destination": "10.2.2.129/32"
#匹配目的 IPv4 地址，这里设置为 10.2.2.129/ 32，表示匹配目的 IPv4 地址为 10.2.2.129 的数据包
            }, #结束匹配域信息配置
...
```

③ 单击"Send"按钮，将设置推送到 OpenDayLight 中，如果页面右下方的 Status 为"200 OK"，则说明推送成功，如图 5-93 所示。

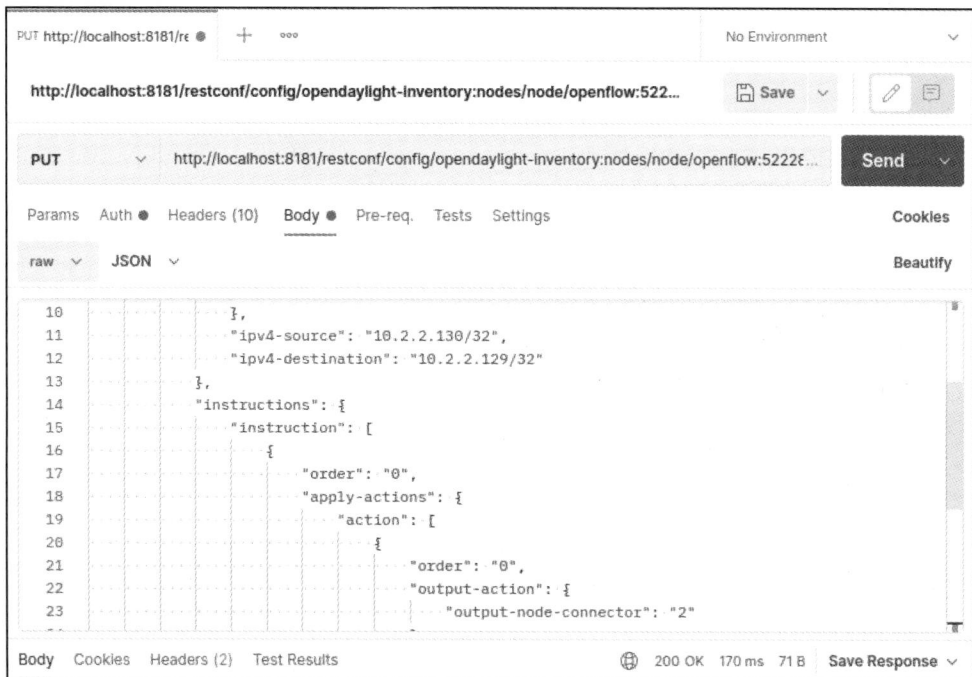

图 5-93　将设置推送到 OpenDayLight 中（3）

（6）下发第 4 条流表项，禁止 pchost-2 ping pchost-1。此流表项匹配以太网类型为 IPv4 且源 IPv4 地址为 10.2.2.129、目的 IPv4 地址为 10.2.2.128 的数据包，动作为丢弃。其流表项优先级为 100，流表项硬超时时间为 360s，流表项 ID 为 103，流表 ID 为 0。

① 在 URL 文本框中输入如下格式的信息，如图 5-94 所示。

http://localhost:8181/restconf/config/opendaylight-inventory:nodes/node/openflow:52228214091/flow-node-inventory:table/0/flow/103

135

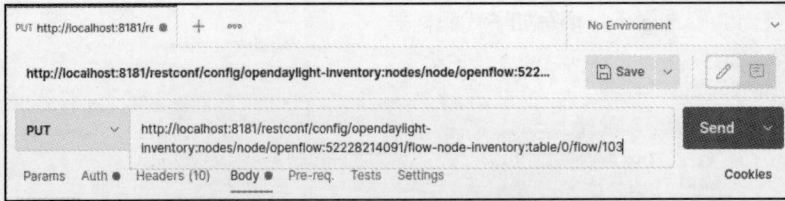

图 5-94　在 URL 文本框中输入信息（4）

② 选择 "Body" 选项卡，填写如下代码格式。

```
{ #开始流表配置
    "flow": [ #开始流表项配置
        { #开始一个流表项配置
            "id": "103", #设置流表项 ID
            "match": { #开始设置匹配域信息
                "ethernet-match": { #开始 2 层匹配信息
                    "ethernet-type": { #开始以太网类型配置
                        "type": "0x800" #配置以太网类型为 0x0800（IPv4）
                    } #结束以太网类型配置
                }, #结束 2 层匹配信息配置
                "ipv4-source": "10.2.2.129/32", #配置匹配的源 IPv4 地址为 10.2.2.129/32
                "ipv4-destination": "10.2.2.128/32" #配置匹配的目的 IPv4 地址为 10.2.2.128/32
            }, #结束匹配域信息配置
            …
```

③ 单击 "Send" 按钮，将设置推送到 OpenDayLight 中，如果页面右下方的 Status 为 "200 OK"，则说明推送成功，如图 5-95 所示。

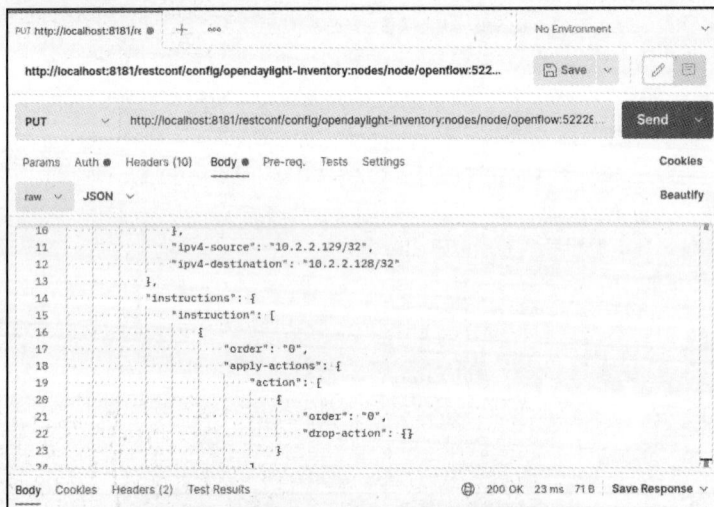

图 5-95　将设置推送到 OpenDayLight 中（4）

任务验证

本任务的具体验证过程如下。

（1）返回 switch 主机，使用如下命令查看下发流表是否已经被网桥正常接收到。

```
root@switch:~# ovs-ofctl dump-flows br-sw
```

查看下发流表的操作结果如图 5-96 所示。

```
root@switch:~# ovs-ofctl dump-flows br-sw
 cookie=0x0, duration=197.154s, table=0, n_packets=0, n_bytes=0, hard_timeout=360, priority=100,ip,nw_src=10.2.2.129,nw_dst=10.2.2.1
30 actions=output:ens37
 cookie=0x0, duration=197.153s, table=0, n_packets=0, n_bytes=0, hard_timeout=360, priority=100,ip,nw_src=10.2.2.130,nw_dst=10.2.2.1
29 actions=output:ens36
 cookie=0x0, duration=197.167s, table=0, n_packets=0, n_bytes=0, hard_timeout=360, priority=100,ip,nw_src=10.2.2.129,nw_dst=10.2.2.1
28 actions=drop
 cookie=0x0, duration=197.162s, table=0, n_packets=0, n_bytes=0, hard_timeout=360, priority=100,arp actions=NORMAL
```

图 5-96　查看下发流表的操作结果

（2）在 pchost-2 上分别执行 ping 命令，测试与 pchost-3 和 pchost-1 的通信。

```
root@pchost-2:~$ ping 10.2.2.128
root@pchost-2:~$ ping 10.2.2.130
```

执行 ping 命令测试的操作结果如图 5-97 所示。

```
root@pchost-2:~# ping 10.2.2.128
PING 10.2.2.128 (10.2.2.128) 56(84) bytes of data.
^C
--- 10.2.2.128 ping statistics ---
3 packets transmitted, 0 received, 100% packet loss, time 2031ms

root@pchost-2:~# ping 10.2.2.130
PING 10.2.2.130 (10.2.2.130) 56(84) bytes of data.
64 bytes from 10.2.2.130: icmp_seq=1 ttl=64 time=1.02 ms
64 bytes from 10.2.2.130: icmp_seq=2 ttl=64 time=0.747 ms
64 bytes from 10.2.2.130: icmp_seq=3 ttl=64 time=0.805 ms
64 bytes from 10.2.2.130: icmp_seq=4 ttl=64 time=0.705 ms
^C
--- 10.2.2.130 ping statistics ---
4 packets transmitted, 4 received, 0% packet loss, time 3055ms
rtt min/avg/max/mdev = 0.705/0.820/1.026/0.128 ms
```

图 5-97　执行 ping 命令测试的操作结果

由图 5-98 可以看到，当前 ping 10.2.2.128 的测试中一共有 3 个数据包传输出去，0 个数据包被接收，丢失 100%数据包；而 ping 10.2.2.130 的测试中一共有 4 个数据包传输出去，有 4 个数据包被接收，说明到 10.2.2.130 的链路通信已经正常。

（3）返回 switch，查看测试后的流表项匹配情况。

```
root@switch:~# ovs-ofctl dump-flows br-sw
```

查看测试后的流表项匹配情况的操作结果如图 5-98 所示。

```
root@switch:~# ovs-ofctl dump-flows br-sw
 cookie=0x0, duration=297.881s, table=0, n_packets=6, n_bytes=360, hard_timeout=360, priority=100,arp actions=NORMAL
 cookie=0x0, duration=113.789s, table=0, n_packets=4, n_bytes=392, hard_timeout=360, priority=100,ip,nw_src=10.2.2.129,nw_dst=10.2.2
.130 actions=output:ens37
 cookie=0x0, duration=42.020s, table=0, n_packets=4, n_bytes=392, hard_timeout=360, priority=100,ip,nw_src=10.2.2.130,nw_dst=10.2.2.
129 actions=output:ens36
 cookie=0x0, duration=19.826s, table=0, n_packets=3, n_bytes=294, hard_timeout=360, priority=100,ip,nw_src=10.2.2.129,nw_dst=10.2.2.
128 actions=drop
```

图 5-98　查看测试后的流表项匹配情况的操作结果

由图 5-98 和图 5-99 可以看出，actions 为 output:ens37 的流表项被匹配了 4 次，与 pchost-2 上 ping 10.2.2.130 的发包数量一致（4 packets transmitted）；actions 为 output:ens36 的流表项被匹配了 4 次，与 pchost-2 上 ping 10.2.2.130 的收包数量一致（4 received）；actions 为 drop 的流表项匹配了 3 次，与 pchost-2 上 ping 10.2.2.128 的发包数量一致；actions 为 NORMAL 的流表项被匹配了 6 次，说明在 ping 测试过程中共产生了 6 次 ARP 通信（包括 3 次 ARP 询问和 3 次 ARP 答复）。

5.5 项目习题

一、选择题

1. OpenDayLight 默认监听端口为（　　）。

A. 6654　　B. 6633　　C. 8181　　D. 8080

2. 在 YangUI 中，ip-protocol 的值为（　　　）时表示匹配 TCP 数据包。

   A. 16　　　　　　　　B. 17　　　　　　　　C. 6　　　　　　　　D. 7

二、填空题

1. OpenDayLight 是一款＿＿＿＿＿＿控制器。

2. OpenDayLight 在命令行中通过＿＿＿＿＿＿命令安装 odl-restconf 组件。

3. OpenDayLight 可以在命令行中通过＿＿＿＿＿＿和＿＿＿＿＿＿命令退出控制台。

4. OpenDayLight 用于管理流表的 Module 是＿＿＿＿＿＿。

5. 在 YangUI 中，output-action-case 表示＿＿＿＿＿＿，drop-action-case 表示＿＿＿＿＿＿。

6. 在控制器组件加载过程中，＿＿＿＿＿＿组件监听 8080 端口，＿＿＿＿＿＿组件监听 8181 端口＿＿＿＿＿＿，组件监听 6633 端口。

三、简答题

OpenFlow 1.0 协议与 OpenFlow 1.3 协议有何不同？

项目6
基于ONOS搭建SDN集群

06

学习目标

（1）了解ONOS控制器的基本架构。

（2）掌握ONOS控制器的安装和使用。

（3）掌握ONOS控制器集群与监控配置。

6.1 项目背景

在前面的项目中，公司网络中都只部署了一台控制器，无法保证网络运行的稳定性和可靠性，网络管理员计划使用主备方式部署多台控制器解决这一问题。部署多台控制器不但可以实现流量的负载均衡，而且在主控制器发生故障时，备份的控制器能够接替主控制器的工作，确保业务平稳运行。经研究和对比，本项目决定采用 ONOS 控制器进行集群的部署和测试。

项目拓扑如图 6-1 所示。

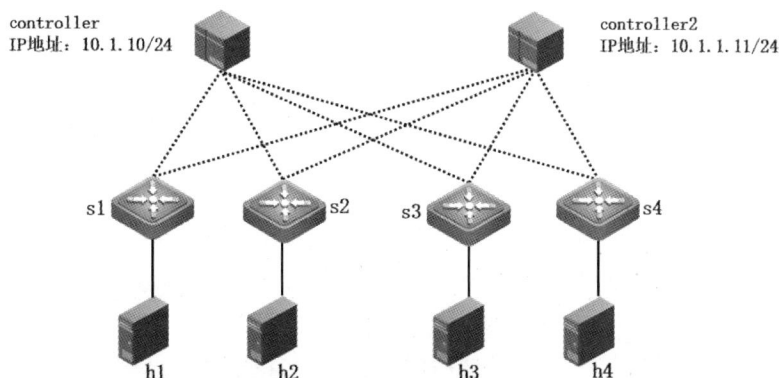

图 6-1 项目拓扑

角色规划如表 6-1 所示。

表 6-1 角色规划

主机名称	端口	IP 地址	用途	LAN 区段
controller	ens33	由 DHCP 分配	连接互联网	
	ens34	10.1.1.10/24	SDN 控制网	LAN0
controller2	ens33	由 DHCP 分配	连接互联网	
	ens34	10.1.1.11/24	SDN 控制网	LAN0

6.2 项目需求分析

本项目在 SDN 环境下部署 ONOS 控制器，并结合 Mininet 模拟工具进行测试。通过主备方式部署 ONOS 控制器，模拟故障观察 ONOS 控制器能否实现负载均衡和冗余功能。在 ONOS 控制器的 UI 中实现流量的可视化。

综上所述，本项目设计如下几项任务。

（1）安装与使用 ONOS 控制器。

（2）使用 ONOS 控制器搭建 SDN 集群。

6.3 项目相关知识

6.3.1 ONOS 控制器概述

ONOS 是由 ON.Lab 社区发布和维护的开源网络操作系统。ONOS 的主要目的是为 SDN 提供控制器平面组件和管理网络组件，使用户在 ONOS 之上运行软件程序或模块，以及向终端主机和邻居网络提供网络服务。

ONOS 对网络及设备进行了更深层次的抽象，对用户屏蔽了底层网络硬件、协议及接口等实现细节，用户可以直接在 ONOS 的内核上层编写应用程序。ONOS 从设计之初就是为了满足最苛刻的运营商网络所提出的要求，它的许多机制都用于确保网络及连接的可靠性，同时保障高可用性。ONOS 在北向接口上能支持数百万个应用程序的操作请求，对网络事件的响应能保持在 50ms 以下，还能支持控制面的横向扩容。ONOS 同样使用了模块化的概念，用户能通过模块的形式对应用程序进行灵活的增加和删除。ONOS 对外开放北向 API，用户能基于这些北向 API 开发应用程序；ONOS 也支持许多南向协议，如 P4、OpenFlow、NETCONF、SNMP、restconf 等。

1. ONOS 控制器架构

ONOS 采用了分层架构的设计理念，其分层架构如图 6-2 所示。

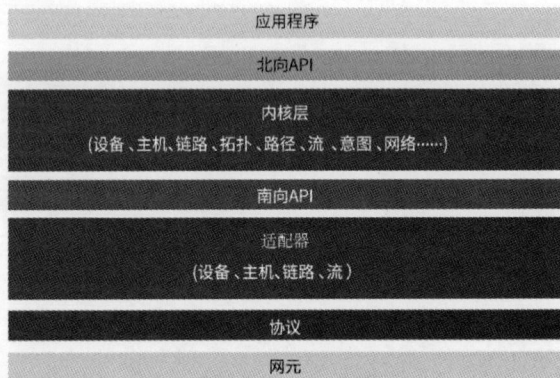

图 6-2 ONOS 的分层架构

ONOS 的分层架构包括 7 层，从上到下分别为应用程序、北向 API[NB(Consumers) API]、内核层[Core（设备、主机、链路、拓扑、路径、流、意图、网络等）]，南向 API[SB（Providers）API]、适配器[Providers（设备、主机、链路、流）]、协议（Protocols）、网元（Network Elements）。其中，内核层使用的是分布式架构，主要负责实现控制器的基本功能。在内核层中，ONOS 使用了 Floodlight 模块来实现控制器的基本功能，如交换机的管理、链路管理、流表管理等。在 ONOS 中，用于实现控制器基本功能的模块称为服务或子系统。ONOS 定义了几种主要服务或子系统,具体如下。

（1）设备子系统：用于管理基础架构设备。

（2）连接子系统：用于管理基础架构连接。

（3）主机子系统：用于管理终端主机及终端主机所在网络上的位置。

（4）拓扑子系统：用于管理按时间顺序排列的网络视图快照。

（5）路径服务：用于通过最新的拓扑快照计算来查找基础设备之间或终端主机之间的路径。

（6）流规则子系统：用于管理基础设备的流规则并提供流表计量。

（7）数据包子系统：允许监听从网络设备上接收到的数据包,并将数据包通过网络设备进行输出。

2. ONOS 常用命令

ONOS 常用命令如表 6-2 所示。

表 6-2　ONOS 常用命令

常用命令	作用
app activate ModuleName	为 ONOS 激活 ModuleName 模块
apps	列出 ONOS 中应用程序的信息
devices	列出所有基础架构的设备
flows	列出所有当前已知的流信息
get-stats	列出统计信息
hosts	列出当前已知的主机信息
links	列出所有链接的信息
metrics	列出系统中已有的计量信息
nodes	列出所有控制器集群节点
ports	列出所有设备上的端口信息
topology	列出 ONOS 拓扑的摘要信息
logout	注销身份,退出已登录的命令行并退出 ONOS
system:shutdown	关闭并退出 ONOS

3. ONOS 的 Web-UI 模块

ONOS 启动之后,默认情况下将自动启动 Web-UI 模块,监听端口为 8181。默认情况下,ONOS 的图形界面地址为"http://<controller-ip>:8181/onos/ui/index.html",界面默认登录用户为 onos,默认密码为 rocks。ONOS 登录界面如图 6-3 所示。

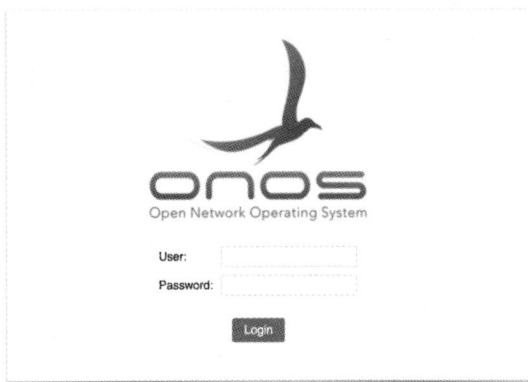

图 6-3　ONOS 登录界面

ONOS 首页如图 6-4 所示。ONOS 首页顶部是导航窗，主要用于显示导航菜单按钮、ONOS 图标、使用帮助及用户名。除了导航窗以外，默认情况下界面中显示的是拓扑视图，其中包括 ONOS 集群节点面板、ONOS 摘要面板和拓扑工具栏。

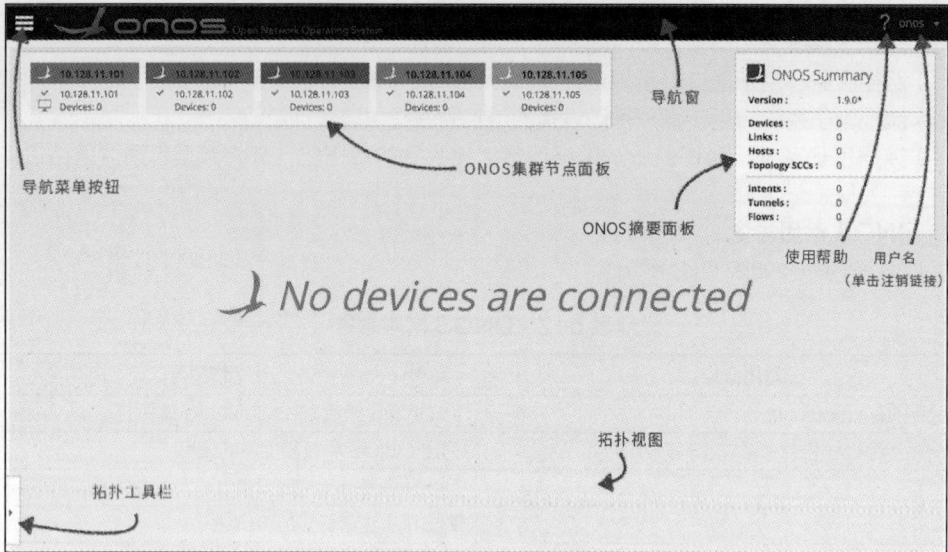

图 6-4　ONOS 首页

4. ONOS 的应用程序

ONOS 在启动后，默认只激活维持基本图形界面和命令行界面运行的相关模块。如果需要管理交换机等功能，那么需要用户通过图形界面或命令行界面激活对应的应用程序。激活应用程序的 3 条关键命令如表 6-3 所示。

表 6-3　激活应用程序的 3 条关键命令

命令	作用
app activate org.onosproject.openflow	激活 OpenFlow 功能
app activate org.onosproject.fwd	激活二层转发功能
app activate org.onosproject.mobility	激活主机监测功能

备注：默认情况下，ONOS 通过监听 6633 端口提供控制器服务，通过监听 8181 端口提供 Web-UI 服务。

6.3.2　ONOS 集群

在网络中，如果仅使用一台控制器对网络进行集中管理，那么当控制器出现故障时，将导致整个网络不可用。通过创建控制器集群可以解决这一问题。ONOS 在 1.14 版本之后开始支持构建 ONOS 控制器集群。在 ONOS 的定义中，默认情况下允许单台 OpenFlow 交换机连接多台控制器，但同一时间仅能有一台主控制器，其他连接上的控制器均为备份控制器。一旦主控制器出现故障或失去连接，备份控制器就能接管主控制器的功能。

在多台服务器上启动了 ONOS 之后，通过执行 onos-form-cluster 命令即可构建集群。

两台服务器构建 ONOS 集群的示例命令如下。

```
root@hostname:~# /opt/onos/bin/onos-form-cluster SERVER1-IP　SERVER2-IP
```

在执行了构建集群的命令后，默认情况下，ONOS 服务会自动重启一次，用于重新加载集群相关的命令和模块。在 ONOS 服务重启完毕后，即可使用 ONOS 集群的常用命令来维护集群，如表 6-4 所示。

表 6-4　ONOS 集群的常用命令

常用命令	作用
masters	列出当前连接的所有交换机设备
balance-masters	重新平衡 ONOS 集群的负载

6.4　项目实践

6.4.1　任务 1　安装与使用 ONOS 控制器

微课视频

任务规划

基于源代码安装 ONOS 控制器，配置 Mininet 连接 ONOS 控制器。其具体步骤如下。
（1）上传对应软件包到控制器节点上。
（2）安装 ONOS 控制器。
（3）使用 Mininet 创建拓扑并连接 ONOS 控制器。
任务拓扑如图 6-5 所示。

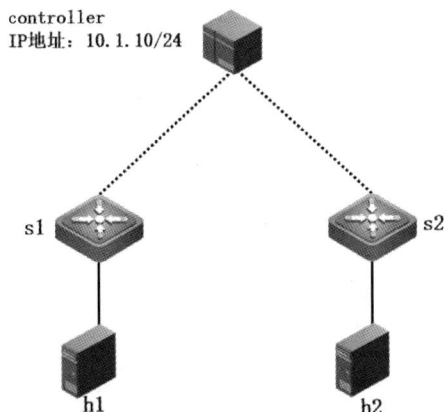

图 6-5　任务拓扑

任务实施

本任务具体实施过程如下。
（1）登录控制器，执行 ping www.baidu.com 命令，测试与外网的连通情况。
（2）将提前准备好的 ONOS 软件包导入控制器节点，并查看上传结果。

```
root@controller:~# ls /usr/local/ | grep onos
onos-1.12.1.tar.gz
```

（3）获取到的源代码包格式是压缩文件格式，因此需要将源代码包使用 tar 命令进行解压。现将压缩包解压到“/opt”目录下。

```
root@controller:/usr/local# tar -zxf onos-1.12.1.tar.gz -C /opt
```

（4）将解压后的目录名称从 onos-1.12.1 修改为 onos。

```
root@controller: ~ # mv /opt/onos-1.12.1/ /opt/onos
```

（5）复制 ONOS 自带的服务文件，以便将 ONOS 作为服务运行。

```
root@controller: ~ # cp /opt/onos/init/onos.initd /etc/init.d/onos
root@controller: ~ # cp /opt/onos/init/onos.conf /etc/init/onos.conf
```

（6）启动 ONOS 控制器（ONOS 依赖于 Java 平台，本任务中默认已经部署了 Java 8 平台）。

```
root@controller: ~ # /opt/onos/bin/onos-service start
```

启动 ONOS 控制器的操作结果如图 6-6 所示。

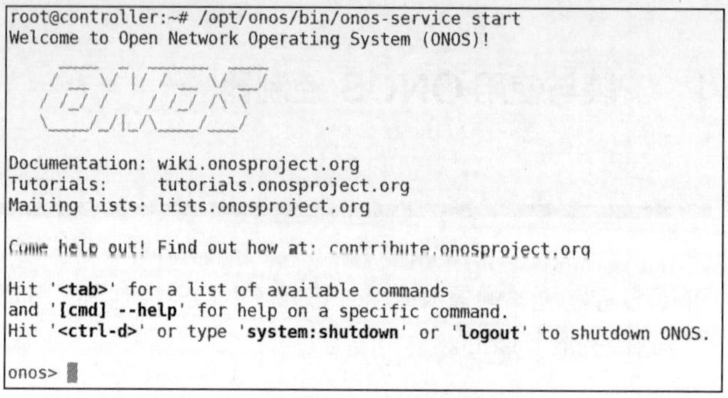

```
root@controller:~# /opt/onos/bin/onos-service start
Welcome to Open Network Operating System (ONOS)!

Documentation: wiki.onosproject.org
Tutorials:     tutorials.onosproject.org
Mailing lists: lists.onosproject.org

Come help out! Find out how at: contribute.onosproject.org

Hit '<tab>' for a list of available commands
and '[cmd] --help' for help on a specific command.
Hit '<ctrl-d>' or type 'system:shutdown' or 'logout' to shutdown ONOS.

onos>
```

图 6-6　启动 ONOS 控制器的操作结果

可以看出，ONOS 控制器已经运行，运行时将占用一个会话窗口。

（7）ONOS 控制器类似于 OpenDayLight 控制器，要保证其正常提供服务，需要在命令行中使用如下命令安装必要组件。

```
onos>app activate org.onosproject.openflow     #安装 OpenFlow 的支持
onos>app activate org.onosproject.fwd          #安装二层交换的支持
onos>app activate org.onosproject.mobility     #安装主机组件的支持
```

安装必要组件的操作结果如图 6-7 所示。

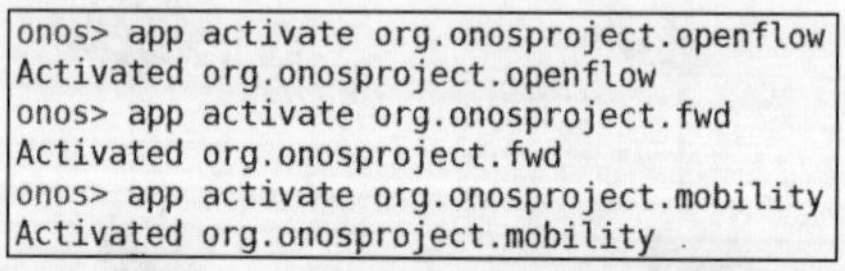

```
onos> app activate org.onosproject.openflow
Activated org.onosproject.openflow
onos> app activate org.onosproject.fwd
Activated org.onosproject.fwd
onos> app activate org.onosproject.mobility
Activated org.onosproject.mobility
```

图 6-7　安装必要组件的操作结果

（8）登录 Mininet 主机，打开终端命令行，切换为 root 用户。根据任务需求执行如下命令，创建一个树状拓扑。

```
root@mininet: ~ # mn --topo=linear,2,1 --switch=ovs,protocols=OpenFlow10
--controller=remote,ip=10.1.1.10,port=6633
```

任务验证

本任务的具体验证过程如下。

（1）登录控制器主机，打开终端命令行，切换为 root 用户，查看 ONOS 控制器监听端口的状态。

```
classroom@controller:~$ su -
root@controller:~# ss -tlnp | grep 6633
root@controller:~# ss -tlnp | grep 8181
```

查看 ONOS 控制器监听端口的操作结果如图 6-8 所示。

```
root@controller:~# ss -tlnp | grep 6633
LISTEN 129    128           *:6633        *:*      users:(("java",pid=31534,fd=465))
root@controller:~# ss -tlnp | grep 8181
LISTEN 0      50            *:8181        *:*      users:(("java",pid=31534,fd=486))
```

图 6-8　查看 ONOS 控制器监听端口的操作结果

由图 6-8 可以看出，端口都已经正常启用。其中，8181 是 ONOS 的 Web-UI 监听端口，6633 是 ONOS 的控制服务监听端口。

（2）在交互式命令行中执行如下命令，查看交换机详细信息。

mininet> sh ovs-vsctl show

查看交换机详细信息的操作结果如图 6-9 所示。

```
mininet> sh ovs-vsctl show
f97e57f7-7f9b-49a8-9699-64cb6dfe520c
    Bridge "s1"
        Controller "tcp:10.1.1.10:6633"
            is_connected: true
        Controller "ptcp:6654"
        fail_mode: secure
        Port "s1-eth1"
            Interface "s1-eth1"
        Port "s1-eth2"
            Interface "s1-eth2"
        Port "s1"
            Interface "s1"
                type: internal
    Bridge "s2"
        Controller "tcp:10.1.1.10:6633"
            is_connected: true
        Controller "ptcp:6655"
        fail_mode: secure
        Port "s2-eth1"
            Interface "s2-eth1"
        Port "s2-eth2"
            Interface "s2-eth2"
        Port "s2"
            Interface "s2"
                type: internal
    ovs_version: "2.9.8"
```

图 6-9　查看交换机详细信息的操作结果

由图 6-9 可以看出，拓扑中所有交换机都连接上了控制器 10.1.1.10，交换机的工作模式是 secure。

（3）在交互式命令行中执行如下命令，查看流表信息。

mininet> sh ovs-ofctl dump-flows s1
mininet> sh ovs-ofctl dump-flows s2
mininet> sh ovs-ofctl dump-flows s3

查看流表信息的操作结果如图 6-10 所示（以 s1 为例）。

```
mininet> sh ovs-ofctl dump-flows s1
 cookie=0x10000021b41dc, duration=83.251s, table=0, n_packets=0, n_bytes=0, priority=5,ip actions=CONTROLLER:65535
 cookie=0x1000000ea1bfb, duration=83.250s, table=0, n_packets=0, n_bytes=0, priority=5,arp actions=CONTROLLER:65535
 cookie=0x100000ea6f4b8e, duration=83.250s, table=0, n_packets=0, n_bytes=0, priority=40000,arp actions=CONTROLLER:65535
 cookie=0x100009465555a, duration=83.250s, table=0, n_packets=55, n_bytes=4455, priority=40000,dl_type=0x88cc actions=CONTROLLER:65535
 cookie=0x100007a585b6f, duration=83.250s, table=0, n_packets=55, n_bytes=4455, priority=40000,dl_type=0x8942 actions=CONTROLLER:65535
```

图 6-10　查看流表信息的操作结果（1）

由图 6-10 可以看出，ONOS 控制器会自动进行 LLDP 链路发现，且 ONOS 控制器下发了默认流表来保证链路通信正常。

（4）在交互式命令行中执行 pingall 命令，测试拓扑中主机间的连通情况。

mininet> pingall

pingall 命令的操作结果如图 6-11 所示。

由图 6-11 可以看出，拓扑中的主机通信是正常的。

（5）在 pingall 测试后再次执行查看流表的命令（以 s1 为例）。

查看流表信息的操作结果如图 6-12 所示。

```
mininet> pingall
*** Ping: testing ping reachability
h1 -> h2 h3 h4
h2 -> h1 h3 h4
h3 -> h1 h2 h4
h4 -> h1 h2 h3
*** Results: 0% dropped (12/12 received)
```

图 6-11　pingall 命令的操作结果

```
mininet> sh ovs-ofctl dump-flows s1
 cookie=0x10000021b41dc, duration=210.352s, table=0, n_packets=16, n_bytes=1568, priority=5,ip actions=CONTROLLER:65535
 cookie=0x1000000ea1bfb, duration=210.351s, table=0, n_packets=0, n_bytes=0, priority=5,arp actions=CONTROLLER:65535
 cookie=0x10000ea6f4b8e, duration=210.351s, table=0, n_packets=18, n_bytes=756, priority=40000,arp actions=CONTROLLER:65535
 cookie=0x100009465555a, duration=210.351s, table=0, n_packets=137, n_bytes=11097, priority=40000,dl_type=0x88cc actions=CONTROLLER:65535
 cookie=0x100007a585b6f, duration=210.351s, table=0, n_packets=137, n_bytes=11097, priority=40000,dl_type=0x8942 actions=CONTROLLER:65535
 cookie=0x620000a094ab91, duration=4.332s, table=0, n_packets=1, n_bytes=98, priority=10,in_port="s1-eth1",dl_src=1a:3f:14:81:26:21,dl_dst=4e:aa:29:08:67:94 actions=output:"s1-eth2"
 cookie=0x620000c763131c, duration=4.323s, table=0, n_packets=1, n_bytes=98, priority=10,in_port="s1-eth2",dl_src=4e:aa:29:08:67:94,dl_dst=1a:3f:14:81:26:21 actions=output:"s1-eth1"
 cookie=0x620000262a534b, duration=4.316s, table=0, n_packets=1, n_bytes=98, priority=10,in_port="s1-eth1",dl_src=1a:3f:14:81:26:21,dl_dst=ae:9d:06:6c:77:1b actions=output:"s1-eth2"
 cookie=0x620000d6b0fca4, duration=4.307s, table=0, n_packets=1, n_bytes=98, priority=10,in_port="s1-eth1",dl_src=ae:9d:06:6c:77:1b,dl_dst=1a:3f:14:81:26:21 actions=output:"s1-eth1"
 cookie=0x620000078c98a6, duration=4.295s, table=0, n_packets=1, n_bytes=98, priority=10,in_port="s1-eth1",dl_src=56:7f:0a:c1:94:59,dl_dst=4e:aa:29:08:67:94 actions=output:"s1-eth2"
 cookie=0x6200004dda80b, duration=4.287s, table=0, n_packets=1, n_bytes=98, priority=10,in_port="s1-eth2",dl_src=4e:aa:29:08:67:94,dl_dst=56:7f:0a:c1:94:59 actions=output:"s1-eth1"
 cookie=0x620000263bef6f, duration=4.271s, table=0, n_packets=1, n_bytes=98, priority=10,in_port="s1-eth1",dl_src=56:7f:0a:c1:94:59,dl_dst=ae:9d:06:6c:77:1b actions=output:"s1-eth2"
 cookie=0x6200006b238331, duration=4.261s, table=0, n_packets=1, n_bytes=98, priority=10,in_port="s1-eth2",dl_src=ae:9d:06:6c:77:1b,dl_dst=56:7f:0a:c1:94:59 actions=output:"s1-eth1"
```

图 6-12　查看流表信息的操作结果（2）

由图 6-12 可以看出，在进行 pingall 测试后，新增了 8 条流表项，这是因为 ONOS 会自动为拓扑中的交换机针对主机间的 ARP 通信下发精准流表项。

（6）在控制器主机上，使用火狐浏览器访问 http://127.0.0.1:8181/onos/ui（默认用户名为 onos，密码为 rocks），查看当前拓扑结构，如图 6-13 和图 6-14 所示。

图 6-13　登录 ONOS

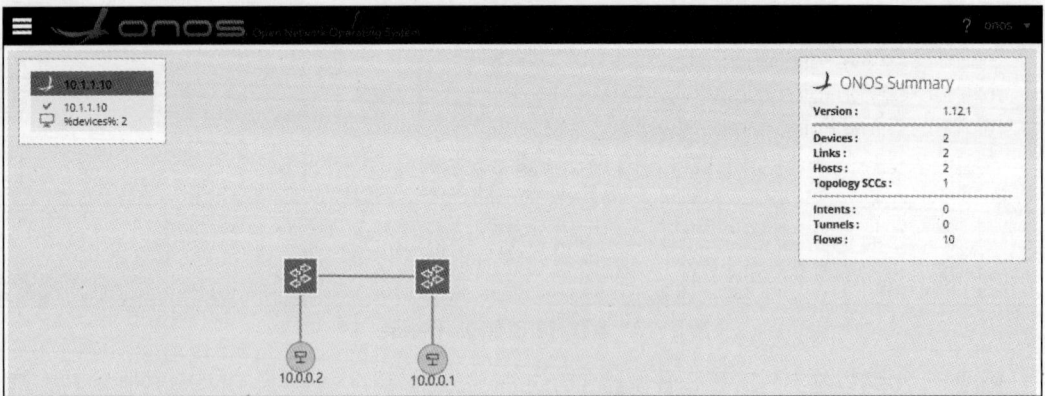

图 6-14　当前拓扑结构

ONOS 默认情况下只显示交换机的图形，单击左下角隐藏菜单中的"Toggle host visibility"按钮，才可以正常显示主机连接状态。

6.4.2　任务 2　使用 ONOS 控制器搭建 SDN 集群

任务规划

部署两台 ONOS 控制器节点，并在控制器内部署集群。其具体步骤如下。

（1）完成 ONOS 控制器初始化操作。

（2）部署 ONOS 控制器集群。

（3）通过 Mininet 连接 ONOS 控制器。

任务实施

本任务具体实施过程如下。

（1）参考本项目任务 1，完成 controller 和 controller2 节点上 ONOS 控制器的安装与启动[步骤（1）～（7）]。

（2）登录 Mininet 主机，打开终端命令行，切换为 root 用户。执行 mn 命令，按照任务要求创建拓扑结构。

```
classroom@mininet:~$ su -
root@mininet:~# mn --topo=linear,4,1 --switch=ovs,protocols=OpenFlow10 --
controller=remote,ip=10.1.1.10,port=6633
```

（3）返回 controller 节点，打开新的终端命令行，切换为 root 用户。执行如下命令，利用两台 ONOS 构建控制器集群。

```
classroom@controller:~$ su -
root@controller:~# /opt/onos/bin/onos-form-cluster 10.1.1.10 10.1.1.11
```

利用两台 ONOS 构建控制器集群的操作结果如图 6-15 所示。

```
root@controller:~# /opt/onos/bin/onos-form-cluster 10.1.1.10 10.1.1.11
Forming cluster on 10.1.1.10...
Forming cluster on 10.1.1.11...
```

图 6-15　利用两台 ONOS 构建控制器集群的操作结果

（4）通过 ONOS 命令行执行如下命令，查看集群控制器连接情况。

```
onos> masters
```

查看集群控制器连接情况的操作结果如图 6-16 所示。

```
onos> masters
10.1.1.10: 4 devices
  of:0000000000000001
  of:0000000000000002
  of:0000000000000003
  of:0000000000000004
10.1.1.11: 0 devices
```

图 6-16　查看集群控制器连接情况的操作结果

（5）在 Mininet 命令行中配置各交换机节点连接 controller2 主机。

```
mininet> sh ovs-vsctl set-controller s1 tcp:10.1.1.10:6633 tcp:10.1.1.11:6633
mininet> sh ovs-vsctl set-controller s2 tcp:10.1.1.10:6633 tcp:10.1.1.11:6633
mininet> sh ovs-vsctl set-controller s3 tcp:10.1.1.10:6633 tcp:10.1.1.11:6633
mininet> sh ovs-vsctl set-controller s4 tcp:10.1.1.10:6633 tcp:10.1.1.11:6633
```

（6）通过 ONOS 命令行执行如下命令，实现集群控制器之间的负载均衡。

```
onos> balance-masters
```

在默认情况下，执行负载均衡的命令后没有反馈信息。

（7）登录 ONOS 控制器 Web-UI，查看拓扑结构，如图 6-17 所示。

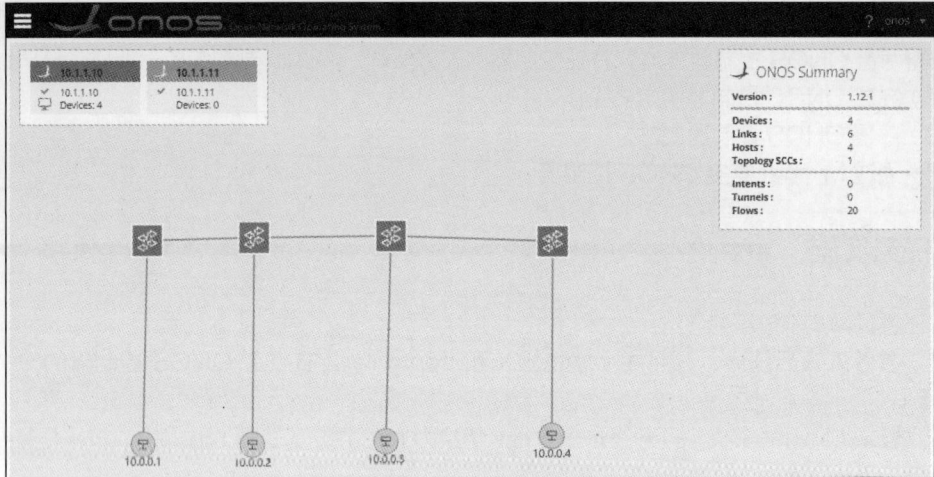

图 6-17　查看拓扑结构

由图 6-17 可以看出，执行了负载均衡命令后，原来全部连接到 10.1.1.10 控制器的交换机都被均匀分配给两台控制器进行管理。将鼠标指针移动至 OVS 上，停留 1s 后可显示出已连接该 OVS 的控制器。

任务验证

本任务的具体验证过程如下。

（1）使用 ss 命令查看 ONOS 监听端口的状态。

① 在 controller 上查看。

```
root@controller:~# ss -tlnp | grep 6633
root@controller:~# ss -tlnp | grep 8181
```

在 controller 上查看 ONOS 监听端口状态的操作结果如图 6-18 所示。

```
root@controller:~# ss -tlnp | grep 6633
LISTEN 0      4096              *:6633          *:*     users:(("java",pid=7318,fd=317))
root@controller:~# ss -tlnp | grep 8181
LISTEN 0      50                *:8181          *:*     users:(("java",pid=7318,fd=233))
```

图 6-18　在 controller 上查看 ONOS 监听端口状态的操作结果

由图 6-18 可以看出，controller 上的 ONOS 已经成功运行。

② 在 controller2 上查看。

```
root@controller2:~# ss -tlnp | grep 6633
root@controller2:~# ss -tlnp | grep 8181
```

在 controller2 上查看 ONOS 监听端口状态的操作结果如图 6-19 所示。

```
root@controller2:/opt# ss -tlnp | grep 6633
LISTEN 0      4096              *:6633          *:*     users:(("java",pid=4503,fd=307))
root@controller2:/opt# ss -tlnp | grep 8181
LISTEN 0      50                *:8181          *:*     users:(("java",pid=4503,fd=225))
```

图 6-19　在 controller2 上查看 ONOS 监听端口状态的操作结果

由图 6-19 可以看出，controller2 上的 ONOS 已经成功运行。

（2）在控制集群形成后，通过 Mininet 交互式命令行查看交换机信息（可以看出集群形成后，各交换机均能正常同时连接 IP 地址为 10.1.1.10 与 10.1.1.11 的控制器）。

以 s3 为例，查看交换机信息的操作结果如图 6-20 所示。

```
mininet> sh ovs-vsctl show
f97e57f7-7f9b-49a8-9699-64cb6dfe520c
    Bridge "s3"
        Controller "tcp:10.1.1.11:6633"
            is_connected: true
        Controller "tcp:10.1.1.10:6633"
            is_connected: true
        fail_mode: secure
        Port "s3-eth2"
            Interface "s3-eth2"
        Port "s3-eth3"
            Interface "s3-eth3"
        Port "s3-eth1"
            Interface "s3-eth1"
        Port "s3"
            Interface "s3"
                type: internal
```

图 6-20 查看交换机信息的操作结果

（3）测试集群形成后拓扑内主机的连通情况。

mininet> pingall

pingall 命令的操作结果如图 6-21 所示。

```
mininet> pingall
*** Ping: testing ping reachability
h1 -> h2 h3 h4
h2 -> h1 h3 h4
h3 -> h1 h2 h4
h4 -> h1 h2 h3
*** Results: 0% dropped (12/12 received)
```

图 6-21 pingall 命令的操作结果

由图 6-21 可以看出，集群的形成对拓扑内主机连通情况无影响。

（4）通过 ONOS 命令行查看负载情况。

onos> masters

masters 命令的操作结果如图 6-22 所示。

```
onos> masters
10.1.1.10: 2 devices
  of:0000000000000001
  of:0000000000000002
10.1.1.11: 2 devices
  of:0000000000000003
  of:0000000000000004
```

图 6-22 masters 命令的操作结果

由图 6-22 可以看出，集群内每台控制器平均连接了两台交换机，已经达到了负载均衡的效果。

（5）通过 ONOS 命令行查看节点情况。

onos> nodes

nodes 命令的操作结果如图 6-23 所示。

```
onos> nodes
id=10.1.1.10, address=10.1.1.10:9876, state=READY, version=1.12.1, updated=32m9s ago *
id=10.1.1.11, address=10.1.1.11:9876, state=READY, version=1.12.1, updated=32m9s ago
```

图 6-23 nodes 命令的操作结果

由图 6-23 可以看出，当前存在两台控制器，控制器的 IP 地址分别为 10.1.1.10 和 10.1.1.11，使用的端口为 9876，控制器的版本为 1.12.1。

（6）通过 ONOS 命令行查看主备情况。

```
onos> roles
```

roles 命令的操作结果如图 6-24 所示。

```
onos> roles
of:0000000000000001: master=10.1.1.10, standbys=[ 10.1.1.11 ]
of:0000000000000002: master=10.1.1.10, standbys=[ 10.1.1.11 ]
of:0000000000000003: master=10.1.1.11, standbys=[ 10.1.1.10 ]
of:0000000000000004: master=10.1.1.11, standbys=[ 10.1.1.10 ]
```

图 6-24　roles 命令的操作结果

由图 6-24 可以看出，controller 节点作为 s1 和 s2 的主控制器，而 controller2 节点作为 s3 和 s4 的主控制器，且两台控制器互为备份。

（7）在 Mininet 节点上执行 ping 命令，令 h1 与 h4 互通。

```
mininet> h1 ping h4
```

（8）切换到 ONOS 控制器的 UI，按 a 键，进行流量可视化操作，如图 6-25 所示。

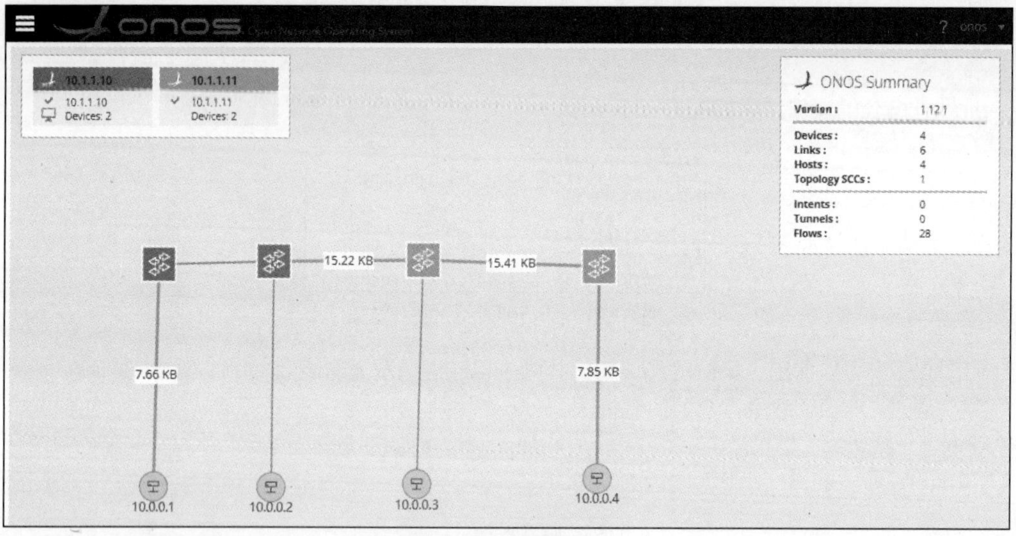

图 6-25　流量可视化

由图 6-25 可以看出，当前 h1 发送到 h4 的 ICMP 报文被 ONOS 控制器统计并体现在 UI 内。

（9）切换到 controller 节点，关闭 ONOS 控制器。

```
onos> shutdown
Confirm: halt instance root (yes/no): yes
```

（10）在 ONOS 控制器的 UI 中可以观察到，controller 节点控制的交换机由于当前节点出现故障而自动迁移到了 contorller2 节点，如图 6-26 所示。

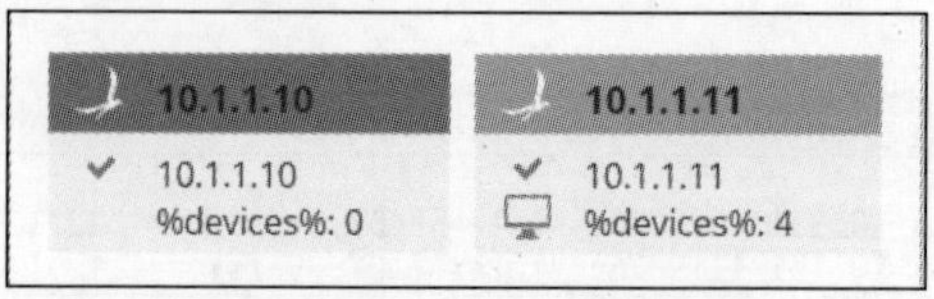

图 6-26　交换机迁移

（11）在 Mininet 节点上重新执行 pingall 命令，可以观察到主机间的通信不受影响，主要连通情况如图 6-27 所示。

```
mininet> pingall
*** Ping: testing ping reachability
h1 -> h2 h3 h4
h2 -> h1 h3 h4
h3 -> h1 h2 h4
h4 -> h1 h2 h3
*** Results: 0% dropped (12/12 received)
```

图 6-27　主机连通情况

（12）在 controller2 节点的 ONOS 命令行中执行 roles 命令，查看当前的备份情况，可以看出当前主控制器为 controller2，无备份控制器。重新启动 controller 节点后，此节点成为备份控制器。控制器间角色切换情况如图 6-28 所示。

```
onos> roles
of:0000000000000001: master=10.1.1.11, standbys=[ 10.1.1.10 ]
of:0000000000000002: master=10.1.1.11, standbys=[ 10.1.1.10 ]
of:0000000000000003: master=10.1.1.11, standbys=[ 10.1.1.10 ]
of:0000000000000004: master=10.1.1.11, standbys=[ 10.1.1.10 ]
```

图 6-28　控制器间角色切换情况

6.5　项目习题

一、选择题

1. ONOS 命令行中的 apps 命令的作用是（　　）。

　　A. 列出当前拓扑信息　　　　　　　　B. 列出 ONOS 中的应用程序信息

　　C. 列出 ONOS 摘要信息　　　　　　　D. 列出集群节点信息

2. ONOS 使用（　　）命令查看当前集群主备状态。

　　A. list　　　　　　　B. nodes　　　　　　C. master　　　　　　D. log

二、填空题

1. ONOS 的启动脚本名为＿＿＿＿＿＿＿＿。

2. 用于监控 ONOS 本身的运行数据的应用软件是＿＿＿＿＿＿＿＿。

3. ONOS 使用＿＿＿＿＿＿＿＿命令列出所有连接信息。

项目7
SDN控制与监控

07

学习目标

（1）掌握ovsdb的基本原理和应用。

（2）了解GRE、VxLAN隧道的原理。

（3）掌握SDN下VxLAN隧道的配置。

（4）了解sFlow软件的基本原理和应用。

7.1 项目背景

随着 SDN 测试工作的深入，管理员发现一些高级功能可以应用在公司的业务环境中，如 ovsdb、VxLAN、sFlow 等。但是，高级功能应用到公司业务环境之前，需要对这些高级功能进行测试和验证，并充分考虑应用方式。任务拓扑如图 7-1 所示。

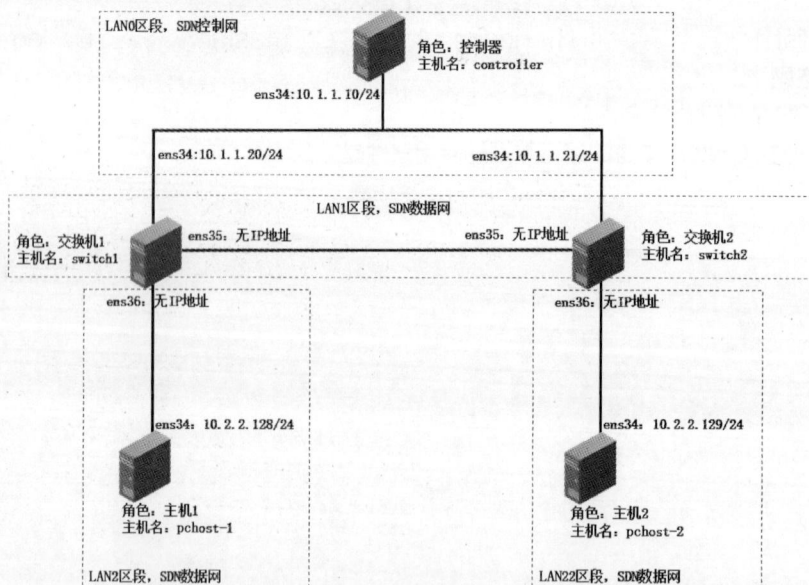

图 7-1 任务拓扑

7.2 项目需求分析

使用控制器内的 ovsdb 对 OVS 进行管理，包括添加、删除和修改 OVS 操作，并基于 ovsdb

完成对 OVS 端口的管理。使用 VxLAN 技术，使用 SDN 的隔离，保障 SDN 的安全性和稳定性，并通过 sFlow 工具对 SDN 中的节点进行监控，完成 SDN 高级功能的测试和验证。

综上所述，本项目设计如下几项任务。

（1）使用 ovsdb 管理交换机。

（2）使用 ovsdb 管理交换机端口。

（3）使用 ovs-vsctl 命令实现跨交换机 VxLAN 通信。

（4）使用 sFlow Collection 和 sFlow Agent 实现监控。

7.3 项目相关知识

7.3.1 ovsdb

1. ovsdb 项目概述

ovsdb 是 OpenDayLight 的子项目，主要功能是为 OVS 保存各种配置数据的数据库，包括交换机、端口、接口、流表、QoS 和控制器等信息。ovsdb 是针对 OVS 开发的轻量级数据库，在 OVS 中主要由两个部分组成，分别为 ovsdb-server 和 ovsdb-client，这两个部分分别对应 ovsdb 的服务端和客户端。其中，ovsdb-server 向 OVS 提供服务的同时还对外提供 API，用户可以使用 HTTP Request 方法调用这些 API 来对 ovsdb 进行管理；而 ovsdb-client 是用于管理 ovsdb-server 的快捷工具。ovsdb 配置文件的默认存放路径为/etc/openvswitch/conf.db，数据库文件以 JSON 格式保存。ovsdb 的底层架构名为 schema，架构文件也以 JSON 格式保存，默认存放路径为/usr/share/openvswitch/vswitch.ovsschema。

默认情况下，ovsdb 通过监听本地的 TCP 6640 端口对外提供服务。用户在 OVS 中可以直接通过终端命令行调用 ovsdb-client 工具相关命令对 ovsdb 进行查询。常用的 ovsdb-client 命令如表 7-1 所示。

表 7-1　常用的 ovsdb-client 命令

命令	作用
ovsdb-client list-dbs	列出 ovsdb 中所有的数据库，默认情况下只有一个名为 Open_vSwitch 的数据库
ovsdb-client list-tables	列出数据库中所有的数据库表
ovsdb-client get-schema	列出数据库架构配置
ovsdb-client list-columns TableName	列出某个数据库表的列信息
ovsdb-client monitor TableName Column	监控某个数据库表中某个列的内容变更

以 OpenDayLight-Lithium 为例，ovsdb 在 OpenDayLight 命令行控制台中的组件包名称为 odl-ovsdb-all，其是所有 ovsdb 相关组件的集合。用户通过 odl-ovsdb-all 组件可以直接安装 ovsdb 的所有组件，其中最主要的组件是 odl-ovsdb-southbound-api。安装 ovsdb 的命令如下。

```
opendaylight-user@root>feature:install odl-ovsdb-all
```

默认情况下，ovsdb 安装完毕后，控制器会监听所有本地地址的 6640 和 8282 端口。其中，8282 端口用于提供一个独立的、基于 HTTP 的 API。默认的 HTTP 的 API 路径为 http://

<controller-ip>:8282/ovsdb/nb/v3/node，默认的用户名和密码均为 admin，该 API 路径可以理解为"起始 API 路径"。6640 端口用于为交换机提供与控制器的连接，是 ovsdb 通信的主要端口。

在交换机上，用户可以通过 ovsdb 主动模式手动执行如下命令，连接控制器的 ovsdb。

```
root@hostname:~# ovs-vsctl set-manager tcp:<controller-ip>:6640
```

其中，<controller-ip>代表控制器的 IP 地址。当用户成功执行此命令，且控制器上的 ovsdb 服务也正常时，用户使用 ovs-vsctl show 命令可以看见"Manager 'tcp:<Controller-ip>:6640' is_connected: true"的字符提示，这意味着连接已经成功，以后用户就可以通过控制器提供的 ovsdb 的 API 来管理交换机。如果用户需要取消连接，那么可以执行如下命令进行连接的清除。

```
root@hostname:~# ovs-vsctl del-manager
```

在 OVS 上连接成功之后，若用户使用 Postman 等 HTTP 调试工具的 GET 方法向起始 API 路径进行查询，那么可以得到控制器当前已连接 ovsdb 的交换机节点及其使用端口的返回信息。返回信息是以 JSON 代码格式表达的，代码格式如下。

```
[
  "OVS|<Switch-ip>:xxxx"
]
```

其中，OVS 代表这是一个 OVS 的交换机节点，<Switch-ip>代表交换机连接的 IP 地址，xxxx 代表交换机连接使用的 TCP 随机端口。每一行代表一个连接节点。

在 OVS 上手动执行 ovs-vsctl set-manager tcp:<controller-ip>命令，启动 ovsdb 的主动模式。在主动模式下，OVS 连接到控制器的 ovsdb 的 6640 端口是随机的，每次重新连接后的端口都不一样。因此，每次重新连接后，在使用 ovsdb 项目 API 管理 OVS 之前，都需要对起始 API 路径进行 GET 查询请求，以获取当前的节点信息，这将带来极大不便。因此，OVS 提供了便利的 ovsdb 被动模式。启动被动模式的命令如下。

```
root@hostname:~# ovs-vsctl set-manager ptcp:6640
```

在 ovsdb 被动模式下，控制器侧不需要额外添加 ovsdb 组件，而是利用 network-topology 模块 API 通过 POST 方法对拓扑增加一个节点的定义，其 API 设置路径为 http://<controller-ip>:8181/restconf/config/network-topology:network-topology/topology/ovsdb:1/，配置代码如下。

```
{
  "network-topology:node":[
    {
      "node-id": "ovsdb://<Switch-ip>:6640",
      "connection-info": {
        "ovsdb:remote-port": 6640,
        "ovsdb:remote-ip": "<Switch-ip>"
      }
    }
  ]
}
```

其中，node-id 代表交换机节点的 ID，一般情况下，格式固定为 ovsdb://<Switch-ip>:6640；connection-info 用于设置拓扑连接的详细信息，需要设置的主要是 ovsdb:remote-port 和 ovsdb:remote-ip，分别对应 ovsdb 被动模式监听端口（与交换机上的并行 TCP 端口设置有关）和交换机 IP 地址。当用户使用 Postman 工具通过 POST 方法发送请求且成功以后，用户在交换机上使用 ovs-vsctl show 命令就可以看见"Manager 'ptcp:6640' is_connected: true"的字符提示，这意味着连接已经成功。

需要注意的是，ovsdb 被动模式所使用的代码只有在 OpenDayLight-Carbon 以上版本中才被支持，在 OpenDayLight-Lithium 版本上是不被支持的。因此，如果用户使用的控制器版本太低，那么仅能选择使用 ovsdb 主动模式。

2. ovsdb 使用方法

通过 ovsdb 添加交换机、端口、接口等配置通常使用的方法是 POST。常用的代码示例如下。

（1）创建一个名为 br-sw 的交换机，默认支持是 OpenFlow 1.3。

```
{ #代码固定格式
    "rows": { #代码固定格式
        "Bridge": { #表示开始设置交换机相关参数
            "name": "br-sw", #表示设置交换机的名称为 br-sw
            "protocols": [ #表示设置交换机支持的协议
                "set", #表示开始设置
                [
                    "OpenFlow13"  #设置支持是 OpenFlow 1.3
                ]
            ]
        } #表示交换机相关参数设置结束
    } #代码固定格式
} #代码固定格式
```

> **提示**　代码执行成功后，将返回一个随机的长字符串，这是新建的交换机的 UUID，需要记录。

（2）创建一个名为 eth2 的交换机端口，并将该交换机端口加入到前面创建的 br-sw 交换机中。

```
{   #代码固定格式
    "parent_uuid": "a5084ff2-3285-433d-9416-f9bd295e4ff0",
    /*创建 br-sw 交换机时返回的字符串，表明创建的端口属于 UUID 为 a5084ff2-3285-433d- 9416-
f9bd295e4ff0 的交换机*/
    "rows": { #代码固定格式
        "Port": { #表示设置的是端口
            "name": "eth2" #设置端口的名称为 eth2
        } #表示端口相关参数设置结束
    } #代码固定格式
} #代码固定格式
```

> **提示**　代码执行成功后，将返回一个随机的长字符串，这是新建的交换机端口对应的 UUID，需要记录。

（3）创建一个名为 con-eth8 的交换机接口，并将该交换机接口加入到前面创建的 eth2 交换机端口中。

```
{   #代码固定格式
    "parent_uuid": "d5084ff2-32f5-433d-9316-f9bd223e4aa0",
    /*创建 eth2 交换机端口时返回的字符串，表示该端口的设置属于 UUID 为 d5084ff2-32f5-
423d-9316-f9bd223e4aa0 的端口*/
```

```
    "rows": {  #代码固定格式
        "Interface": {  #表示设置的是接口
            "type": "internal",  #设置接口类型
            "name": "con-eth8"  #设置接口名称
        } #表示接口相关参数设置完毕
    } #代码固定格式
} #代码固定格式
```

如果想通过 ovsdb 删除交换机、交换机端口、交换机接口的相关配置，那么在对应的交换机表 API 路径后加上对应的 UUID 值并使用 DELETE 方法进行 HTTP 请求即可。例如，删除 UUID 为 d5084ff2-32f5-423d-9316-f9bd223e4aa0 的交换机端口，请求的 API 路径如下：http://10.1.1.10:8282/ovsdb/nb/v2/node/OVS/10.1.1.20:43728/tables/port/rows/d5084ff2-32f5-423d-9316-f9bd223e4aa0。

删除交换机、交换机接口等配置与此同理。

7.3.2　GRE 隧道

1. GRE 隧道概述

GRE 协议提供了将一种协议的报文封装在另一种协议报文中的机制，是一种隧道封装技术。GRE 主要用来对某种协议（如 IP、MPLS、以太网）的数据报文进行封装，使这些被封装的数据报文能够在另一个网络（如 IP 网络）中传输。封装前后数据报文的网络层协议可以相同，也可以不同。封装后的数据报文在网络中传输的路径称为 GRE 隧道。GRE 隧道是一个虚拟的点到点的连接，其两端的设备分别对数据报文进行封装及解封装。使用 GRE 可以克服内部网关协议（Interior Gateway Protocol，IGP）的一些局限，如路由信息协议（Routing Information Protocol，RIP）的最大跳数限制（网络跳数超过 15 将无法通信），通过 GRE 在两个网络隧道之间搭建隧道能隐藏它们之间的跳数，扩大网络的工作范围。

GRE 封装前的报文称为净载荷包（Payload Packet），GRE 会为净载荷包封装 GRE 头部，最后封装一个传输协议报文头，以便对封装后的报文进行转发。GRE 报文结构如表 7-2 所示。

表 7-2　GRE 报文结构

传输协议报文头	传输协议
GRE 头部	封装协议
净载荷包	乘客协议

（1）净载荷包：需要封装和传输的数据报文。净载荷包中的报文协议称为乘客协议（Passenger Protocol），乘客协议可以是任意的网络层协议。

（2）GRE 头部（GRE Header）：采用 GRE 协议对净载荷包进行封装所添加的报文头部，包括封装层数、版本和乘客协议类型等内容。添加 GRE 头部后的报文称为 GRE 报文。对净载荷包进行封装的 GRE 协议称为封装协议（Encapsulation Protocol）。

（3）传输协议的报文头部（Delivery Header）：在 GRE 报文上添加的报文头部，以便传输协议对 GRE 报文进行转发处理。传输协议（Transport Protocol）是负责转发 GRE 报文的网络层协议。

2. GRE 隧道实现原理

GRE 封装和解封装报文的过程如下：首先，GRE 起始设备从连接私网的接口接收到报文后，检查报文头部中的目的 IP 地址字段，在路由表中查找出接口，如果发现出接口是隧道接口，则会将

报文发送给隧道模块进行处理，隧道模块接收到报文后，根据乘客协议的类型和当前 GRE 隧道配置的校验和参数，对报文进行 GRE 封装，即添加 GRE 报文头部。其次，设备为报文添加传输协议报文头部，即 IP 报文头部，该 IP 报文头部的源地址就是隧道源地址，目的地址就是隧道目的地址。最后，设备根据新添加的 IP 报文头部目的地址，在路由表中查找相应的出接口，并发送报文。此时，封装后的报文将在公网中传输。接收端设备从连接公网的接口收到报文后，会先分析 IP 报文头部，如果发现协议类型字段的值为 47，则表示使用的协议为 GRE，于是出接口将报文交给 GRE 模块处理。由 GRE 模块删除 IP 报文头部和 GRE 报文头部，并根据 GRE 报文头部的协议类型字段判断报文中的乘客协议属于私网中的某种协议，再将报文交给该协议模块进行处理。

3. GRE 隧道在 SDN 内的应用

在 OVS 中，GRE 的实现原理与传统网络意义上的 GRE 隧道技术的实现原理是一样的。OVS 中定义了一个类型为 gre 的特殊端口，该端口是虚拟的。用户在创建此端口时，需要指定远端接口的 IP 地址，相当于指定了 GRE 目的地址，此时 GRE 源地址就是本地中能路由可达目的地址的 IP 地址。当在远端创建一个类型为 gre 的虚拟端口并指定远端地址为 GRE 源地址后，相当于在这两个虚拟端口之间构建了一个隧道。在隧道建立之后，用户通过流表将所有需要通过隧道转发的数据流量输出到 gre 端口后，gre 端口会自动将这些数据进行封装，并通过本地物理端口发送到指定的远端地址，再经由对端的 gre 端口进行解封装后进行转发。

在 OVS 中，创建 gre 端口的命令如下。

```
root@hostname:~# ovs-vsctl add-port BridgeName GRE-PortName – set interface GRE-InterfaceName type=gre options:remote_ip=DestinationIP
```

其中，BridgeName 代表交换机名称；GRE-PortName 代表创建的 gre 端口名称；GRE-InterfaceName 代表 GRE 使用的接口名称；DestinationIP 代表对端的物理网卡的 IP 地址，即目的地址。

在两台 OVS 之间执行了创建 gre 端口的命令之后，用户可以通过命令创建合适的流表项。例如，把 br-sw 交换机中所有进端口是 1 的数据包流量全部输出到 gre 端口（假设该 gre 端口编号为 2），并把所有从 gre 端口（端口编号为 2）传输回来的数据包都返回给 1 端口，下发流表项的命令如下。

```
root@hostname:~# ovs-ofctl add-flow br-sw in_port=1,actions=output:2
root@hostname:~# ovs-ofctl add-flow br-sw in_port=2,actions=output:1
```

当对端的 OVS 创建了相应的流表项后，两台交换机之间就形成了完整的数据通路，两台交换机之间可以正常通信。

7.3.3 VxLAN 隧道

1. VxLAN 隧道概述

VxLAN 是一种在三层网络基础上覆盖虚拟化的二层网络的技术框架，该框架主要用于解决虚拟化数据中心多租户场景下覆盖网络的需求。VxLAN 的概念是由 overlay（覆盖叠加）网络的概念衍生出来的。overlay 网络的出现主要有以下几点原因。

（1）传统网络架构下的虚拟机迁移受限。虚拟机迁移是指将虚拟机从一台物理机迁移到另外一台物理机上。迁移需要保证虚拟机的业务不中断，需要保证虚拟机的 IP 地址和 MAC 地址等参数保持不变。这就要求业务网络是一个二层网络，且网络本身需要具备多链路冗余，这样的二层网络还需要解决网络环路问题。使用 STP 技术的缺点是部署烦琐、协议复杂，且网络规模不能过于庞大，这就限制了网络的规模和灵活性。

（2）网络隔离能力受限。在数据中心场景下，对网络隔离的要求变得越来越高。如果使用 VLAN

技术对虚拟主机进行分组隔离，则仅 4094 个 VLAN 将远远不能满足需求。

（3）虚拟机规模受限。在二层网络环境下，数据流需要通过 MAC 寻址才能准确到达目的地，这就要求传统设备上都要有一个完整的 MAC 地址表，而该 MAC 地址表的大小间接决定了云计算或数据中心环境下的虚拟机规模上限。另外，随着云计算、数据中心的扩大，核心设备也会面临此问题的挑战。

2. VxLAN 技术实现原理

简单来说，VxLAN 技术就是在三层网络上叠加二层网络，每一个叠加称为一个 VxLAN 段，只有虚拟主机在同一个 VxLAN 段中时，才可以互相通信。每一个 VxLAN 段通过一个 24 位的 ID 来区分识别，该 ID 又称为 VxLAN 网络标识（VxLAN Network Identifier, VNI），同一个管理域最多能创建 16M 的 VxLAN 段。VxLAN 同时是一种隧道解决方案，位于虚拟机所在服务器管理程序中的端点称为 VxLAN 隧道端点（VxLAN Tunnel End Point, VTEP）。VTEP 负责封装和解封装 VxLAN 的相关数据包，在应用了 VxLAN 的网络中的其他设备不需要识别虚拟机的 MAC 地址，从而减轻了 MAC 地址学习压力，提高了设备性能。

VxLAN 工作时，VTEP 起始端会在原始以太网报文之前添加一个 VxLAN 封装。VxLAN 封装包括外层 Ethernet 封装、外层 IP 封装、外层 UDP 封装及 VxLAN 封装。

外层 Ethernet 封装主要包括 MAC DA（VTEP 终端直连的下一跳 MAC 地址）、MAC SA（VTEP 起始端的 MAC 地址）、VLAN Type、VLAN ID 和 Ethernet Type（以太网报文类型），外层 IP 封装主要包括 Protocol（协议）、IP SA（源虚拟机所属的 VTEP 的 IP 地址）、IP DA（目的虚拟机所属的 VTEP 的 IP 地址），外层 UDP 封装包括 16bit 的 SourcePort（源端口，是内层以太网报文通过哈希算法计算出来的值）、16bit 的 DestPort（VxLAN 目的端口，默认为 4789）、16bit 的 UDPLength（UDP 长度）、16bit 的 UDPChecksum（UDP 校验和），VxLAN 头封装包括 8bit 的 VxLAN Flags（VxLAN 标识）、24bit 的 Reserved（保留字段，值必须为 0）、24bit 的 VNI 和 8bit 的 Reserved（保留字段，值必须为 0）。封装后的报文在建立起的隧道中进行传输，当到达 IP DA 后，由 VTEP 终点端进行解封装，并发送给对应的虚拟主机。VxLAN 报文格式如图 7-2 所示。

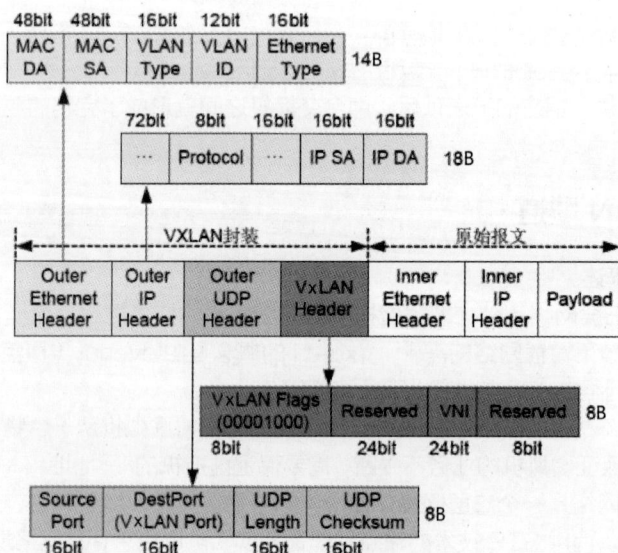

图 7-2 VxLAN 报文格式

以图 7-3 所示的拓扑为例，VxLAN 中的 ARP 报文转发过程一般有如下 7 个步骤。

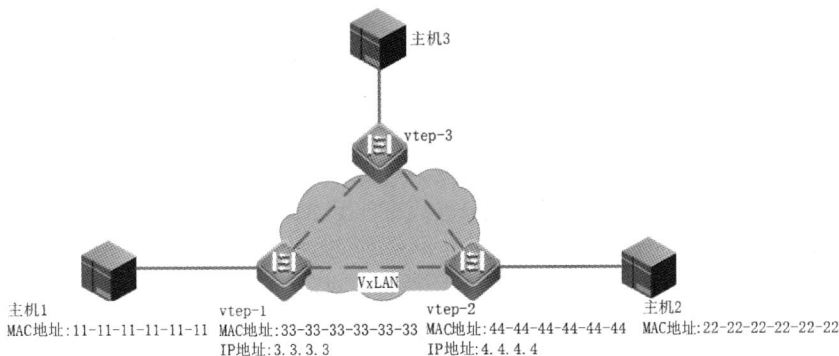

图 7-3　VXLAN 示例拓扑

（1）主机 1 向主机 2 发送 ARP 请求，此时传输的数据报文中，源 MAC 地址为 11-11-11-11-11-11，目的 MAC 地址为 22-22-22-22-22-22，数据包报文将被 vtep-1 交换机接收。

（2）ARP 请求报文到达 vtep-1 后，vtep-1 将对其封装 VxLAN 包头，其中外层的源 MAC 地址为 vtep-1 的 33-33-33-33-33-33，目的 MAC 地址为组播 MAC 地址，源 IP 地址被封装为 vtep-1 的 3.3.3.3，目的 IP 地址为组播 IP 地址。此时，传出的数据包报文会打上 VNI（假设这里是 10）。由于各 vtep 之间是三层网络互联的，广播包无法穿越三层网络，因此只能借助组播实现 ARP 报文的泛洪。因此，封装好的数据包将会在除进端口外的所有 VxLAN 类型的端口泛洪输出。

（3）封装了 VxLAN 头的报文转发到其他 VTEP 上后，VTEP 会进行 VxLAN 头解封装，然后将原始 ARP 请求报文转发给 VTEP 下面所连接的主机，并在自己的地址表中上生成一条 11-11-11-11-11-11（主机 1 的 MAC 地址）/10（VNI）/3.3.3.3（vtep-1 的 IP 地址）的对应表项。

（4）主机 2 收到主机 1 的 ARP 请求后，将构建 ARP 回复数据包，此时报文中的源 MAC 地址为 22-22-22-22-22-22，目的 MAC 地址为 11-11-11-11-11-11，该报文将被 vtep-2 接收。

（5）ARP 回复数据包到达 vtep-2 后，会被打上 VxLAN 包头，此时外层的源/目的 MAC 地址和 IP 地址以及 VNI 是根据之前记录在地址表中的 11-11-11-11-11-11/10/3.3.3.3 对应表项的信息封装的。此时，ARP 回复报文以单播方式回复给主机 1。

（6）打上 VxLAN 头的报文回复到 vtep-1 后，vtep-1 将进行 VxLAN 头的解封装，解封装后，原始的 ARP 回复报文会被转发给主机 1。

（7）主机 1 收到主机 2 返回的 ARP 回复报文，整个 ARP 请求即完成。

3. VxLAN 技术在 SDN 内的应用

与 GRE 类似，在 OVS 中定义名为 vxlan 的端口类型。用户可以先在一台交换机上创建一个类型为 VxLAN 的虚拟端口，在创建虚拟端口时，需要指定该端口对应的远端接口 IP 地址（Remote-IP）、VNI（key）的参数，该远端接口 IP 地址必须路由可达。此后，在另一台交换机上创建类型同为 vxlan 的虚拟端口，并同样指定远端接口 IP 地址和 VNI 的相关参数，此时两个虚拟端口之间相当于存在一条 VxLAN 隧道，承载这条 VxLAN 隧道的物理链路就是两个远端接口之间的物理链路，而封装和解封装的工作均由创建出的虚拟端口进行。

在 OVS 中，创建 VxLAN 类型端口的命令如下。

```
root@hostname: ~ # ovs-vsctl add-port BridgeName VxLAN-PortName – set interface
VxLAN-InterfaceName type=vxlan options:remote_ip=DestinationIP options:key=KEY
```

其中，BridgeName 代表交换机名称；VxLAN-PortName 代表创建的 VxLAN 交换机端口名称；VxLAN-InterfaceName 代表 VxLAN 使用的接口名称；DestinationIP 代表对端物理网卡的 IP 地址，即目的地址；KEY 代表该隧道使用的 ID，即 VNI 的值。

在两台 OVS 之间执行了创建 VxLAN 类型端口的命令之后，用户可以通过命令创建流表项，以控制流量通过隧道传输。例如，在 br-sw 交换机中，将所有进端口是 1 的数据包流量全部输出到 VxLAN 端口（假设编号为 2），并把所有从 VxLAN 端口传输回来的数据包都返回给 1 端口，那么下发流表项的命令如下。

```
root@hostname:~# ovs-ofctl add-flow br-sw in_port=1,actions=output:2
root@hostname:~# ovs-ofctl add-flow br-sw in_port=2,actions=output:1
```

此时转发到 2 端口的数据包会进行封装并通过本地物理接口传输到对端。如果对端正确地设置了流表项，那么需要转发的数据包就会被收到，回复的数据包也会被封装后返回。最后，由 2 端口接收的数据包将被解封装后再进行转发，最终实现通信。

在虚拟端口上的封装和解封装行为都是自动的，如果在同一条物理链路上存在多个 VNI 的设置，那么可以通过流表进行手动封装。其流表项设置命令如下。

```
root@hostname:~# ovs-ofctl add-flow BridgeName 'in_port=INPORT,actions=set_field:KEY->tun_id,output:OUTPORT'
root@hostname:~# ovs-ofctl add-flow BridgeName 'in_port=OUTPORT,tun_id=KEY,actions=output:INPORT'
```

上面两条流表项的含义分别如下：为名为 BridgeName 的交换机添加流表项，将进端口为 INPORT 的数据包都执行 set_field 动作封装，其中 tun_id 的参数为 KEY，并将其输出到编号为 OUTPORT 的端口进行转发；为名为 BridgeName 的交换机添加流表项，将所有从端口编号为 OUTPORT 的端口进入且隧道 ID 为 KEY 的数据包输出到编号为 INPORT 的端口进行转发。如果两端 OVS 都进行了正确配置，那么该隧道链路通信会正常。

7.3.4 sFlow Conllector 与 sFlow Agent 工作原理

1. sFlow 监控工具概述

在互联网及 SDN 迅速发展的同时，网络安全问题日益成为人们关注的焦点，如病毒、恶意攻击和非法访问等都很容易影响网络的正常运行。网络流量监控是一种分析网络状况的有效方法，通过实时收集和监视网络数据包的流量信息来检查是否有违反安全策略的行为、是否有网络工作异常的迹象，为优化网络性能提供参考。sFlow 技术是一种以设备端口为基本单元的、随机采样数据流的流量监控技术，不仅可以提供全网完整的第 2~4 层的实时流量信息，还可以适应超大网络流量（大于 10Gbit/s）环境下的流量分析，让用户详细、实时地分析网络传输流的性能、趋势和存在的问题。sFlow 监控工具由 sFlow Agent（代理）和 sFlow Conllector（收集器）两部分组成。sFlow Agent 作为客户端，一般内嵌于网络转发设备（交换机、路由器等），通过获取本设备上的接口统计信息和数据信息，将信息封装成 sFlow 报文。当 sFlow 报文缓冲区满或在 sFlow 报文缓存时间超时后，sFlow Agent 会将 sFlow 报文发送到指定的 Conllector。sFlow Conllector 作为远端服务器，负责对 sFlow 报文进行分析、汇总及生成流量报告。sFlow 的工作原理如图 7-4 所示。

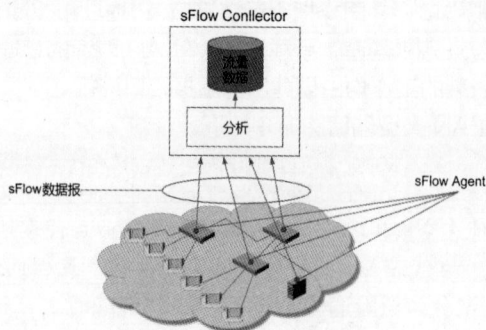

图 7-4　sFlow 的工作原理

sFlow 目前有多款用于收集和分析监控数据的产品，如 Traffic Sentinel、sFlowTrend、sFlowTrend-Pro、sFlow-RT 和 Hyper-V Agent 等。其中，sFlow-RT 是用于 SDN 堆栈的实时 sFlow 分析引擎。

2. sFlow 监控工具的安装和使用

这里以 sFlow-RT 为例进行讲解。通常情况下，安装 sFlow-RT 之前需要部署 Java 平台，sFlow-RT 默认需要 JDK 1.8 或更高版本的支持。在默认情况下，下载的 sFlow-RT 软件包已经被编译好，用户只需要将其解压缩即可使用，解压后可通过软件自带脚本启动 sFlow-RT。

sFlow-RT 启动后，默认情况下会占用一个会话窗口，用于显示运行过程中的日志信息。sFlow-RT 默认监听的端口有 UDP 6343 和 TCP 8008，其中，UDP 6343 端口用于收集 sFlow Agent 端传回的监控数据，8008 端口用于以 HTTP 方式显示监控数据（相当于 sFlow-RT 的 REST API）。默认情况下，用户可以通过浏览器访问 http://127.0.0.1:8008 来查看从 sFlow Agent 上获取到的监控数据。

一般情况下，OVS 中内嵌了 sFlow Agent 的功能，用户可以通过如下命令启用 sFlow Agent 功能。

```
root@hostname:~# ovs-vsctl -- --id=@sflow create sFlow
agent=BridgeName target=\"<sFlow-RT-IP>:6343\" header=128 sampling=64 polling=1 -- set bridge BridgeName sflow=@sflow
```

其中，各字段的含义如下。

（1）ovs-vsctl 后的"--"符号代表扩展设置。

（2）--id=@sflow 用于设置 sFlow ID。

（3）create 代表创建一个 sFlow 条目。

（4）agent=BridgeName 代表设置 Agent 名为 BridgeName 的交换机。

（5）target=\"<sFlow-RT-IP>:6343\"代表设置接收监控数据的 sFlow-RT 服务端（收集端）目标，其中"\"是转义字符，<sFlow-RT-IP>代表 sFlow-RT 服务端（收集端）的 IP 地址。

（6）header=128 sampling=64 polling=1 代表 sFlow 监控的 3 个通用参数设置。

（7）第二个"--"符号与第一个"--"符号相呼应，表示扩展设置结束。

（8）set bridge BridgeName sflow=@sFlow 用于将创建的 sFlow 条目与交换机 BridgeName 进行关联。

7.3.5 组表概述与常用命令

组表（Group Table）是 OVS 中的一种特殊的流表类型，该概念主要在 OpenFlow 1.1 及以后的协议版本中出现，允许用户全部执行动作桶的内容或选择性地仅执行一个动作桶的内容，以实现组播、广播、链路高可用等功能。由于组表属于多级流表，因此默认情况下组表不进行任何流量处理，当用户需要使用组表时，必须在 table0 中使用普通流表项将流量导向组表，其命令如下。

```
root@hostname:~# ovs-ofctl add-flow BridgeName
<MatchFields>,actions=group:<ID>
```

其中，BridgeName 代表交换机的名称；<MatchFields>为匹配域信息，用户可以通过匹配域过滤符合要求的流量到组表中；group:<ID>代表输出的位置是具有某个 ID 的组表，ID 是一个十进制数，需要注意该 ID 必须已经存在。

在 OpenFlow 协议的定义中，一个组表可以包含多条组表项记录，每条组表项都包括唯一的组 ID（Group_ID）、组类型（Group_Type）、计数器（Counter）和动作桶（Action_Buckets）。组表项的结构如表 7-3 所示。

表 7-3　组表项的结构

Group_ID	Group_Type	Counter	Action_Buckets
组 ID	组类型	计数器	动作桶

在 OVS 中，主要通过 ovs-ofctl 命令管理组表，其常用命令如表 7-4 所示。

表 7-4　ovs-ofctl 的常用命令

命令	含义
ovs-ofctl add-group BridgeName group_id= Group_ID,type=Group_Type,bucket=Bucket1, bucket=Bucket2 -O OpenFlow13	为名为 BridgeName 的交换机添加一条 ID 为 Group_ID 的组表项，类型为 Group_Type，同时定义组表有多个动作桶（以 OpenFlow 1.3 协议执行命令）
ovs-ofctl del-groups BridgeName group_id= Group_ID -O OpenFlow13	为名为 BridgeName 的交换机删除 ID 为 Group_ID 的组表项（以 OpenFlow 1.3 协议执行命令）
ovs-ofctl dump-groups BridgeName -O OpenFlow13	查看名为 BridgeName 的交换机上的所有组表项（以 OpenFlow 1.3 协议执行命令）
ovs-ofctl dump-group-stats BridgeName -O OpenFlow13	查看名为 BridgeName 的交换机上所有组表项的统计数据（以 OpenFlow 1.3 协议执行命令）
ovs-ofctl mod-group BridgeName group_id= Group_ID,type=New_Group_Type,bucket=New_ Bucket1,bucket=New_Bucket2 -O OpenFlow13	将名为 BridgeName 的交换机 ID 重新修改至 Group_ID 的组表项中，组的类型为 New_Group_Type，并重新定义两个新动作桶内容（以 OpenFlow 1.3 协议执行命令）

在以上命令中，Group_ID 代表组 ID，是一个 32 位的无符号整数，是一个组的唯一标识，因此 Group_ID 是必须项；Group_Type 代表组类型，组类型决定了对数据包的处理行为。一般情况下，组类型和含义如表 7-5 所示。

表 7-5　组类型和含义

组类型	含义
all	所有的动作桶都会被执行。这种类型的组通常用于广播或组播数据包，当数据包送入该组后，会按照 Bucket 的数量复制成多份，并根据 Bucket 中设定好的动作各自进行转发和输出（此时复制的数据无法从入端口再输出）
select	随机选择执行一个动作桶。这种随机选择的算法依赖于哈希算法或简单的轮询算法，用户可以通过对动作桶进行权重配置来调整链路负荷。这种类型的组通常用于减少链路或交换机故障带来的影响
indirect	执行定义好的动作桶。这种类型的组只能定义一个动作桶，其允许多个流表项或组都指向同一个组 ID，以实现数据的高速转发。其作用可以等同于其他组类型在仅有一个动作桶时的组表项所起的作用
fast_failover	执行第一个活动的行动桶。在此类型的组中，每个动作桶可以定义监听某个端口或组来确定自身的活动状态。如果动作桶不是活动状态，则执行丢弃数据包的动作。此种类型的组能在交换机端口或链路出现故障时快速切换数据转发路径，实现链路高可用性

Action_Buckets 代表组的动作桶，其功能类似于普通流表项中的 actions 关键字，主要用于定义组表项执行的动作。一个组表项可以拥有多个动作桶，每个动作桶都以"bucket="开始，每个动作桶之间通过英文逗号","隔离。常见的 Action_Buckets 参数如表 7-6 所示。

表 7-6   常见的 Action_Buckets 参数

参数	含义
actions=[action1],[action2]	设置动作桶的动作，动作的内容与普通流表中的动作内容一致
bucket_id=ID	为动作桶设置一个 32 位的正整数 ID，此参数在 2.4 版本的 OVS 中添加，符合 OpenFlow 1.5 规范
weight=Value	设置动作桶的权重，值越大表示动作桶的权重越高。此参数只有在 type=select 时才可以设置
watch_port=Port	设置动作桶监听的端口号，并根据端口状态决定自身是否处于活动状态。此参数只有在 type=fast_failover 时生效
watch_group=Group_ID	设置动作桶监听的某个组 ID，并据此判断自身是否活动。此参数只有在 type= fast_failover 时生效

范例：

（1）为 br-sw 交换机添加一条组表项，组 ID 为 1，类型为 all，动作桶 1 输出数据包到 1 端口，动作桶 2 输出数据包到 2 端口。

```
root@hostname:~# ovs-ofctl add-group br-sw
group_id=1,type=all,bucket=actions=output:1,bucket=actions=output:2
```

（2）为 br-sw 交换机添加一条组表项，组 ID 为 2，类型为 select，动作桶 1 输出数据包到 2 端口，权重为 100；动作桶 2 输出数据包到 3 端口，权重为 1。

```
root@hostname:~# ovs-ofctl add-group br-sw
group_id=2,type=select,bucket=actions=output:2,weight=100,bucket=actions=output:3,weight=1
```

（3）为 br-sw 交换机添加一条组表项，组 ID 为 3，类型为 fast_failover，动作桶 1 输出数据包到 3 端口，监听 80 端口；动作桶 2 输出到 1 端口，监听 ID 为 2 的组。

```
root@hostname:~# ovs-ofctl add-group br-sw
group_id=3,type=fast_failover,bucket=actions=output:3,watch_port=80,bucket=actions=output:1,
watch_group=2
```

7.4   项目实践

7.4.1   任务 1   使用 ovsdb 管理交换机

微课视频

任务规划

基于 ovsdb 项目通过 Postman 工具增加或删除交换机，在 OVS 中实现 ovsdb 主动模式的配置。任务拓扑如图 7-5 所示。

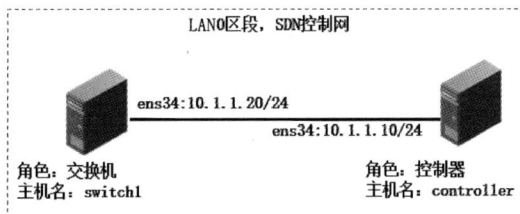

图 7-5   任务拓扑

角色规划如表 7-7 所示。

表 7-7　角色规划

主机名称	端口	IP 地址	用途	LAN 区段
switch1	ens33	由 DHCP 分配	连接互联网	
	ens34	10.1.1.20/24	SDN 控制网	LAN0
	ens35	无 IP 地址		
	ens36	无 IP 地址		
controller	ens33	由 DHCP 分配	连接互联网	
	ens34	10.1.1.10/24	SDN 控制网	LAN0

其具体步骤如下。

（1）启动 OpenDayLight 控制器。

（2）启动 OVS，并连接到 OpenDayLight 控制器。

（3）通过 Postman 工具对 OVS 进行配置。

任务实施

本任务具体实施过程如下。

（1）启动 OpenDayLight 控制器，此处略，参考项目 5 相关操作。

（2）返回 OpenDayLight 控制台，使用 feature:install 命令安装 ovsdb 组件。

```
opendaylight-user@root>feature:install odl-ovsdb-all
```

（3）在 controller 命令行中使用 ss 命令，检查 ovsdb 组件监听的 6640 与 8282 端口是否正常。

```
root@controller:~# ss -tlnp |grep 6640
root@controller:~# ss -tlnp |grep 8282
```

检查端口的操作结果如图 7-6 所示。

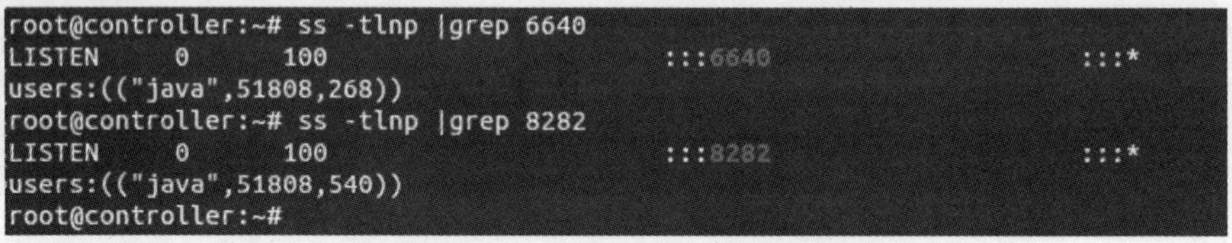

```
root@controller:~# ss -tlnp |grep 6640
LISTEN    0    100              :::6640          :::*
users:(("java",51808,268))
root@controller:~# ss -tlnp |grep 8282
LISTEN    0    100              :::8282          :::*
users:(("java",51808,540))
root@controller:~#
```

图 7-6　检查端口的操作结果

（4）登录交换机，打开终端命令行，切换为 root 用户，加载环境变量并执行 ovs-ctl start 命令，启动 OVS 守护进程。

```
classroom@switch1:~$ su -
root@switch1:~# source /etc/profile
root@switch1:~# ovs-ctl start
```

（5）查看交换机的详细情况。

```
root@switch1:~# ovs-vsctl show
```

查看交换机的详细情况的操作结果如图 7-7 所示。

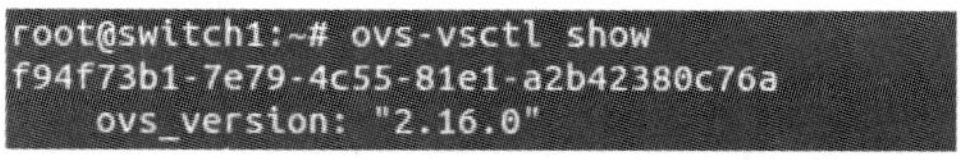

```
root@switch1:~# ovs-vsctl show
f94f73b1-7e79-4c55-81e1-a2b42380c76a
    ovs_version: "2.16.0"
```
图 7-7　查看交换机的详细情况的操作结果

（6）在交换机中执行如下命令，设置 OVS 以主动模式连接 ovsdb 组件。

root@switch1:~# ovs-vsctl set-manager tcp:10.1.1.10:6640

（7）再次查看交换机的详细情况。

root@switch1:~# ovs-vsctl show

再次查看交换机的详细情况的操作结果如图 7-8 所示。

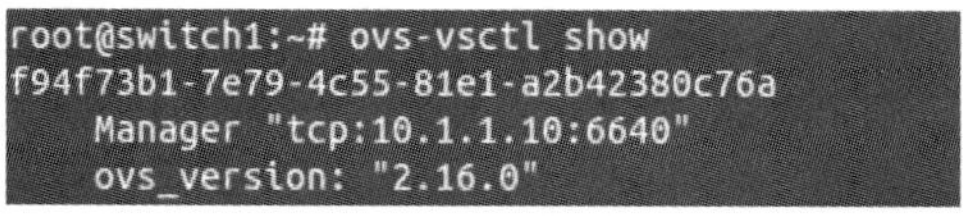

```
root@switch1:~# ovs-vsctl show
f94f73b1-7e79-4c55-81e1-a2b42380c76a
    Manager "tcp:10.1.1.10:6640"
    ovs_version: "2.16.0"
```
图 7-8　再次查看交换机的详细情况的操作结果

（8）在交换机中执行如下命令，查看 ovsdb 可管理的数据库名和数据库包含的数据库表，如图 7-9 所示。

root@switch1:~# ovsdb-client list-dbs

root@switch1:~# ovsdb-client list-tables

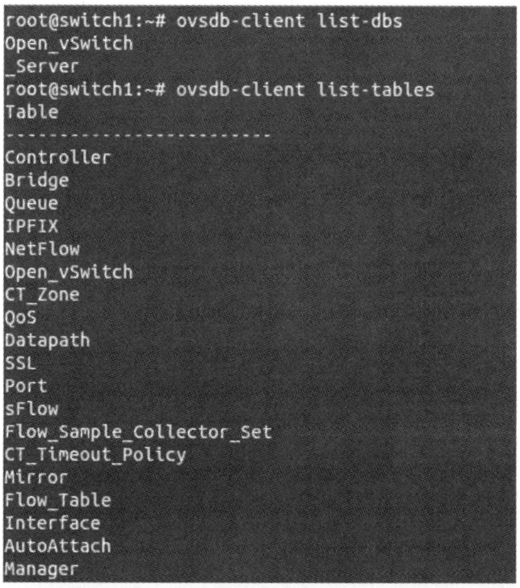

```
root@switch1:~# ovsdb-client list-dbs
Open_vSwitch
_Server
root@switch1:~# ovsdb-client list-tables
Table
------------------------
Controller
Bridge
Queue
IPFIX
NetFlow
Open_vSwitch
CT_Zone
QoS
Datapath
SSL
Port
sFlow
Flow_Sample_Collector_Set
CT_Timeout_Policy
Mirror
Flow_Table
Interface
AutoAttach
Manager
```
图 7-9　查看 ovsdb 可管理的数据库名和数据库包含的数据库表

（9）返回控制器，通过终端命令行打开 Postman 工具。

root@controller:~# postman

（10）为 Postman 设置鉴权。选择"Auth"选项卡，将 Type 更改为 Basic Auth，并在右侧的"Username"和"Password"文本框中均输入 admin。

（11）通过 Postman 查看交换机节点信息。设置完鉴权后，确保操作方法为 GET，在 URL 文本框中输入 http://10.1.1.10:8282/ovsdb/nb/v3/node，单击"Send"按钮，向 OpenDayLight 的 ovsdb 组件请求获取当前已连接的交换机节点信息，返回结果将显示在底部的 Body 页面中。

如图 7-10 所示，获取到一行数据"OVS|10.1.1.20:51386"，表示当前连接到 ovsdb 的节点为 OVS，其 IP 地址是 10.1.1.20，使用的端口是 51386。

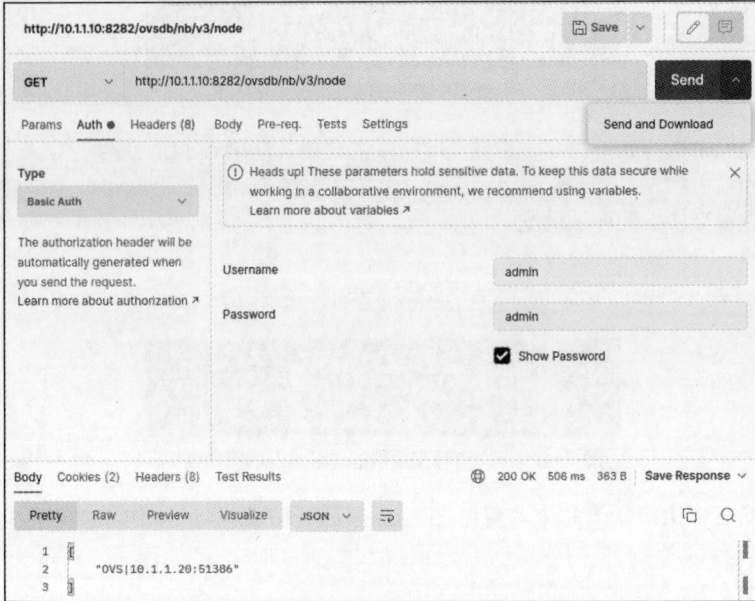

图 7-10　获取当前已连接的交换机节点信息

（12）获取已连接的交换机节点的数据库表信息。在 Postman 中保持 GET 方法不变，在 URL 文本框中输入 http://10.1.1.10:8282/ovsdb/nb/v2/node/OVS/10.1.1.20:51386/tables/bridge/rows，单击"Send"按钮，尝试通过 ovsdb 组件向 IP 地址为 10.1.1.20 的节点查询交换机数据库表的内容，反馈结果将显示在底部的 Body 页面中。

如图 7-11 所示，由于 OVS 守护进程启动后仅设置了连接 ovsdb 组件，并没有创建任何交换机，因此查询到的信息为 null（空）。

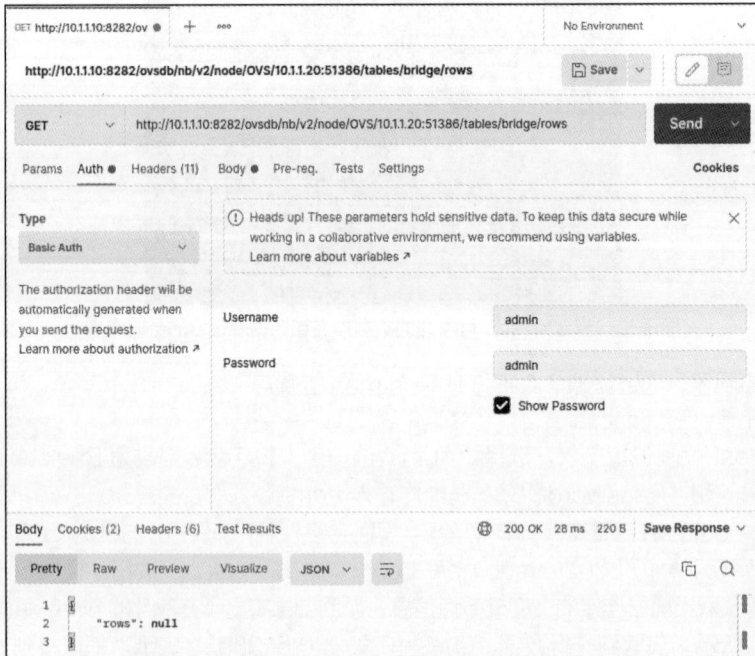

图 7-11　获取已连接的交换机节点的数据库表信息

（13）通过 Postman 为 OVS 添加一台名为 br-sw 的交换机。

① 在 Postman 中选择"Headers"选项卡，在其中添加一条 KEY 值为 Content-Type，VALUE 值为 application/json 的记录，如图 7-12 所示。

图 7-12　添加记录

② 更改 GET 方法为 POST，保持 URL 路径不变，选择"Body"选项卡，设置代码格式为 raw，在下方的文本框中输入以下代码，单击"Send"按钮，反馈结果将以所创建的交换机的唯一 ID（UUID）显示在 Body 页面中，如图 7-13 所示。

```
{
    "row": {
        "Bridge": {                    #设置交换机参数
            "name": "br-sw"            #设置交换机名称为 br-sw
        }
    }
}
```

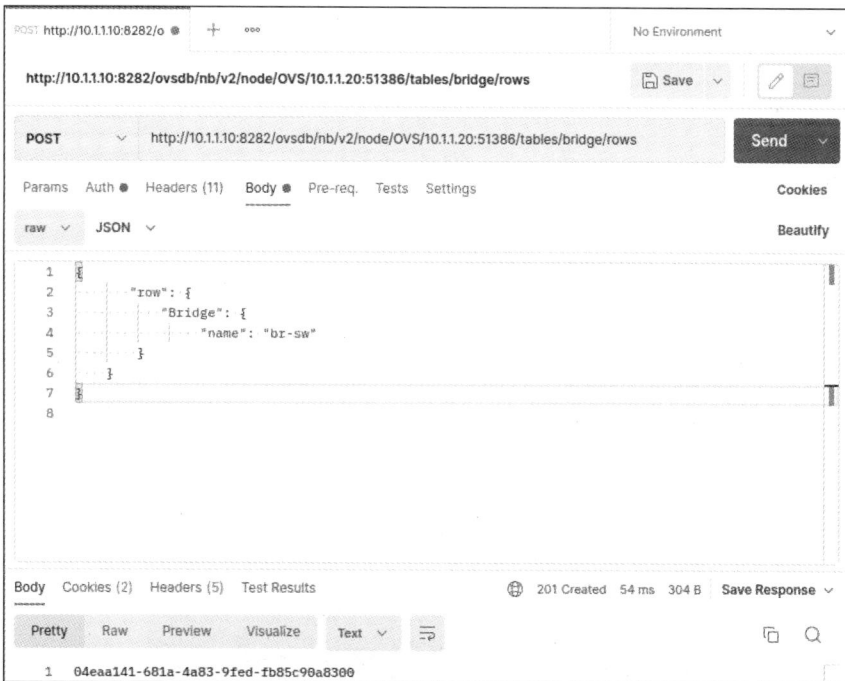

图 7-13　创建交换机

（14）再次查看 IP 地址为 10.1.1.10 的节点上的交换机数据库表信息。将 Postman 工具中的 POST 方法更改为 GET，保持 URL 路径不变，单击"Send"按钮，尝试通过 ovsdb 组件向 IP 地址为 10.1.1.10 的节点查询当前交换机信息，反馈结果将显示在底部的 Body 页面中，拖动底部右侧导航条可以阅读完整内容，如图 7-14 所示。

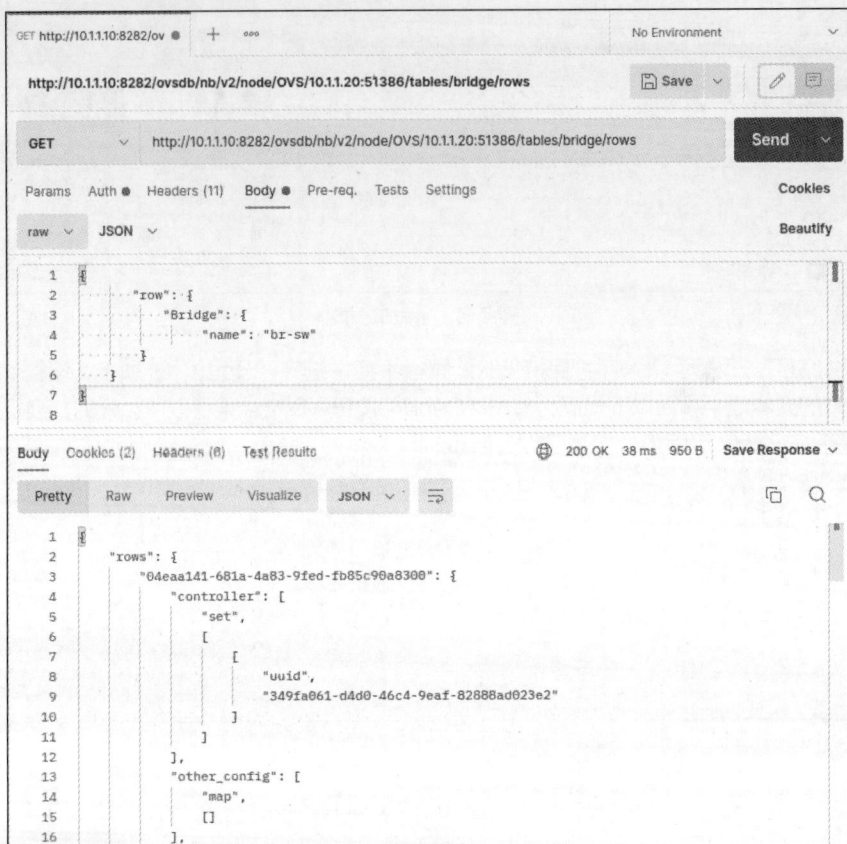

图 7-14　查询当前交换机信息

可以看出，name 为 br-sw 的交换机就是先前创建的交换机。

任务验证

本任务的具体验证过程如下。
在交换机上查看交换机信息的命令如下。

```
root@switch1:~# ovs-vsctl show
```

查看交换机信息的操作结果如图 7-15 所示。

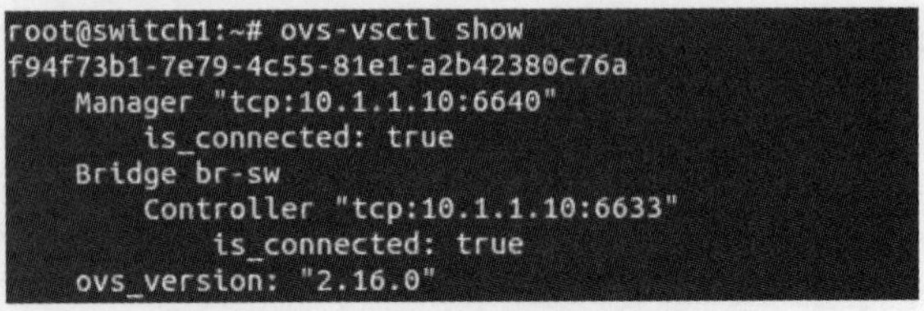

图 7-15　查看交换机信息的操作结果

由图 7-15 可以看出，交换机已经创建成功，创建的交换机会将控制器自动设置为 Manager 所在的 IP 地址，且连接已经正常。

7.4.2 任务 2 使用 ovsdb 管理交换机端口

任务规划

尝试基于 ovsdb 项目通过 Postman 工具查看端口信息，增加或删除交换机端口。其具体步骤如下。

（1）启动 OpenDayLight 控制器。

（2）启动 OVS，并连接到 OpenDayLight 控制器。

（3）通过 Postman 工具对 OVS 进行配置。

任务实施

本任务具体实施过程如下。

（1）参考本项目任务 1，根据步骤（1）～（9）完成控制器与交换机的初始化操作。

（2）返回控制器，通过终端命令行打开 Postman 工具，并设置鉴权。

（3）通过 Postman 查看交换机节点信息。确保操作方法为 GET，在 URL 文本框中输入 http://10.1.1.10:8282/ovsdb/nb/v3/node，单击"Send"按钮，向 OpenDayLight 的 ovsdb 组件请求获取当前已连接的交换机节点信息，返回结果将显示在底部的 Body 页面中。

如图 7-16 所示，获取到的一行数据为"OVS|10.1.1.20:40004"，表示当前连接到 ovsdb 的节点为 OVS，其 IP 地址是 10.1.1.20，使用的端口是 40004（使用的端口具有不确定性）。

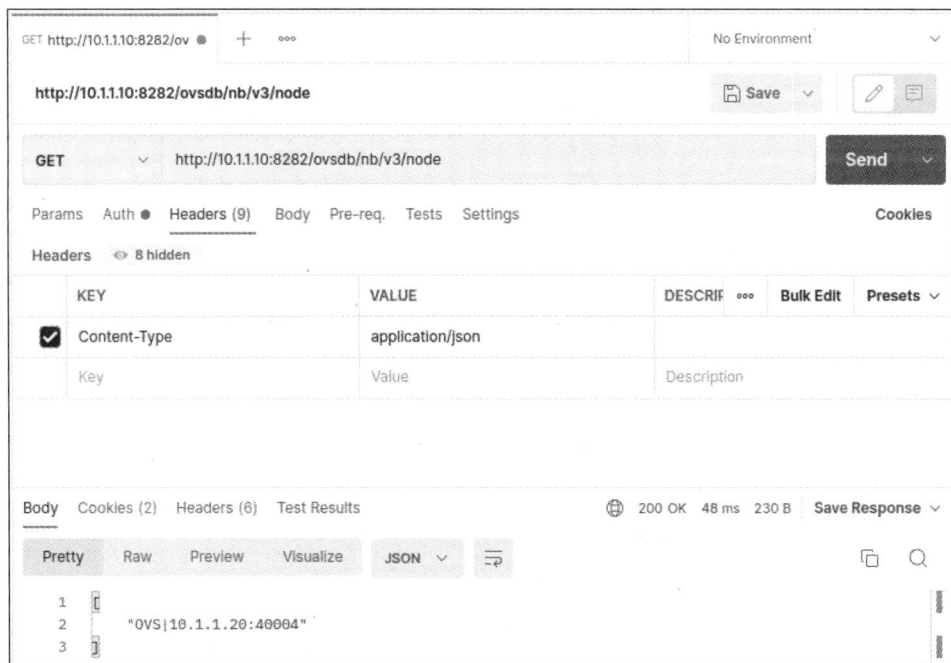

图 7-16 通过 Postman 查看交换机节点信息

（4）通过 Postman 为 OVS 添加一台名为 br-sw 的交换机。更改 GET 方法为 POST，在 URL 文本框中输入 http://10.1.1.10:8282/ovsdb/nb/v2/node/OVS/10.1.1.20:40004/tables/bridge/rows，选择"Body"选项卡，设置代码格式为 raw，在下方的文本框中输入以下代码，单击"Send"按钮，反馈结果将以所创建的交换机的唯一 ID 显示在 Body 页面中。如图 7-17 所示，可知交换机已经创建成功，返回的交换机 ID 为 36c32415-6c5b-4341-b620-f174e12f54d2。

```
{
"row":{
    "Bridge":{                  #设置交换机参数
        "name": "br-sw",        #设置交换机名称为 br-sw
        "protocols":[           #设置交换机使用的协议类型为 OpenFlow 1.0
            "set",["OpenFlow10"]
        ]
    }
}
}
```

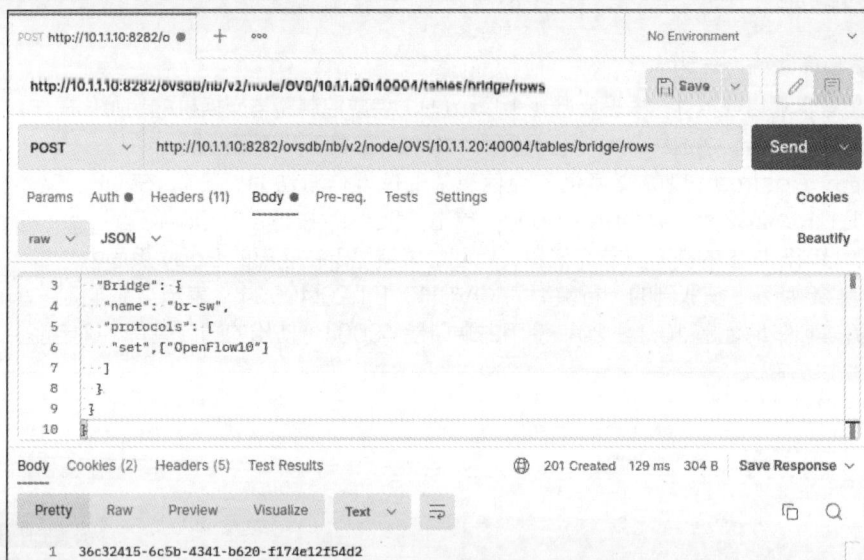

图 7-17　添加一台名为 br-sw 的交换机

（5）为交换机添加端口 ens35。在 Postman 中保持 POST 方法不变，在 URL 文本框中输入 http://10.1.1.10:8282/ovsdb/nb/v2/node/OVS/10.1.1.20:40004/tables/port/rows/，将 Body 页面中创建交换机的代码替换为以下代码，单击"Send"按钮发送请求，尝试创建一个名为 ens35 的端口，如图 7-18 所示。

```
{
        "parent_uuid": "36c32415-6c5b-4341-b620-f174e12f54d2",
        #宣告端口所属的交换机，这里使用的是交换机 br-sw 的 UUID
        "row": {                    #配置的固定格式代码
          "Port": {                 #配置端口
            "name": "ens35"         #配置端口的名称，表示添加的是名为 ens35 的端口
          }
        }
}
```

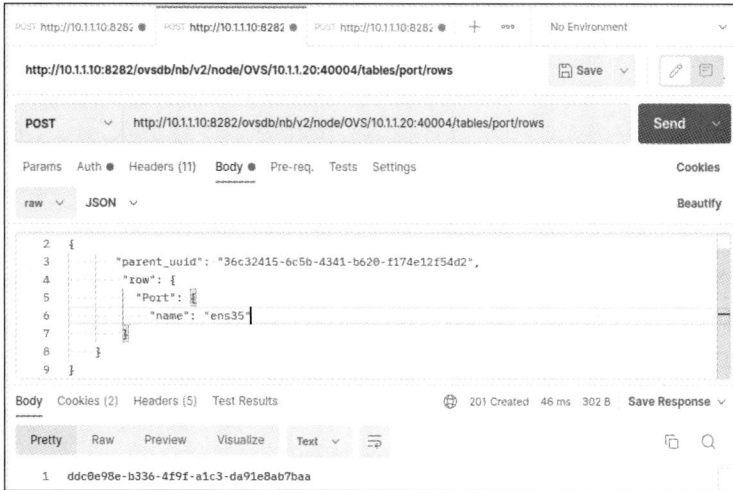

图 7-18　为交换机添加端口 ens35

由图 7-18 可以看见，Status 为"201 Created"，说明 ens35 端口已经创建成功，并在底部的 Body 页面中返回了创建的端口的 UUID，UUID 为 ddc0e98e-b336-4f9f-a1c3-da91e8ab7baa。

（6）为交换机添加端口 ens36。在 Postman 中保持 POST 方法不变，在 URL 文本框中输入 http://10.1.1.10:8282/ovsdb/nb/v2/node/OVS/10.1.1.20:40004/tables/port/rows/，将 Body 页面中创建端口 ens35 的代码替换为以下代码后，单击"Send"按钮发送请求，尝试创建一个名为 ens36 的端口，如图 7-19 所示。

```
{
    "parent_uuid": "36c32415-6c5b-4341-b620-f174e12f54d2",
    #宣告端口所属的交换机，这里使用的是交换机 br-sw 的 UUID
    "row": {                 #配置的固定格式代码
      "Port": {              #配置端口
        "name": "ens36"      #配置端口的名称，表示添加的是名为 ens36 的端口
      }
    }
}
```

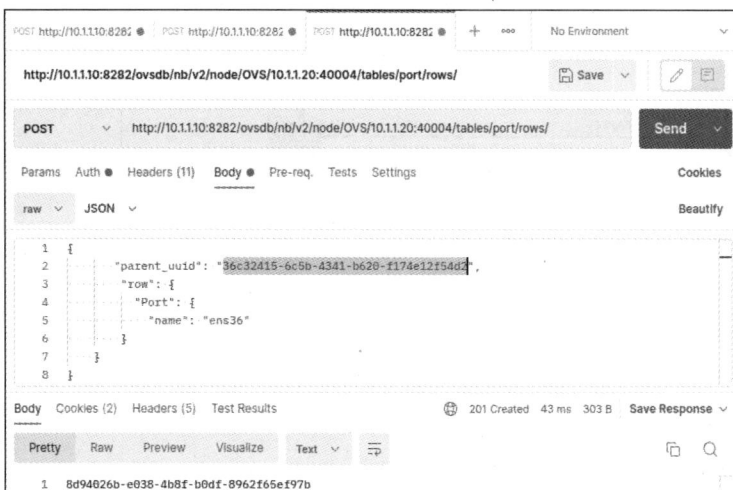

图 7-19　为交换机添加端口 ens36

由图 7-19 可以看出，Status 为 "201 Created"，说明 ens36 端口已经创建成功，并在底部的 Body 页面中返回了创建的端口的 UUID，UUID 为 8d94026b-e038-4b8f-b0df-8962f65ef97b。

（7）用户添加端口完毕后，将 PUSH 方法更改为 GET，保持 URL 为 http://10.1.1.10:8282/ovsdb/nb/v2/node/OVS/10.1.1.20:40004/tables/port/rows/，单击 "Send" 按钮发送请求，可以查看 ovsdb 数据库中关于端口表的数据。

（8）返回交换机，执行 ovs-vsctl 相关命令，查看交换机信息。

任务验证

本任务的具体验证过程如下。

在交换机上查看交换机信息。

```
root@switch1:~ # ovs-vsctl show
```

查看交换机信息的操作结果如图 7-20 所示。

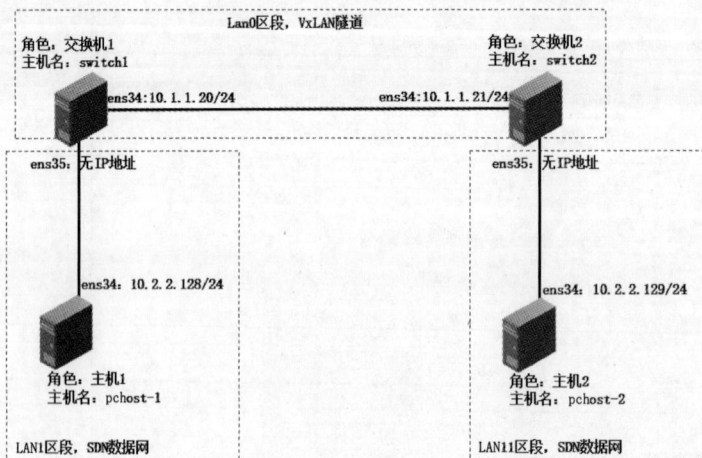

```
root@switch1:~# ovs-vsctl show
f94f73b1-7e79-4c55-81e1-a2b42380c76a
    Manager "tcp:10.1.1.10:6640"
        is_connected: true
    Bridge br-sw
        Controller "tcp:10.1.1.10:6633"
            is_connected: true
        Port ens36
            Interface ens36
        Port ens35
            Interface ens35
    ovs_version: "2.16.0"
```

图 7-20　查看交换机信息的操作结果

由图 7-20 可以看出，交换机已经创建成功，交换机会将控制器自动设置为 Manager 所在的 IP 地址，且连接状态为 true，即连接成功；名为 ens35 和 ens36 的端口都已经被正常添加到交换机中。

7.4.3　任务 3　使用 ovs-vsctl 命令实现跨交换机 VxLAN 通信

任务规划

使用 ovs-vsctl 命令构建 VxLAN 隧道，实现跨 OVS 通信。任务拓扑如图 7-21 所示。

图 7-21　任务拓扑

角色规划如表 7-8 所示。

表 7-8　角色规划

主机名称	端口	IP 地址	用途	LAN 区段
switch1	ens33	由 DHCP 分配	连接互联网	
	ens34	10.1.1.20/24	SDN 控制网	LAN0
	ens35	无 IP 地址	SDN 数据网	LAN1
switch2	ens33	由 DHCP 分配	连接互联网	
	ens34	10.1.1.21/24	SDN 控制网	LAN0
	ens35	无 IP 地址	SDN 数据网	LAN11
pchost-1	ens33	由 DHCP 分配	连接互联网	
	ens34	10.2.2.128/24	SDN 数据网	LAN1
pchost-2	ens33	由 DHCP 分配	连接互联网	
	ens34	10.2.2.129/24	SDN 数据网	LAN11

其具体步骤如下。

（1）启动 OVS，完成初始化操作。

（2）配置 VxLAN 隧道。

（3）在对应的 OVS 内下发流表。

任务实施

本任务具体实施过程如下。

本任务默认主机的 IP 地址均已经按要求配置完毕，配置过程略。

（1）在 switch1 上启动 OVS 守护进程。登录 switch1，打开命令行，切换为 root 用户，加载环境变量，执行 ovs-ctl start 命令，启动 OVS 守护进程。

```
classroom@switch1:~$ su -
root@switch1:~# source /etc/profile
root@switch1:~# ovs-ctl start
```

（2）在 switch1 上创建名为 br-sw 的交换机，并将 ens35 端口加入交换机，设置 OVS 的工作模式为 secure，并使用 ifconfig 命令启动交换机端口。

```
root@switch1:~# ovs-vsctl add-br br-sw
root@switch1:~# ovs-vsctl add-port br-sw ens35
root@switch1:~# ovs-vsctl set-fail-mode br-sw secure
root@switch1:~# ifconfig ens35 0 up
```

（3）在 switch1 上执行 ovs-vsctl show 命令，查看 switch1 的详细情况。

```
root@switch1:~# ovs-vsctl show
```

查看 switch1 的详细情况的操作结果如图 7-22 所示。

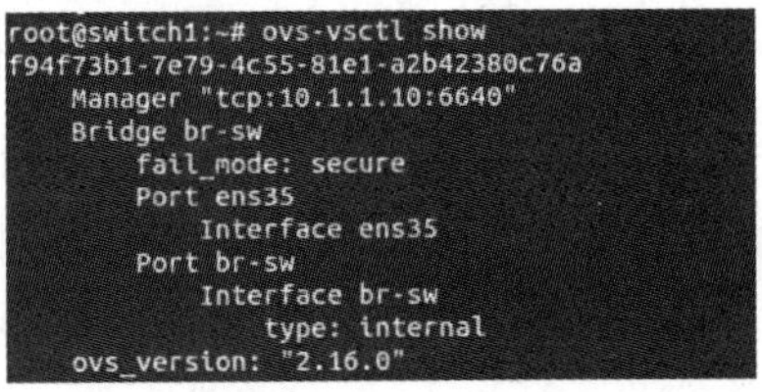

```
root@switch1:~# ovs-vsctl show
f94f73b1-7e79-4c55-81e1-a2b42380c76a
    Manager "tcp:10.1.1.10:6640"
    Bridge br-sw
        fail_mode: secure
        Port ens35
            Interface ens35
        Port br-sw
            Interface br-sw
                type: internal
    ovs_version: "2.16.0"
```

图 7-22　查看 switch1 的详细情况的操作结果

（4）在 switch2 上启动 OVS 守护进程。登录 switch2，打开命令行，切换为 root 用户，加载环境变量，执行 ovs-ctl start 命令，启动 OVS 守护进程。

```
classroom@switch2:~$ su -
root@switch2:~# source /etc/profile
root@switch2:~# ovs-ctl start
```

（5）在 switch2 上创建名为 br-sw 的交换机，将 ens35 端口加入交换机，设置 OVS 的工作模式为 secure，并使用 ifconfig 命令启动交换机端口。

```
root@switch2:~# ovs-vsctl add-br br-sw
root@switch2:~# ovs-vsctl add-port br-sw ens35
root@switch2:~# ovs-vsctl set-fail-mode br-sw secure
root@switch2:~# ifconfig ens35 0 up
```

（6）在 switch2 上执行 ovs-vsctl show 命令，查看 switch2 的详细情况。

```
root@switch2:~# ovs-vsctl show
```

查看 switch2 的详细情况的操作结果如图 7-23 所示。

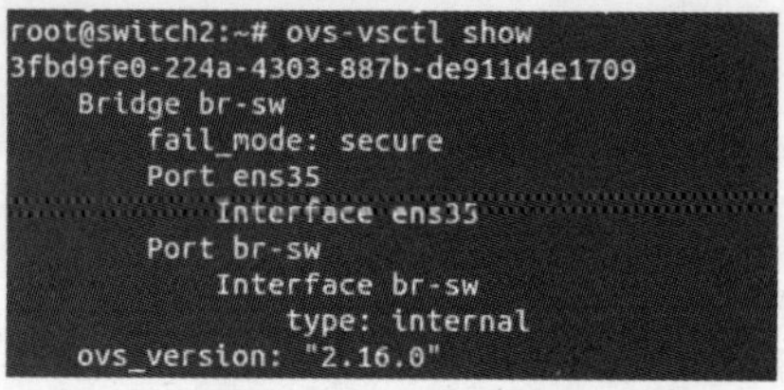

图 7-23　查看 switch2 的详细情况的操作结果

（7）构建 VxLAN 隧道。

① 在 switch1 中为 OVS 新增一个名为 VxLAN-Port 的端口（Port），端口类型为 vxlan。设置此端口使用的 VNI 为 1234，隧道远端终点 IP 地址为 10.1.1.21。

```
root@switch1:~# ovs-vsctl add-port br-sw VxLAN-Port -- set interface
VxLAN-Port type=vxlan options:key=1234 options:remote_ip=10.1.1.21
```

② 在 switch2 中为 OVS 新增一个名为 VxLAN-Port 的端口（Port），端口类型为 vxlan。设置此端口使用的 VNI 为 1234，隧道远端终端 IP 地址为 10.1.1.20。

```
root@switch2:~# ovs-vsctl add-port br-sw VxLAN-Port -- set interface
VxLAN-Port type=vxlan options:key=1234 options:remote_ip=10.1.1.20
```

（8）分别在两台交换机上使用 ovs-vsctl show 命令查看交换机当前的详细情况。

① 在 switch1 上查看当前交换机的详细信息。

```
root@switch1:~# ovs-vsctl show
```

在 switch1 上查看当前交换机的详细信息的操作结果如图 7-24 所示。

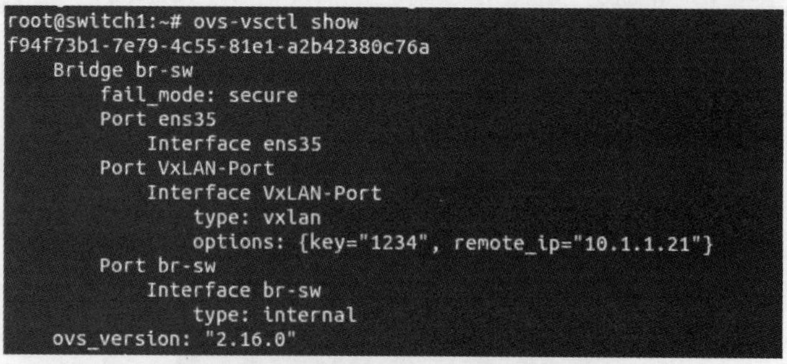

图 7-24　在 switch1 上查看当前交换机的详细信息的操作结果

② 在 switch2 上查看当前交换机的详细信息。

root@switch2:~# ovs-vsctl show

在 switch2 上查看当前交换机的详细信息的操作结果如图 7-25 所示。

```
root@switch2:~# ovs-vsctl show
3fbd9fe0-224a-4303-887b-de911d4e1709
    Bridge br-sw
        fail_mode: secure
        Port ens35
            Interface ens35
        Port VxLAN-Port
            Interface VxLAN-Port
                type: vxlan
                options: {key="1234", remote_ip="10.1.1.20"}
        Port br-sw
            Interface br-sw
                type: internal
    ovs_version: "2.16.0"
```

图 7-25　在 switch2 上查看当前交换机的详细信息的操作结果

（9）分别在两台交换机上使用 ovs-ofctl 命令查看交换机当前的端口编号信息。

① 在 switch1 上查看交换机端口编号信息。

root@switch1:~# ovs-ofctl show br-sw

在 switch1 上查看交换机端口编号信息的操作结果如图 7-26 所示。

```
root@switch1:~# ovs-ofctl show br-sw
OFPT_FEATURES_REPLY (xid=0x2): dpid:0000000c290b4d4b
n_tables:254, n_buffers:0
capabilities: FLOW_STATS TABLE_STATS PORT_STATS QUEUE_STATS ARP_MATCH_IP
actions: output enqueue set_vlan_vid set_vlan_pcp strip_vlan mod_dl_src mod_dl_dst mod_nw_src mod_nw_dst mod_nw_tos mod_tp_src mod_t
p_dst
 1(ens35): addr:00:0c:29:0b:4d:4b
     config:     0
     state:      0
     current:    1GB-FD COPPER AUTO_NEG
     advertised: 10MB-HD 10MB-FD 100MB-HD 100MB-FD 1GB-FD COPPER AUTO_NEG
     supported:  10MB-HD 10MB-FD 100MB-HD 100MB-FD 1GB-FD COPPER AUTO_NEG
     speed: 1000 Mbps now, 1000 Mbps max
 2(VxLAN-Port): addr:fe:4a:3d:9f:4c:c8
     config:     0
     state:      0
     speed: 0 Mbps now, 0 Mbps max
 LOCAL(br-sw): addr:00:0c:29:0b:4d:4b
     config:     PORT_DOWN
     state:      LINK_DOWN
     speed: 0 Mbps now, 0 Mbps max
OFPT_GET_CONFIG_REPLY (xid=0x4): frags=normal miss_send_len=0
```

图 7-26　在 switch1 上查看交换机端口编号信息的操作结果

从图 7-26 中可以得出，VxLAN 端口的编号为 2，ens35 端口的编号为 1。

② 在 switch2 上查看交换机端口编号信息。

root@switch2:~# ovs-ofctl show br-sw

在 switch2 上查看交换机端口编号信息的操作结果如图 7-27 所示。

```
root@switch2:~# ovs-ofctl show br-sw
OFPT_FEATURES_REPLY (xid=0x2): dpid:0000000c29fc8da9
n_tables:254, n_buffers:0
capabilities: FLOW_STATS TABLE_STATS PORT_STATS QUEUE_STATS ARP_MATCH_IP
actions: output enqueue set_vlan_vid set_vlan_pcp strip_vlan mod_dl_src mod_dl_dst mod_nw_src mod_nw_dst mod_nw_tos mod_tp_src mod_t
p_dst
 1(ens35): addr:00:0c:29:fc:8d:a9
     config:     0
     state:      0
     current:    1GB-FD COPPER AUTO_NEG
     advertised: 10MB-HD 10MB-FD 100MB-HD 100MB-FD 1GB-FD COPPER AUTO_NEG
     supported:  10MB-HD 10MB-FD 100MB-HD 100MB-FD 1GB-FD COPPER AUTO_NEG
     speed: 1000 Mbps now, 1000 Mbps max
 2(VxLAN-Port): addr:56:31:e3:39:f2:08
     config:     0
     state:      0
     speed: 0 Mbps now, 0 Mbps max
 LOCAL(br-sw): addr:00:0c:29:fc:8d:a9
     config:     PORT_DOWN
     state:      LINK_DOWN
     speed: 0 Mbps now, 0 Mbps max
OFPT_GET_CONFIG_REPLY (xid=0x4): frags=normal miss_send_len=0
```

图 7-27　在 switch2 上查看交换机端口编号信息的操作结果

从图 7-27 中可以得出 VxLAN 端口的编号为 2，ens35 端口的编号为 1。

（10）分别在两台交换机上使用 ovs-ofctl 命令下发流表。第一条流表项匹配所有从 SDN 数据网端口（ens35）进来的数据包，对数据包均执行如下动作：封装 VNI 为 1234 的标识并输出到 VxLAN 隧道接口（VxLAN-Port）。第二条流表项匹配所有从 VxLAN 隧道接口（VxLAN-Port）进来且 VNI 为 1234 的数据包，对数据包均执行如下动作：输出到 SDN 数据网端口（ens35）。

① 在 switch1 上下发流表。

```
root@switch1:~# ovs-ofctl add-flow br-sw
'in_port=1,actions=set_field:1234->tun_id,output:2'
root@switch1:~# ovs-ofctl add-flow br-sw 'in_port=2,tun_id=1234,actions=output:1'
```

② 在 switch2 上下发流表。

```
root@switch2:~# ovs-ofctl add-flow br-sw
'in_port=1,actions=set_field:1234->tun_id,output:2'
root@switch2:~# ovs-ofctl add-flow br-sw 'in_port=2,tun_id=1234,actions=output:1'
```

（11）分别在两台交换机上查看流表信息。

① 在 switch1 上查看流表信息。

```
root@switch1:~# ovs-ofctl dump-flows br-sw
```

在 switch1 上查看流表信息的操作结果如图 7-28 所示，可以看出目前流表没有匹配数据包。

```
root@switch1:~# ovs-ofctl dump-flows br-sw
 cookie=0x0, duration=11.264s, table=0, n_packets=0, n_bytes=0, in_port=ens35 actions=load:0x4d2->NXM_NX_TUN_ID[],output:"VxLAN-Port
"
 cookie=0x0, duration=6.451s, table=0, n_packets=0, n_bytes=0, tun_id=0x4d2,in_port="VxLAN-Port" actions=output:ens35
```

图 7-28　在 switch1 上查看流表信息的操作结果

② 在 switch2 上查看流表信息。

```
root@switch2:~# ovs-ofctl dump-flows br-sw
```

在 switch2 上查看流表信息的操作结果如图 7-29 所示，可以看出目前流表没有匹配数据包。

```
root@switch2:~# ovs-ofctl dump-flows br-sw
 cookie=0x0, duration=16.485s, table=0, n_packets=0, n_bytes=0, in_port=ens35 actions=load:0x4d2->NXM_NX_TUN_ID[],output:"VxLAN-Port
"
 cookie=0x0, duration=10.052s, table=0, n_packets=0, n_bytes=0, tun_id=0x4d2,in_port="VxLAN-Port" actions=output:ens35
```

图 7-29　在 switch2 上查看流表信息的操作结果

（12）登录 pchost-2，打开终端命令行，切换为 root 用户，使用 tcpdump 命令对 ens34 端口进行抓包。

```
classroom@pchost-2:~$ su -
root@pchost-2:~# tcpdump –i ens34
```

（13）在 switch1 上打开 Wireshark，对 ens34 端口进行抓包。

```
root@switch1:~# wireshark
```

Wireshark 启动后的页面如图 7-30，Wireshark 对 ens34 端口进行抓包如图 7-31 所示。

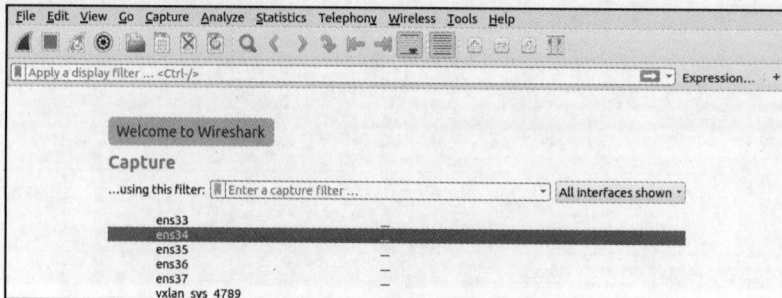

图 7-30　Wireshark 启动后的页面

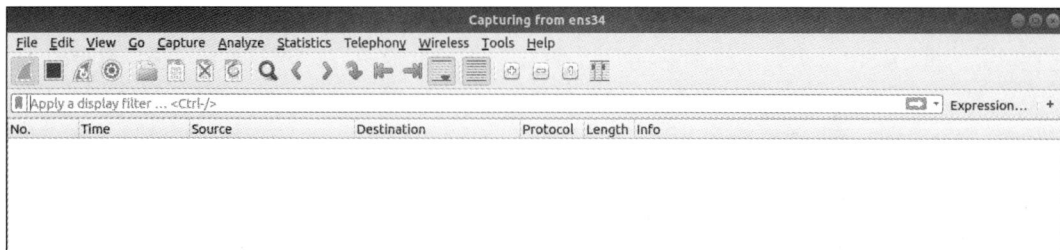

图 7-31　Wireshark 对 ens34 端口进行抓包

（14）登录 pchost-1，打开终端命令行，对 pchost-2 执行 ping 操作，指定 ping 的次数为 4，测试隧道通信。

```
root@pchost-1:~ $ ping 10.2.2.129 –c 4
```

（15）返回 pchost-2，在命令行中按 Ctrl+C 组合键，停止抓包。

（16）返回 switch1，单击 Wireshark 界面中的停止按钮，停止抓包，如图 7-32 所示。

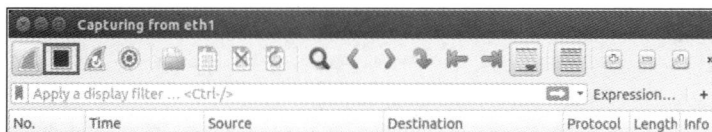

图 7-32　停止抓包

✎ 任务验证

本任务的具体验证过程如下。

（1）查看 pchost-1 上的 ping 测试结果，如图 7-33 所示，可以看出当前已经正常通信。

```
classroom@pchost-1:~$ ping 10.2.2.129 -c 4
PING 10.2.2.129 (10.2.2.129) 56(84) bytes of data.
64 bytes from 10.2.2.129: icmp_seq=1 ttl=64 time=10.2 ms
64 bytes from 10.2.2.129: icmp_seq=2 ttl=64 time=4.12 ms
64 bytes from 10.2.2.129: icmp_seq=3 ttl=64 time=3.59 ms
64 bytes from 10.2.2.129: icmp_seq=4 ttl=64 time=2.51 ms

--- 10.2.2.129 ping statistics ---
4 packets transmitted, 4 received, 0% packet loss, time 3012ms
rtt min/avg/max/mdev = 2.513/5.125/10.262/3.023 ms
classroom@pchost-1:~$
```

图 7-33　查看 pchost-1 上的 ping 测试结果

（2）查看 pchost-2 上的抓包结果，如图 7-34 所示。

```
root@pchost-2:~# tcpdump -i ens34
tcpdump: verbose output suppressed, use -v or -vv for full protocol decode
listening on ens34, link-type EN10MB (Ethernet), capture size 262144 bytes

17:32:45.866355 ARP, Request who-has pchost-2 tell 10.2.2.128, length 46
17:32:45.866390 ARP, Reply pchost-2 is-at 00:0c:29:22:ff:0c (oui Unknown), length 28
17:32:45.867779 IP 10.2.2.128 > pchost-2: ICMP echo request, id 18077, seq 1, length 64
17:32:45.867794 IP pchost-2 > 10.2.2.128: ICMP echo reply, id 18077, seq 1, length 64
17:32:46.867884 IP 10.2.2.128 > pchost-2: ICMP echo request, id 18077, seq 2, length 64
17:32:46.867903 IP pchost-2 > 10.2.2.128: ICMP echo reply, id 18077, seq 2, length 64
17:32:47.870003 IP 10.2.2.128 > pchost-2: ICMP echo request, id 18077, seq 3, length 64
17:33:06.146062 IP 10.2.2.128 > pchost-2: ICMP echo request, id 18078, seq 1, length 64
17:33:06.146095 IP pchost-2 > 10.2.2.128: ICMP echo reply, id 18078, seq 1, length 64
17:33:07.148262 IP 10.2.2.128 > pchost-2: ICMP echo request, id 18078, seq 2, length 64
17:33:07.148283 IP pchost-2 > 10.2.2.128: ICMP echo reply, id 18078, seq 2, length 64
17:33:08.149842 IP 10.2.2.128 > pchost-2: ICMP echo request, id 18078, seq 3, length 64
17:33:08.149878 IP pchost-2 > 10.2.2.128: ICMP echo reply, id 18078, seq 3, length 64
17:33:09.151513 IP 10.2.2.128 > pchost-2: ICMP echo request, id 18078, seq 4, length 64
17:33:09.151534 IP pchost-2 > 10.2.2.128: ICMP echo reply, id 18078, seq 4, length 64
```

图 7-34　查看 pchost-2 上的抓包结果

由图 7-34 可以看出，当前 pchost-2 上共抓取到 15 个数据包，其中 1 个为 ARP Request 数据包，7 个为从 10.2.2.128 发送过来的 ICMP Request 数据包，1 个为 ARP Reply 数据包，6 个为从 10.2.2.129 发送过来的 ICMP Reply 数据包。此时，从 VxLAN 隧道传输过来的数据包已经被解封装。因此，在 pchost-2 上无法看出数据包是否经过了 VxLAN 隧道。

（3）查看 switch1 上的抓包结果，如图 7-35 和图 7-36 所示。

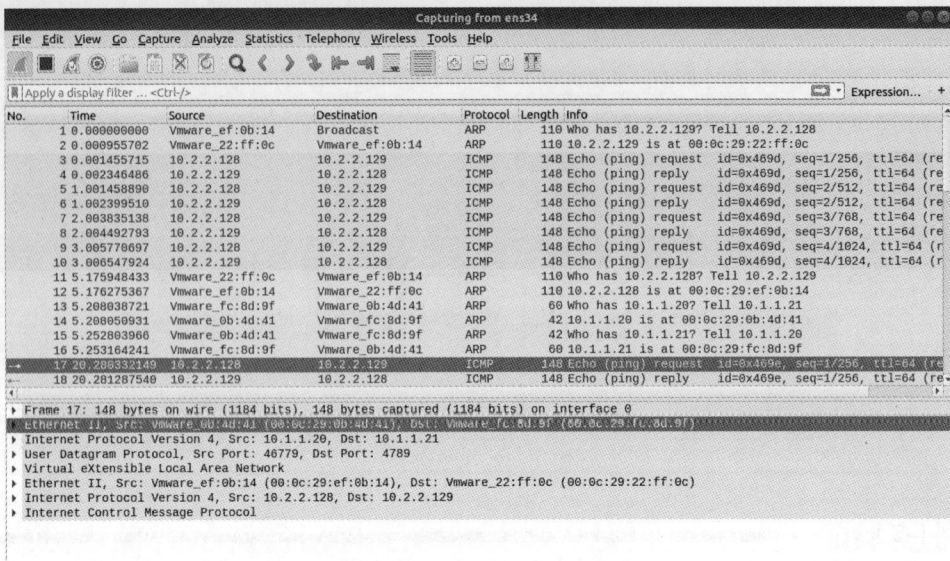

图 7-35　查看 switch1 上的抓包结果（1）

可以看出当前 switch1 的 ens34 端口共抓取到 18 个数据包，其中 10 个为 ICMP 包，包含 5 个从源地址 10.2.2.128 发往 10.2.2.129 的 ICMP Request 包和 5 个 10.2.2.129 回复 10.2.2.128 的 ICMP Reply 包；还有 8 个 ARP 包，是询问 10.1.1.21 的询问包与答复包、询问 10.2.2.129 的询问包与答复包。

从记录中可以看到，源/目的地址为 10.2.2.128 和 10.2.2.129 的数据包均携带了 Virtual eXtensible Local Area Network 字段。如图 7-36 所示，查看的是 No 列中编号为 3 的数据包，其是从 10.2.2.128 发往 10.2.2.129 的 ICMP 包，展开数据包中 Virtual eXtensible Local Area Network 的内容后，可以看到包含 VxLAN Network Identifier (VNI): 1234 的信息，说明数据包已经携带了 VNI。

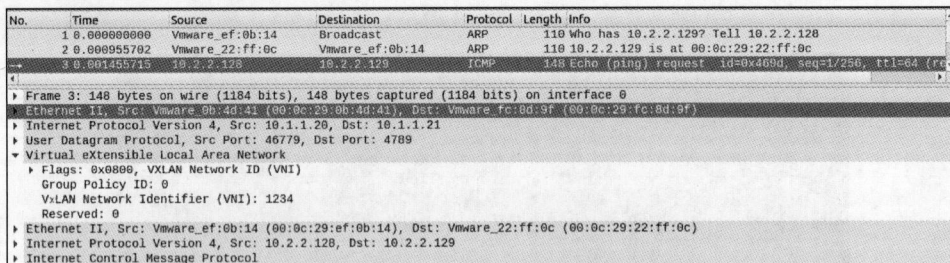

图 7-36　查看 switch1 上的抓包结果（2）

（4）查看测试后的流表匹配结果。

① 在 switch1 上查看流表信息。

```
root@switch1:~# ovs-ofctl dump-flows br-sw
```

在 switch1 上查看流表信息的操作结果如图 7-37 所示。

```
root@switch1:~# ovs-ofctl dump-flows br-sw
 cookie=0x0, duration=565.700s, table=0, n_packets=10, n_bytes=904, in_port=ens35 actions=load:0x4d2->NXM_NX_TUN_ID[],output:"VxLAN-
Port"
 cookie=0x0, duration=560.887s, table=0, n_packets=19, n_bytes=1752, tun_id=0x4d2,in_port="VxLAN-Port" actions=output:ens35
```

图 7-37　在 switch1 上查看流表信息的操作结果

由图 7-37 可以看出，switch1 上的两条流表项分别匹配了 10 次和 19 次，说明数据包被流表项正确匹配并转发，证明流表项正常生效。

② 在 switch2 上查看流表信息。

root@switch2:~# ovs-ofctl dump-flows br-sw

在 switch2 上查看流表信息的操作结果如图 7-38 所示。

```
root@switch2:~# ovs-ofctl dump-flows br-sw
 cookie=0x0, duration=585.683s, table=0, n_packets=19, n_bytes=1752, in_port=ens35 actions=load:0x4d2->NXM_NX_TUN_ID[],output:"VxLAN
-Port"
 cookie=0x0, duration=579.250s, table=0, n_packets=10, n_bytes=904, tun_id=0x4d2,in_port="VxLAN-Port" actions=output:ens35
```

图 7-38　在 switch2 上查看流表信息的操作结果

由图 7-38 可以看出，switch2 上的两条流表项分别匹配了 19 次和 10 次，说明数据包被流表项正确匹配并转发，证明流表项正常生效。

7.4.4　任务 4　使用 sFlow Collection 与 sFlow Agent 实现监控

任务规划

尝试通过部署 sFlow Collection 和 sFlow Agent 实现交换机监控数据的收集。角色规划如表 7-9 所示。

微课视频

表 7-9　角色规划

主机名称	端口	IP 地址	用途	LAN 区段
controller	ens33	由 DHCP 分配	连接互联网	
	ens34	10.1.1.10/24	SDN 控制网	LAN0
switch1	ens33	由 DHCP 分配	连接互联网	
	ens34	10.1.1.20/24	SDN 控制网	LAN0
	ens35	无 IP 地址	SDN 数据网	LAN1
	ens36	无 IP 地址	SDN 数据网	LAN2
switch2	ens33	由 DHCP 分配	连接互联网	
	ens34	10.1.1.21/24	SDN 控制网	LAN0
	ens35	无 IP 地址	SDN 数据网	LAN1
	ens36	无 IP 地址	SDN 数据网	LAN22
pchost-1	ens33	由 DHCP 分配	连接互联网	
	ens34	10.2.2.128/24	SDN 数据网	LAN2
pchost-2	ens33	由 DHCP 分配	连接互联网	
	ens34	10.2.2.129/24	SDN 数据网	LAN22

其具体步骤如下。

（1）安装 sFlow 工具并添加必要组件。

（2）配置 OVS 连接 sFlow 工具。

（3）通过 sFlow 工具监控主机。

任务实施

本任务具体实施过程如下。

（1）通过 Xftp、SecureFX、WinSCP 等工具上传 sFlow Collection 安装包到控制器中，上传过程略。这里的安装包名为 sFlow-rt.tar.gz，默认存放路径为/home/classroom。

（2）部署 sFlow Collection。登录控制器 controller，打开终端命令行，切换为 root 用户，执行如下命令，解压上传好的安装包 sFlow-rt.tar.gz 到/root 目录下。

```
classroom@controller:~$ su -
root@controller:~# tar -zxf /home/classroom/sflow-rt.tar.gz -C /root/
```

（3）检查环境变量。sFlow Collection 依赖于 Java 平台，由于默认 controller 已经部署了 JDK 1.8.0 平台，因此检查关于 Java 环境变量的配置是否正确即可。

```
root@controller:~# cat /etc/profile | grep JAVA
```

（4）启动 sFlow Collection 工具。通过 get-app.sh 脚本安装 browse-metrics 组件，并执行 sFlow Collection 的启动脚本，脚本名称为 start.sh。

```
root@controller:~# sFlow-rt/get-app.sh sflow-rt browse-metrics
root@controller:~# ./sFlow-rt/start.sh
root@controller:~# ./sFlow-rt/start.sh
```

启动 sFlow Collection 工具的操作结果如图 7-39 所示。

```
root@controller:~# sflow-rt/get-app.sh sflow-rt browse-metrics

=====================================
Restart sflow-rt to run application
=====================================
root@controller:~# ./sflow-rt/start.sh
2022-08-30T21:46:32+08:00 INFO: Starting sFlow-RT 3.0-1620
2022-08-30T21:46:33+08:00 INFO: Version check, 3.0-1672 available
2022-08-30T21:46:33+08:00 INFO: Listening, sFlow port 6343
2022-08-30T21:46:34+08:00 INFO: Listening, HTTP port 8008
^Croot@controller:~# ./sflow-rt/start.sh
2022-08-31T14:50:05+08:00 INFO: Starting sFlow-RT 3.0-1620
2022-08-31T14:50:06+08:00 INFO: Version check, 3.0-1672 available
2022-08-31T14:50:06+08:00 INFO: Listening, sFlow port 6343
2022-08-31T14:50:06+08:00 INFO: Listening, HTTP port 8008
```

图 7-39　启动 sFlow Collection 工具的操作结果

（5）在 controller 上打开终端命令行，执行如下命令，检查 sFlow Collection 监听的 6343 和 8008 端口。

```
classroom@controller:~$ ss -tlnuap | grep 6343
classroom@controller:~$ ss -tlnuap | grep 8008
```

检查 sFlow Collection 监听的 6343 和 8008 端口的操作结果如图 7-40 所示。

```
classroom@controller:~$ ss -tlnuap | grep 6343
udp    UNCONN    0    0                        *:6343                          *:*
classroom@controller:~$ ss -tlnuap | grep 8008
tcp    LISTEN    0    50                       *:8008                          *:*
tcp    ESTAB     0    0    [::ffff:192.168.217.141]:8008    [::ffff:192.168.217.1]:51300
tcp    ESTAB     0    0    [::ffff:192.168.217.141]:8008    [::ffff:192.168.217.1]:51165
tcp    ESTAB     0    0    [::ffff:192.168.217.141]:8008    [::ffff:192.168.217.1]:51172
tcp    ESTAB     0    0    [::ffff:192.168.217.141]:8008    [::ffff:192.168.217.1]:51299
tcp    ESTAB     0    0    [::ffff:192.168.217.141]:8008    [::ffff:192.168.217.1]:51310
```

图 7-40　检查 sFlow Collection 监听的 6343 和 8008 端口的操作结果

（6）在 switch1 上启动 OVS 守护进程，创建交换机 br-sw1，并将 ens35 和 ens36 加入交换机中，设置交换机的工作模式为 standalone。

```
classroom@switch1:~$ su -
root@switch1:~# source /etc/profile
root@switch1:~# ovs-ctl start
root@switch1:~# ovs-vsctl add-br br-sw1
root@switch1:~# ovs-vsctl add-port br-sw1 ens35
root@switch1:~# ovs-vsctl add-port br-sw1 ens36
root@switch1:~# ovs-vsctl set-fail-mode br-sw1 standalone
```

（7）在 switch1 上执行 ifconfig 命令，启动 ens35 和 ens36 端口。

```
root@switch1:~# ifconfig ens35 0 up
root@switch1:~# ifconfig ens36 0 up
```

（8）在 switch2 上启动 OVS 守护进程，创建交换机 br-sw2，并将 ens35 和 ens36 加入交换机中，设置交换机的工作模式为 standalone。

```
classroom@switch2:~$ su -
root@switch2:~# source /etc/profile
root@switch2:~# ovs-ctl start
root@switch2:~# ovs-vsctl add-br br-sw2
root@switch2:~# ovs-vsctl add-port br-sw2 ens35
root@switch2:~# ovs-vsctl add-port br-sw2 ens36
root@switch2:~# ovs-vsctl set-fail-mode br-sw2 standalone
```

（9）在 switch2 上执行 ifconfig 命令，启动 ens35 和 ens36 端口。

```
root@switch2:~# ifconfig ens35 0 up
root@switch2:~# ifconfig ens36 0 up
```

（10）分别在 switch1 和 switch2 上执行命令，配置 sFlow Agent 收集监控数据，连接 sFlow Collection。

① 在 switch1 上执行如下命令，为 br-sw1 配置 sFlow Agent。

```
root@switch1:~# ovs-vsctl -- --id=@sflow create sFlow agent=br-sw1
target=\"10.1.1.10:6343\" header=128 sampling=64 polling=1-- set bridge br-sw1 sflow=@sflow
```

② 在 switch2 上执行如下命令，为 br-sw2 配置 sFlow Agent。

```
root@switch2:~# ovs-vsctl -- --id=@sflow create sFlow agent=br-sw2
target=\"10.1.1.10:6343\" header=128 sampling=64 polling=1 -- set bridge br-sw2 sflow=@sflow
```

（11）在 pchost-1 上启动 4 个终端命令行，对 pchost-2 进行 ping 测试，如图 7-41 所示。

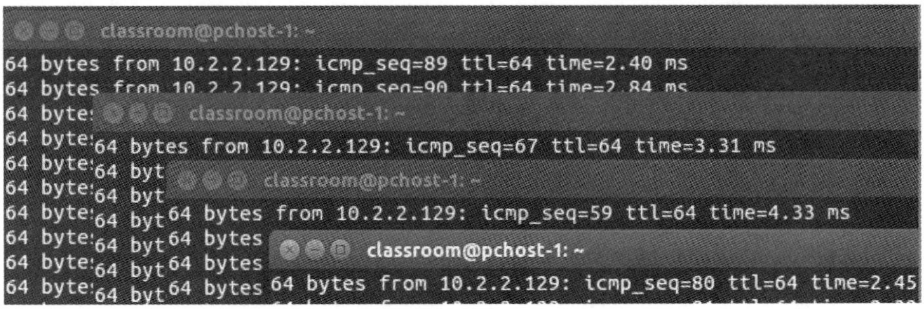

图 7-41　在 pchost-1 上对 pchost-2 进行 ping 测试

（12）在 controller 上启动火狐浏览器，访问 sFlow 的 Web-UI（默认网址为 http://127.0.0.1:8008），如图 7-42 所示。

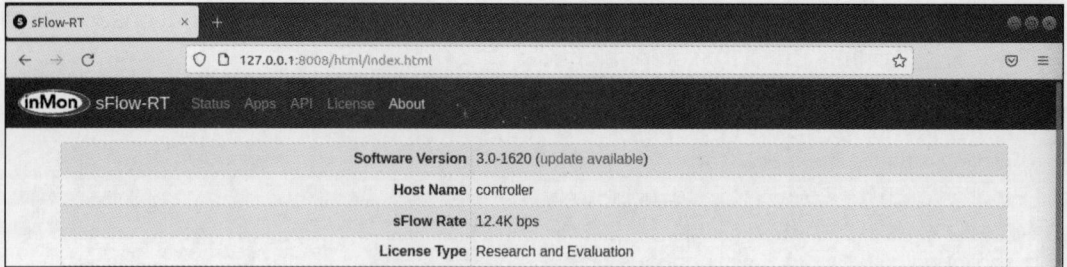

图 7-42　访问 sFlow 的 Web-UI

（13）选择 "Status" 选项卡，查看当前已连接 sFlow Collection 的所有 sFlow Agent 的记录，如图 7-43 所示。

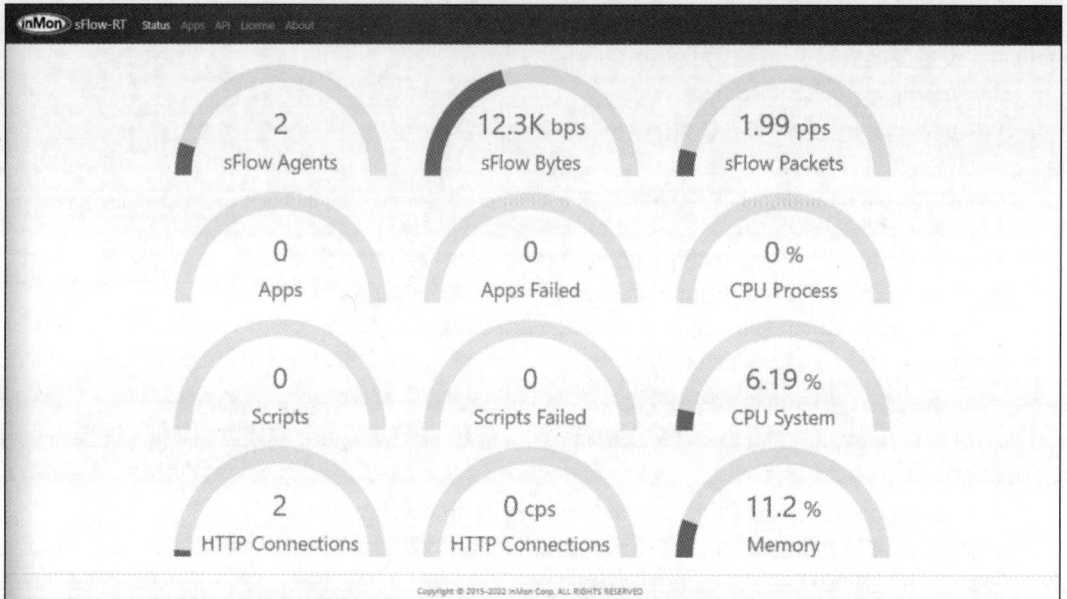

图 7-43　查看当前已连接 sFlow Collection 的所有 sFlow Agent 的记录

任务验证

本任务的具体验证过程如下。

（1）查看 pchost-1 上的 ping 测试结果，如图 7-44 所示，可以看出当前已经正常通信。保持测试状态，监控测试流量。

图 7-44　查看 pchost-1 上的 ping 测试结果

（2）单击 Web-UI 中的 "Apps" 按钮，在弹出的 Apps 页面（图 7-45）中单击 "browse-metrics" 按钮，进入监控页面。

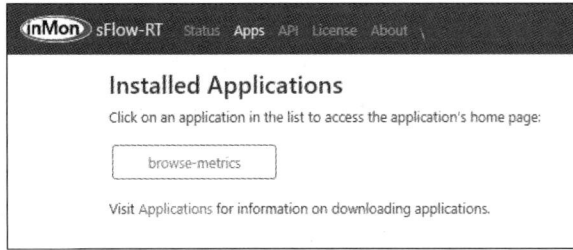

图 7-45　Apps 页面

（3）在 Metric Browser 页面中，设置 Agent 为交换机 1（IP 地址为 10.1.1.20），Metric（度量值）为 ifinucastpkts（此选项代表入方向的单播数据包数量），Datasource（数据源）为 s1-eth1 接口，Statistic（统计类型）为 any，如图 7-46 所示。

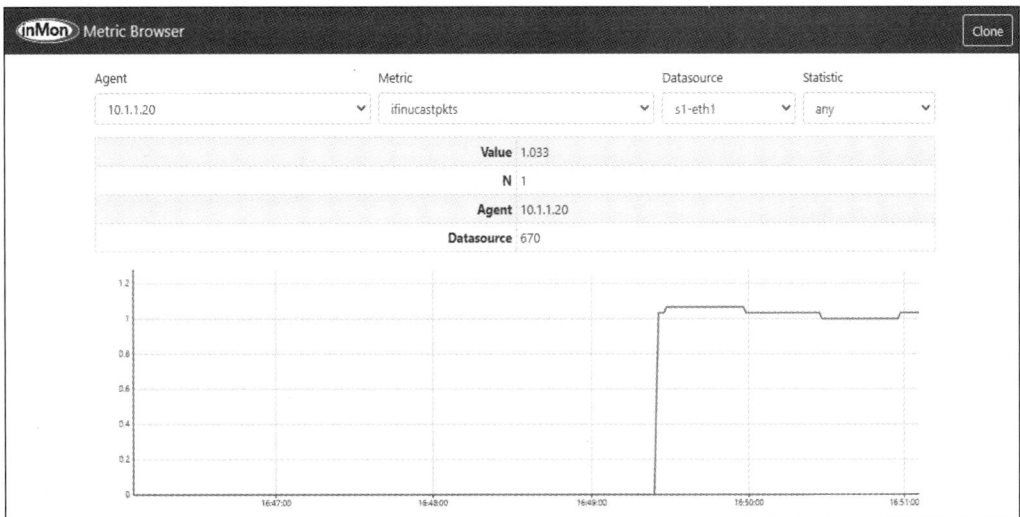

图 7-46　Metric Browser 页面

（4）将度量值修改为 ifoperstatus，其余不变，可以观察到当前端口状态，其 Value 值为 up，代表当前 s1 交换机的 1 端口可用，如图 7-47 所示。

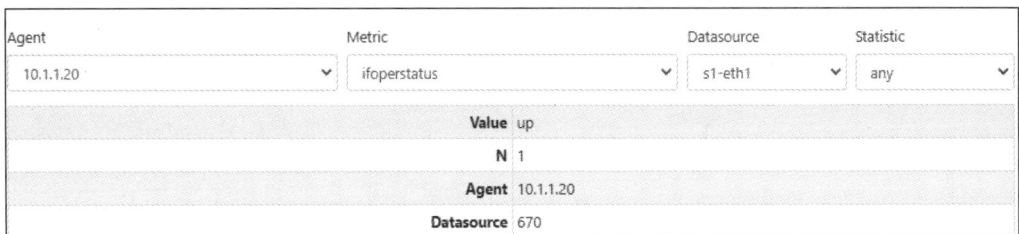

图 7-47　将度量值修改为 ifoperstatus 后的操作结果

7.5　项目习题

一、选择题

1. 在 OVS 中，隧道的端口类型有（　　　）。

A. GRE　　　　　　B. VxLAN　　　　　　C. Internal　　　　　D. RIP

2. OpenFlow（　　）协议之后（含此版本）可以支持 Group 表。

    A. 1.3   B. 1.1   C. 1.0   D. 1.4

二、简答题

1. 写出命令以满足以下要求：配置 br-sw 交换机，使用 ovsdb 主动模式连接控制器 10.2.2.3: 6640 上的 ovsdb 项目。

2. 简述 ovsdb 主动模式和被动模式之间的差异。

项目8

使用SDN控制器
管理锐捷SDN设备

08

学习目标

（1）了解主流通信厂商OpenFlow硬件设备。

（2）掌握OpenFlow交换机的部署流程及配置。

（3）掌握OpenDayLight控制器控制OpenFlow交换机的部署流程及配置。

8.1 项目背景

基于前期项目的实践，网络工程师对 SDN 控制器及 OVS 设备有了一定的了解，能使用 SDN 控制器结合 OVS 下发流表实现局域网通信。但是，实际项目中 OVS 设备多为各网络通信厂商的硬件交换设备，因此还需要测试 OpenDayLight SDN 控制器能否在真实网络环境中与各厂商的硬件设备进行对接，并进行相应流表的下发。公司网络管理员将以锐捷交换设备为例，将其作为 OpenFlow 接入设备与 OpenDayLight SDN 进行对接，并进行相关流表策略下发测试。网络结构拓扑如图 8-1 所示。

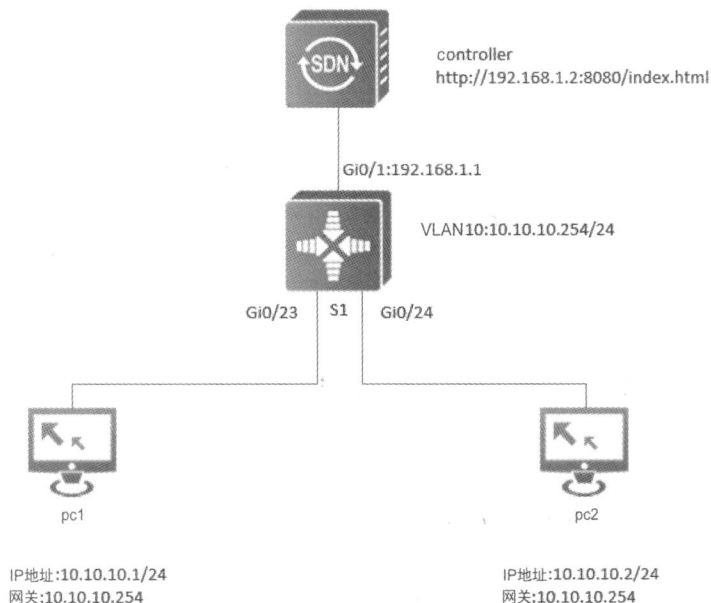

图 8-1 网络结构拓扑

角色规划如表 8-1 所示。

表 8-1　角色规划

角色	主机名称	系统版本	软件配置
控制器	controller	Ubuntu 18.04	OpenDayLight-Lithium JDK 1.8
交换机	S1	RGOS	S5300E_RGOS 12.5(4)B0701

网络规划如表 8-2 所示。

表 8-2　网络规划

主机名称	端口	IP 地址	用途	备注
controller	ens34	192.168.1.2/24	SDN 控制网	
S1	VLAN10	10.10.10.254/24	业务数据网	除 Gi0/1 外，其余端口均为业务数据网
	Gi0/1	192.168.1.1/24	SDN 控制网	
PC1	VLAN10	10.10.10.1/24	业务数据网	
PC2	VLAN20	10.10.10.2/24	业务数据网	

流量规划如表 8-3 所示。

表 8-3　流量规划

源地址	目的地址	动作	协议类型	优先级
any	any	丢弃	IP	0
any	any	转发	ARP	100
10.10.10.1/32	10.10.10.2/32	转发交换机 S1 24 端口至 23 端口流量	IP	100
10.10.10.2/32	10.10.10.1/32	转发交换机 S1 23 端口至 24 端口流量	IP	100

8.2　项目需求分析

项目初始情况参照项目 2，交换机 S1 作为传统交换机已经进行了初始配置，并且实现了 PC1 与 PC2 不同网段间的主机通信。在此基础上，管理员将交换机 S1 对接至 OpenDayLight SDN，之后局域网连通将由 SDN 控制器统一管理。

综上所述，本项目设计如下几项任务。

（1）交换机 S1 初始配置对接至 SDN 控制器。

（2）SDN 控制器纳管交换机 S1。

（3）使用 YangUI 下发流表实现通信控制。

8.3　项目相关知识

8.3.1　OpenFlow 交换机概述

1. OpenFlow 交换机的组成

OpenFlow 交换机是整个 OpenFlow 网络的核心部件，主要管理数据层的转发。OpenFlow

交换机接收到数据包后，首先在本地的流表上查找转发目的端口，如果没有匹配，则把数据包转发给控制器，由控制层决定转发端口。

流表由很多个流表项组成，每个流表项就是一个转发规则。进入交换机的数据包通过查询流表获得转发的目的端口。流表项由头域、计数器和操作 3 部分组成。其中，头域是一个十元组，是流表项的标识；计数器用来计数流表项的统计数据；操作标明了与该流表项匹配的数据包应该执行的操作。

安全通道是连接 OpenFlow 交换机到控制器的接口。控制器通过该接口控制和管理交换机，同时接收来自交换机的事件并向交换机发送数据包。交换机和控制器通过安全通道进行通信，且所有信息必须按照 OpenFlow 协议规定的格式执行。

OpenFlow 协议用来描述控制器和交换机之间交互所用信息的标准，以及控制器和交换机的接口标准。OpenFlow 协议的核心部分是用于 OpenFlow 协议信息结构的集合。

OpenFlow 协议支持 3 种信息类型：Controller-to-Switch、Asynchronous 和 Symmetric，每一个类型都有多个子类型。其中，Controller-to-Switch 信息由控制器发起并直接用于检测交换机的状态，Asynchronous 信息由交换机发起并通常用于更新控制器的网络事件和改变交换机的状态，Symmetric 信息可以在没有请求的情况下由控制器或交换机发起。

2. OpenFlow 交换机的分类

OpenFlow 交换机分为只支持根据 OpenFlow 协议进行数据包转发的专用 OpenFlow 交换机和启用 OpenFlow 的通用商用以太网交换机，目前 OpenFlow 协议和接口已作为新功能添加到这些交换机和路由器中。

专用 OpenFlow 交换机是一个哑巴数据路径元素，其按照远程控制进程的定义在端口之间转发数据包。图 8-2 给出了 OpenFlow 交换机示例。

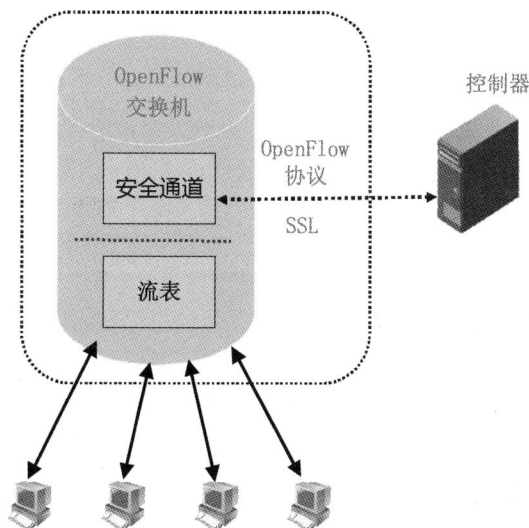

图 8-2　OpenFlow 交换机示例

启用 OpenFlow 的交换机（OpenFlow-enabled switches）主要是一些商用交换机和路由器。它们可通过添加流表、安全通道（Secure Channel）和 OpenFlow 协议来增强 OpenFlow 功能。通常，流表将重用现有硬件，如三态内容寻址存储器（Ternary Content Addressable Memory，TCAM），安全通道和 OpenFlow 协议将移植到交换机的操作系统中运行。图 8-3 给出了启用 OpenFlow 的商用交换机和接入点的网络。在此示例中，所有 FlowTable 由同一控制器管理；OpenFlow 协议允许由两台或更多控制器控制交换机，以提高性能或健壮性。

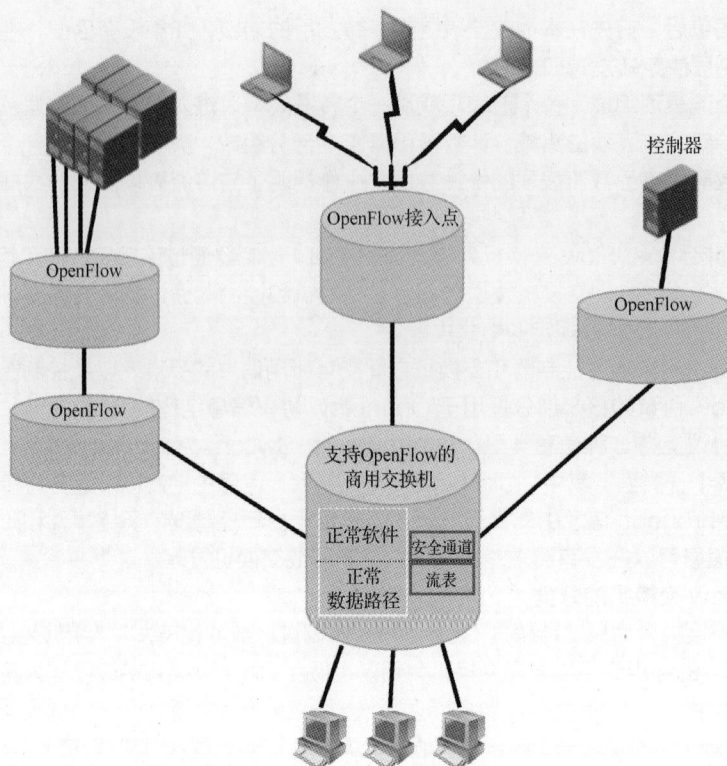

图 8-3　启用 OpenFlow 的商用交换机和接入点的网络

8.3.2　OpenFlow 商用交换机

目前主流网络通信厂商，如思科、华为、华三、锐捷均在各自主打产品中植入了 OpenFlow 功能，进而发布了 OpenFlow 交换设备。本节以锐捷设备为例进行介绍。

锐捷网络提供了多款 OpenFlow 交换机，其中一些主要产品及其特点如下。

（1）RG-S5750-H 系列：基于 SDN 架构设计的高性能数据中心交换机，具有丰富的接口组合，支持高性能数据转发和流量处理，适用于大规模数据中心部署。

（2）RG-S6200 系列：高密度 OpenFlow 交换机，适用于数据中心和企业网络，具有高性能数据处理能力和丰富的接口类型（如千兆以太网、万兆以太网、40GbE、100GbE 等）。

（3）RG-S6920 系列：高性能核心交换机，具备多种高可用性和冗余功能，适用于企业级大规模网络，支持全局负载均衡和流量优化。

（4）RG-S5750-E 系列：用于企业级分布式交换机，提供丰富的二层和三层功能，支持 OpenFlow 协议，可与其他厂商的 SDN 系统集成，实现灵活的网络控制和可编程性。

锐捷 OpenFlow 交换机具有以下特点。

（1）灵活的可编程性：锐捷 OpenFlow 交换机采用了基于 SDN 的架构，支持 OpenFlow 协议。这使得网络管理员能够直接控制交换机的流量转发和行为，从而提供更高的可编程性。锐捷 OpenFlow 交换机允许网络管理员自定义流表项，以实现对数据流的细粒度控制，满足特定的网络需求。

（2）高性能数据处理能力：锐捷 OpenFlow 交换机采用硬件和软件协同工作的方式，提供高性能的数据处理和转发能力。锐捷 OpenFlow 交换机具备快速的数据包处理和传输速率，适合在高密度网络环境下应对大量数据流。

（3）多种接口类型：锐捷 OpenFlow 交换机提供了丰富的接口类型，以满足不同场景的需求。锐捷 OpenFlow 交换机支持多种接口类型（如千兆以太网、万兆以太网、40GbE、100GbE 等），可以适应各种网络规模和连接需求。

（4）高可用性和冗余功能：锐捷 OpenFlow 交换机内置了多种高可用性和冗余功能，用于确保网络的可靠性和稳定性。这些功能包括热插拔模块化设计、冗余电源供应、多个扩展槽位、链路聚合等，可以有效降低网络故障和单点故障的风险。

（5）安全性控制：锐捷 OpenFlow 交换机提供了多层次、全面的安全机制，以保护网络不受恶意攻击和入侵。锐捷 OpenFlow 交换机支持 802.1X 身份验证、访问控制列表（Access Control List，ACL）、IP 源地址验证、端口安全等特性。

（6）技术支持和生态系统：锐捷网络在 OpenFlow 交换机领域拥有丰富的经验和专业知识，可以提供全面的技术支持和培训。此外，锐捷与各种 SDN 控制器和应用提供商合作构建了一个开放的生态系统，以促进 OpenFlow 技术的应用和发展。

综上所述，锐捷 OpenFlow 交换机具有可编程、高性能、支持多种接口类型、高可用和安全控制等特性，为构建灵活、高效和可靠的 SDN 提供了一种可靠的解决方案。

8.4 项目实践

8.4.1 任务 1 OpenFlow 交换机初始配置

任务规划

为了分离转发面与控制面，网络管理员决定在公司业务测试环境中规划为控制器的角色上部署 OpenDayLight，并使用 OpenDayLight-YangUI 和 Postman 查看及分析拓扑，观察 OpenDayLight 自动下发的流表。其具体步骤如下。

（1）交换机传统网络连通配置。

（2）交换机 OpenFlow 相关配置。

任务实施

本任务具体实施过程如下。

（1）交换机传统网络连通配置。

```
S1(config)  #vlan 10
S1(config-vlan)  #exit
#创建业务 VLAN10

S1(config)  #interface vlan 10
S1(config-if-VLAN 10)  #ip address 10.10.10.254 255.255.255.0
#配置业务 VLAN10 接口的 IP 地址

S1(config)#interface GigabitEthernet 0/24
S1(config-if-GigabitEthernet 0/24)#switchport access vlan 10
S1(config-if-GigabitEthernet 0/24)#exit
```

```
S1(config)#interface GigabitEthernet 0/23
S1(config-if-GigabitEthernet 0/23)#switchport access vlan 10
S1(config-if-GigabitEthernet 0/23)#exit
#将 23 及 24 端口划分到 VLAN10 中
```

（2）配置 OpenFlow 协议与 SDN 控制器对接。

```
S1(config)#interface GigabitEthernet 0/1
S1(config-if-GigabitEthernet 0/1)#no switchport
S1(config-if-GigabitEthernet 0/1)#ip address 192.168.1.1 255.255.255.0
S1(config)#of controller-ip (onc-ip)   port 6653 interface   (GigabitEthernet 0/1)
#指定 SDN 控制器的 IP 地址及本端的出口
```

任务验证

本任务的具体验证过程如下。

查看 OpenFlow 协议对接状态。

```
S1#show of
version:openflow1.3, controller[0]:tcp:192.168.1.2 port 6653 interface GigabitEthernet 0/1, main is
connected, aux is disable, role is master.
Current controller mode : multiple.
Current packet process mode : Lookup all flow.
```

8.4.2 任务 2 OpenDayLight 纳管 OpenFlow 交换机

任务规划

微课视频

完成 OpenFlow 交换机初始配置后，在管理网络连通的情况下，OpenDayLight 即可管理和控制 OpenFlow 交换机。具体监管信息可通过以下步骤完成。

（1）查看 OpenFlow 交换机网络拓扑。

（2）查看 OpenFlow 交换机端口信息。

（3）查看 OpenFlow 交换机初始流表信息。

任务实施

本任务具体实施过程如下。

（1）启动 OpenDayLight 控制台。

```
root@controller: ~ /home/classroom# /mnt/distribution-karaf-0.3.0-Lithium/bin/karaf
```

启动 OpenDayLight 控制台的操作结果如图 8-4 所示。

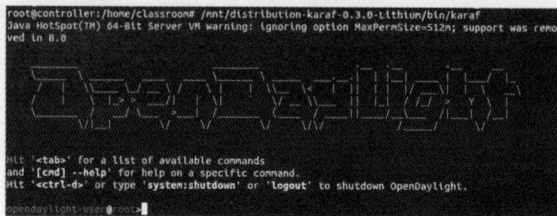

图 8-4 启动 OpenDayLight 控制台的操作结果

（2）安装控制器的必要组件。

```
opendaylight-user@root>feature:install odl-restconf
opendaylight-user@root>feature:install odl-l2switch-switch
opendaylight-user@root>feature:install odl-openflowplugin-all
opendaylight-user@root>feature:install odl-dlux-all
opendaylight-user@root>feature:install odl-mdsal-all
opendaylight-user@root>feature:install odl-adsal-northbound
```

（3）返回 controller 主机，打开火狐浏览器，访问网址 http://192.168.1.2:8080/index. html，使用用户名（admin）和密码（admin）进行登录，如图 8-5 所示。

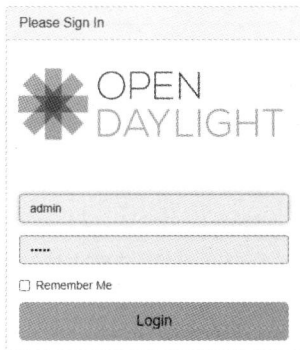

图 8-5　使用用户名和密码进行登录

（4）登录后，在 Topology 页面中查看当前拓扑，如图 8-6 所示。

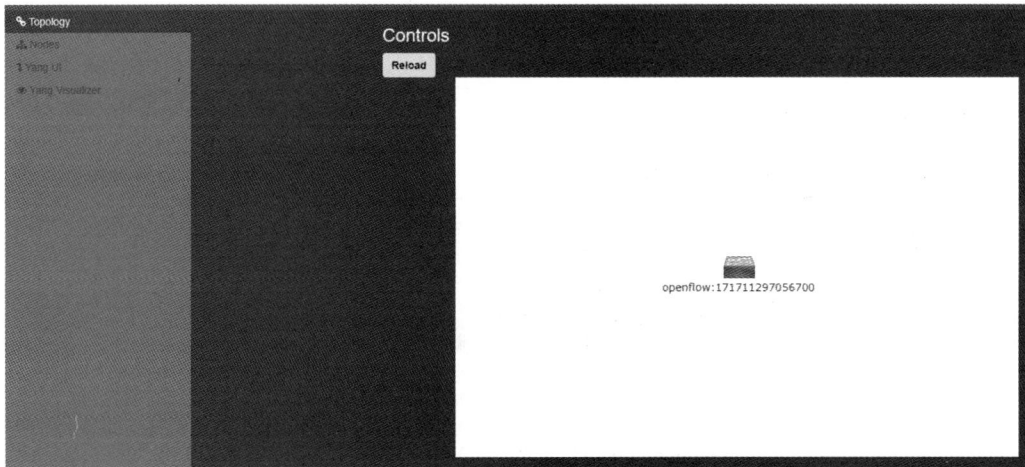

图 8-6　在 Topology 页面中查看当前拓扑

（5）在 Nodes 页面中查看节点概览信息、节点端口信息、节点流表统计信息，如图 8-7～图 8-9 所示。

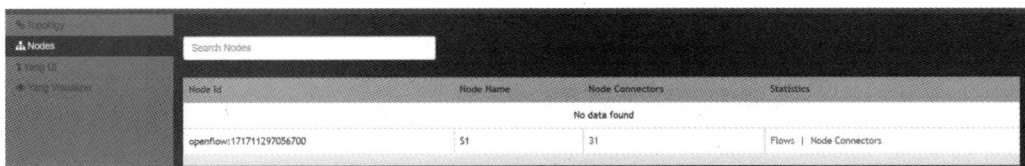

图 8-7　在 Nodes 页面中查看节点概览信息

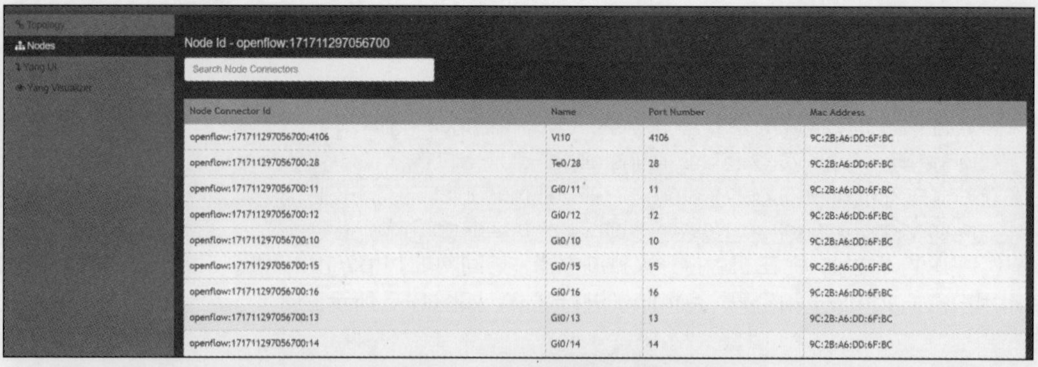

图 8-8　在 Nodes 页面中查看节点端口信息

图 8-9　在 Nodes 页面中查看节点流表统计信息

任务验证

本任务的具体验证过程如下。

（1）查看 OpenFlow 交换机初始流表信息。

（2）返回 OpenFlow 交换机，使用如下命令查看 SDN 控制器自动下发的流表信息。

S1#show of flowtable

查看 SDN 控制器自动下发的流表信息的操作结果如图 8-10 所示，默认阻断所有端口流量（优先级为 0）的同时放通 LLDP（优先级为 100）流量。

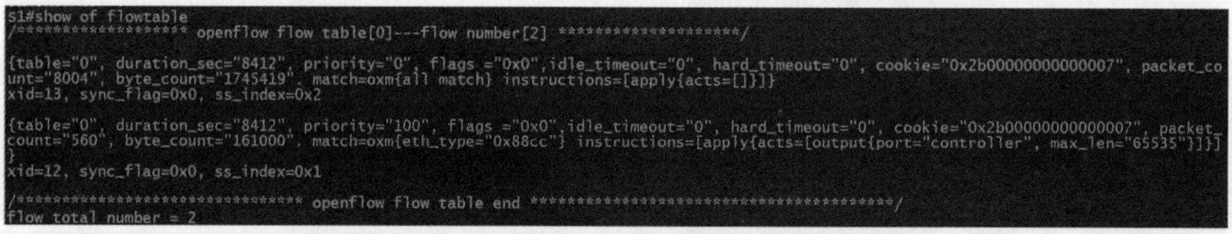

```
S1#show of flowtable
/****************** openflow flow table[0]---flow number[2] ******************/

{table="0", duration_sec="8412", priority="0", flags="0x0",idle_timeout="0", hard_timeout="0", cookie="0x2b00000000000007", packet_co
unt="8004", byte_count="1745419", match=oxm{all match} instructions=[apply{acts=[]}]}
xid=13, sync_flag=0x0, ss_index=0x2

{table="0", duration_sec="8412", priority="100", flags="0x0",idle_timeout="0", hard_timeout="0", cookie="0x2b00000000000007", packet_
count="560", byte_count="161000", match=oxm{eth_type="0x88cc"} instructions=[apply{acts=[output{port="controller", max_len="65535"}]}]
}
xid=12, sync_flag=0x0, ss_index=0x1
****************** openflow flow table end ******************/
flow total number = 2
```

图 8-10　查看 SDN 控制器自动下发的流表信息的操作结果

8.4.3　任务 3　使用 YangUI 下发流表实现通信控制

微课视频

任务规划

在公司业务测试环境中使用 OpenDayLight+OpenFLow 交换机的组网架构，基于 OpenFlow 1.0，通过 OpenDayLight 的 YangUI 手动下发流表三层控制。其具体步骤如下。

（1）启动 OpenDayLight 控制器。

（2）OpenFlow 交换机初始配置。

（3）通过 YangUI 下发流表配置。

任务实施

本任务具体实施过程如下。

（1）任务前置条件为开启 OpenDayLight 及 OpenFlow 交换机初始配置，前导项目中已经进行了介绍，此处不赘述。

（2）返回 controller 主机，登录 OpenDayLight 的 Web-UI，若登录正常，则默认进入 Topology 页面。

（3）记录在 Topology 页面中显示的交换机图形下的文字，代表需要下发流表的交换机 ID（也称为 node-id），这里 node-id 是 openflow:171711297056700。

（4）在火狐浏览器左侧列表框中选择 Yang UI，进入 YangUI 页面，等待页面右侧的 Module 组件列表加载完毕，如图 8-11 所示。

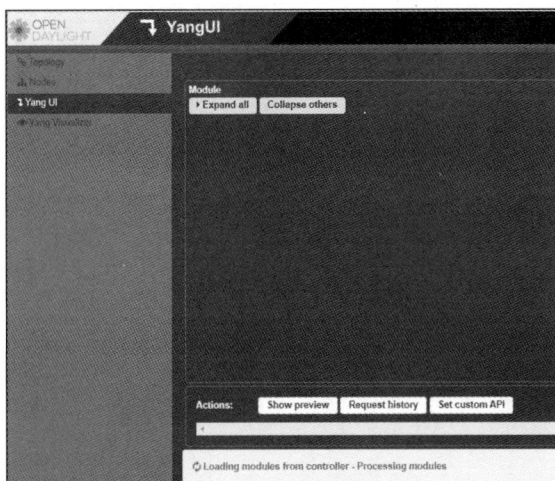

图 8-11　YangUI 页面

在图 8-11 中可以看出 YangUI 页面正在加载 OpenDayLight 当前可用的组件 Module，加载完毕会提示"Loading completed successfully"，并在 Module 组件列表中显示可用组件，如图 8-12 所示。

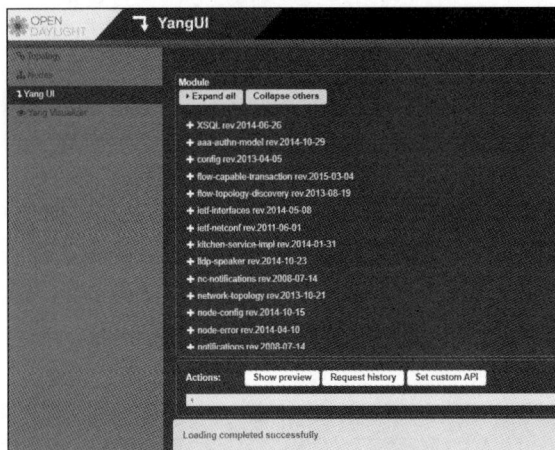

图 8-12　成功加载 OpenDayLight 当前可用组件

（5）在 Module 中找到 opendaylight-inventory rev.2013-08-19 组件列表，单击其左侧的"+"按钮，展开此组件下的数据存储区域列表，如图 8-13 所示，可知其分为 operational 数据存储区域和 config 数据存储区域。

（6）依次单击 config 目录下 nodes→node{id}→table{id}左侧的"+"按钮，展开 table{id}子节点，选择 flow{id}子节点，进入流表项参数清单，"-"按钮表示该条目已经展开，如图 8-14 所示。

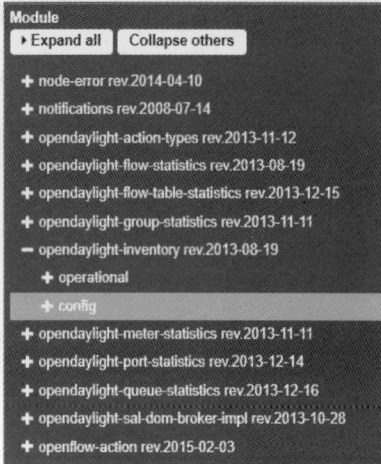

图 8-13　展开 opendaylight-inventory
rev.2013-08-19 组件列表

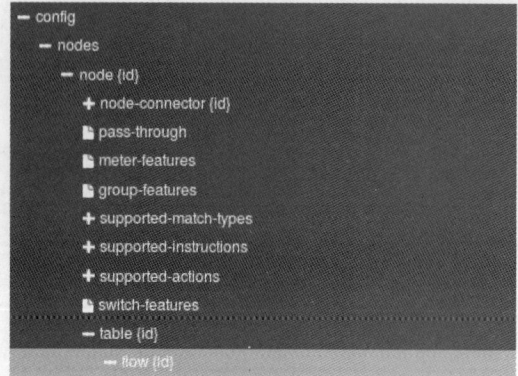

图 8-14　进入流表项参数清单

（7）填写流表项参数清单，如图 8-15 所示（建议全屏显示）。由图 8-15 可以看出 Actions 区域显示了 flow{id}在 YangUI 中的相对路径，且相对路径需要补全；另外，在 Actions 区域下方的参数填写区域出现了 flow list（流表项列表）。

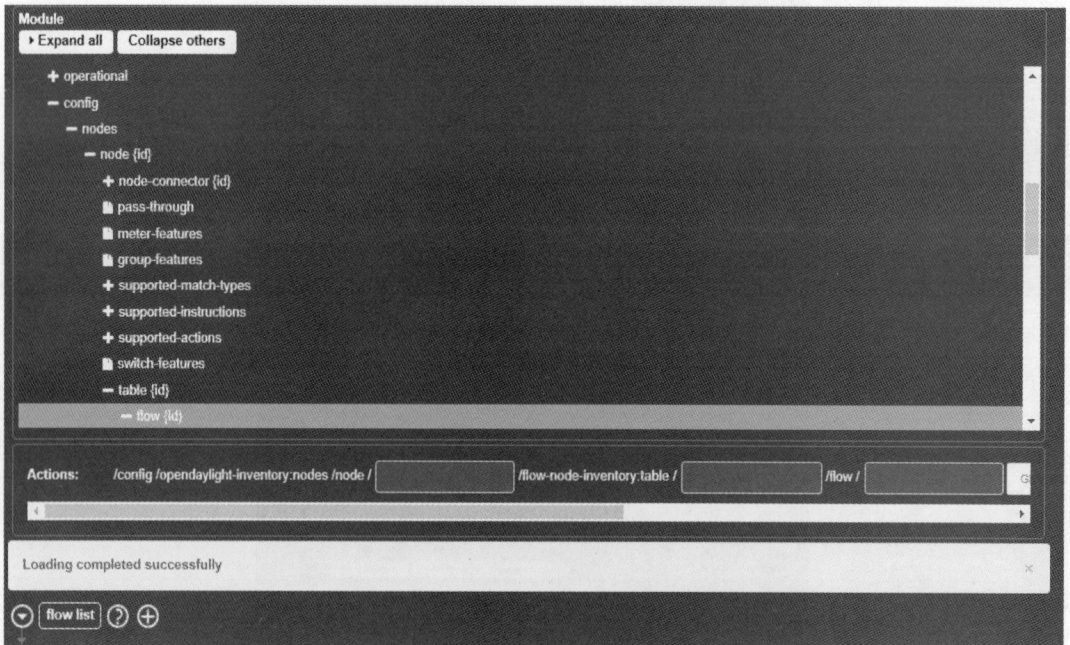

图 8-15　填写流表项参数清单

（8）三层通信需要保证二层的正常通信。由于任务中对二层通信没有精准匹配的要求，因此让 ARP 数据包执行 NORMAL 动作，即进行正常转发。

① 在 Actions 区域中补全 node-id（Topology 页面中记录的 node-id）和 table-id（本任务是下发基于 OpenFlow 1.0 的流表，这里仅可填写为 0），如图 8-16 所示。

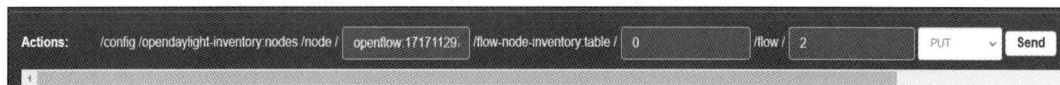

图 8-16　补全 node-id 和 table-id

② 单击 flow list 右侧的"＋"按钮，展开流表项列表，填写流表项 id，为 2，如图 8-17 所示。

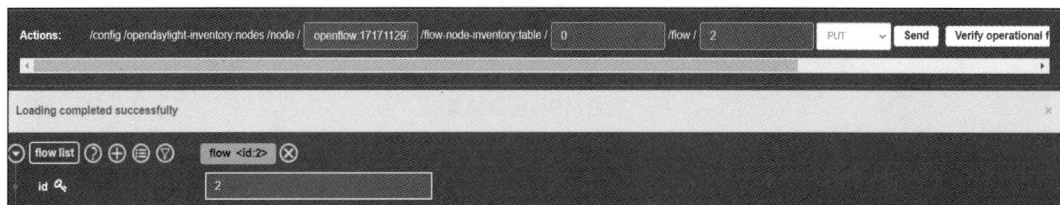

图 8-17　填写流表项 id

③ 依次单击 match→ethernet-match→ethernet-type 左侧的三角符号，展开下层目录，在 ethernet-type 下的"type"文本框中输入 0x0806，表示匹配以太网类型是 ARP 类型，如图 8-18 所示。

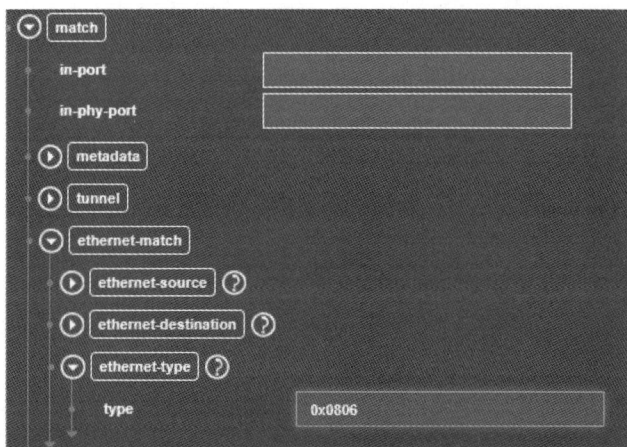

图 8-18　在 ethernet-type 下的"type"文本框中输入 0x0806

④ 填写匹配域内容后，单击 instructions 左侧的三角符号，展开下层目录。单击 instruction list 右侧的"＋"按钮，添加一个指令清单，填写 order 的值，这里为 0，表示这是第一个指令列表。设置 instruction 为 apply-actions-case，表示指令是应用动作事件。单击下方刚出现的 apply-actions 左侧的三角符号，展开下层目录。单击 action list 右侧的"＋"按钮，添加一个动作清单，填写 order 的值，这里为 0，表示这是第一个动作。设置 action 为 output-action-case，表示要执行输出端口的动作。单击 output-action 左侧的三角符号，展开下层目录，填写 output-node-connector 的值，这里为 NORMAL，表示输出的端口为 NORMAL，即正常转发，设置结果如图 8-19 所示。

195

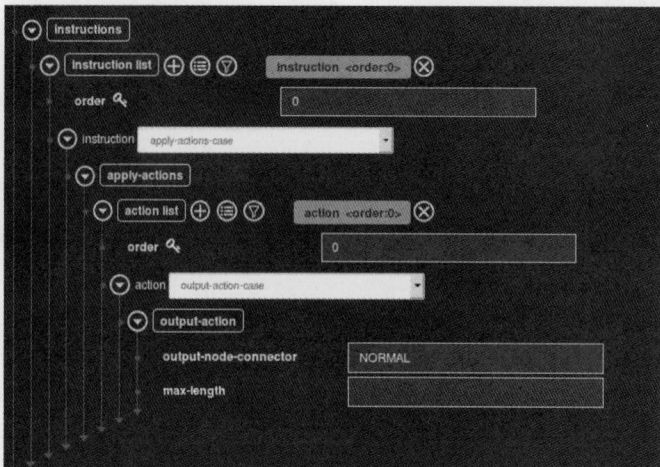

图 8-19　设置结果

⑤ 填写其他流表设置项，如流表优先级、空闲超时时间、硬超时时间、流表 ID，这里分别是 100、0、0、0，如图 8-20 所示。

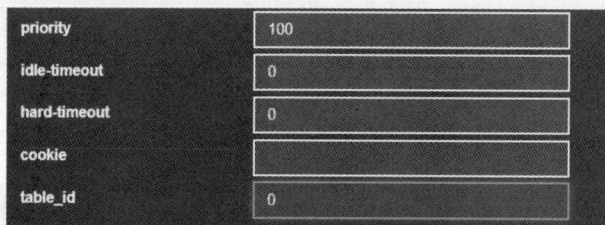

图 8-20　填写其他流表设置项

⑥ 确认无误后更改 Actions 区域中的 GET 为 PUT，单击"Send"按钮，将下发流表到交换机中，显示"Request sent successfully"时表示成功，如图 8-21 所示。

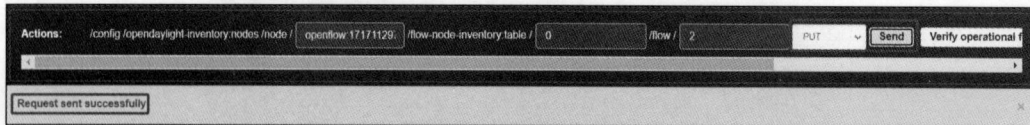

图 8-21　下发流表到交换机中

（9）下发新流表项，指导 PC1 发往 PC2 的 IP 通信数据包的流向。此流表项匹配 IPv4 以太网类型且源 IP 地址为 10.10.10.1、目的地址是 10.10.10.2 的数据包，处理动作为将数据包输出到 OpenFlow 交换机的 24 端口，即 PC2 连接的网桥端口。

① 在 flow-id 为 2 的流表项设置清单中更改 flow list 下的 id 为 3，更改完成后 Actions 区域中的 flow-id 的值会自动更新为 3，如图 8-22 所示。

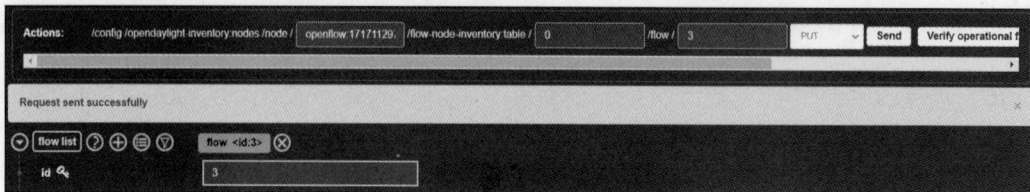

图 8-22　更改 flow list 下的 id 为 3

② 在 match 区域设置清单中，更改 ethernet-match 下的 type 的值为 0x0800，表示匹配的以太网类型为 IPv4。在 layer-3-match 中选择"ipv4-match"选项，表示在三层进行匹配。选择完毕之后会出现"ipv4-source"和"ipv4-destination"文本框，需要分别输入 10.10.10.1/32 和 10.10.10.2/32，表示匹配的源 IPv4 地址是 10.10.10.1，匹配的目的 IPv4 地址是 10.10.10.2。由于需要精准地匹配 IP 地址而非一个网段的 IP 地址，因此需在地址后面输入子网掩码 32。填写完毕之后，匹配域的设置即完成，如图 8-23 所示。

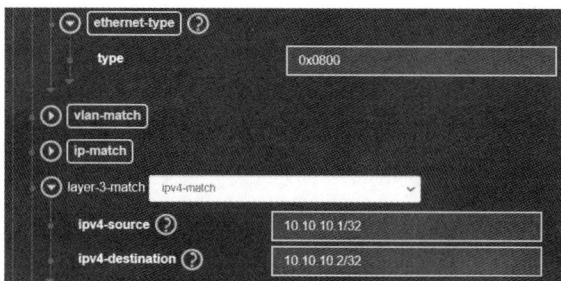

图 8-23　填写匹配域

③ 修改指令设置。由于新流表项的指令仍然是应用动作事件且动作类型是 output-action-case，因此指令设置中只需要更改 output-node-connector 的值为 3，表示该数据包最终的处理动作是输出到编号为 3 的网桥端口，如图 8-24 所示。

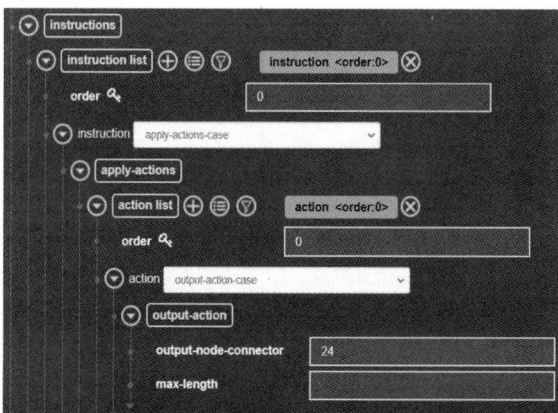

图 8-24　更改 output-node-connector 的值为 3

④ 其他参数设置。在新流表项中，流表优先级、空闲超时时间、硬超时时间、流表 ID 均保持不变，它们的值分别为 100、0、0、0，如图 8-25 所示。

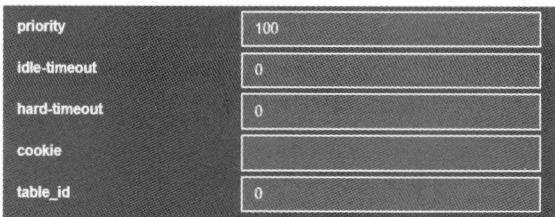

图 8-25　其他参数设置

⑤ 上面的设置完毕后，确认 Actions 中请求方法为 PUT，单击"Send"按钮，即可下发流表项，下方提示"Request sent successfully"时表示下发成功，如图 8-26 所示。

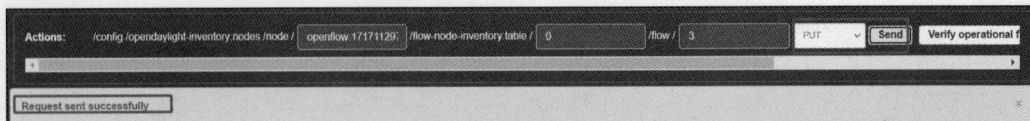

图 8-26　下发流表项

（10）下发新流表项，指导 PC2 回复给 PC1 的数据包的走向。此流表项需要匹配以太网类型是 IPv4 且源 IPv4 地址是 10.10.10.2、目的 IPv4 地址是 10.10.10.1 的数据包，处理动作为输出到编号为 23 的 OpenFlow 交换机端口。

① 在 flow-id 为 101 的流表项设置清单中更改 flow list 下的 id 为 4，更改完成后 Actions 区域中的 flow-id 会自动更新为 4，如图 8-27 所示。

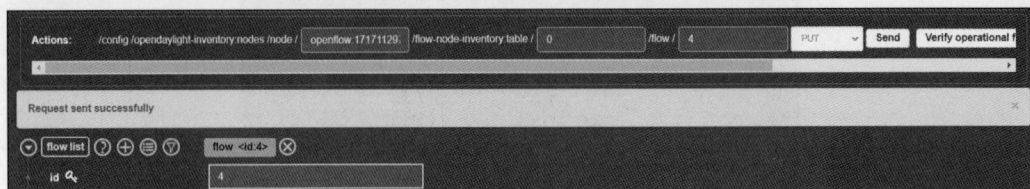

图 8-27　更改 flow list 下的 id 为 4

② 保留 ethernet-type 中的 type 的设置，表示此流表项依旧要匹配 IPv4 的以太网类型。更改 layer-3-match ipv4-match 中的 ipv4-source 的值为 10.10.10.2/32，ipv4-destination 的值为 10.10.10.1/32，表示匹配的源 IPv4 地址是 10.10.10.2，匹配的目的 IPv4 地址为 10.10.10.1，如图 8-28 所示。

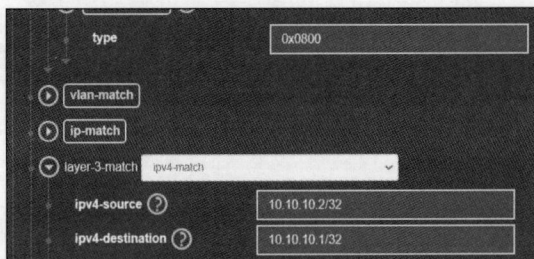

图 8-28　更改 match 项

③ 修改指令参数设置。更改 output-node-connector 的值为 23，表示该数据包最终的处理动作是输出到编号为 23 的网桥端口，如图 8-29 所示。

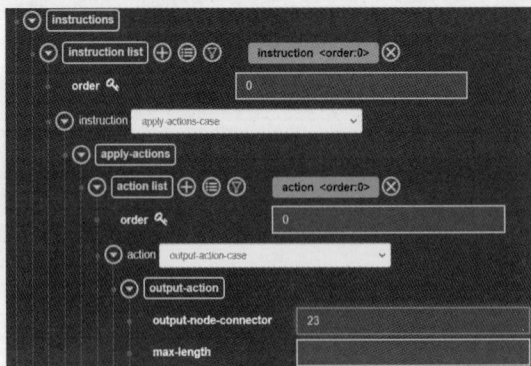

图 8-29　更改 output-node-connector 的值为 23

④ 其他流表项设置。在新流表项中，流表优先级、空闲超时时间、硬超时时间、流表 ID 均保持不变，它们的值分别为 100、0、0、0。

⑤ 以上设置完毕后，确认 Actions 中的请求方法为 PUT，单击“Send”按钮即可下发流表项，下方提示“Request sent successfully”时表示下发成功。

任务验证

本任务的具体验证过程如下。

（1）返回 OpenFlow 交换机，使用如下命令查看下发流表项是否已经被网桥正常接收到。

```
S1#show of flowtable
```

查看下发流表项的操作结果如图 8-30 所示。

```
s1#show of flowtable
/******************* openflow flow table[0]---flow number[5] ********************/

{table="0", duration_sec="2066", priority="0", flags ="0x0",idle_timeout="0", hard_timeout="0", cookie="0x2b00000000000001", packet_co
unt="2073", byte_count="425278", match=oxm{all match} instructions=[apply{acts=[]}]}
xid=12, sync_flag=0x0, ss_index=0x7a

{table="0", duration_sec="2066", priority="100", flags ="0x0",idle_timeout="0", hard_timeout="0", cookie="0x2b00000000000003", packet_
count="138", byte_count="39675", match=oxm{eth_type="0x88cc"} instructions=[apply{acts=[output{port="controller", max_len="65535"}]}]}
xid=13, sync_flag=0x0, ss_index=0x79

{table="0", duration_sec="31", priority="100", flags ="0x0",idle_timeout="0", hard_timeout="0", cookie="0x0", packet_count="0", byte_c
ount="0", match=oxm{eth_type="0x800", ipv4_src="10.10.10.1", ipv4_dst="10.10.10.2"} instructions=[apply{acts=[output{port="24"}]}]}
xid=7101, sync_flag=0x0, ss_index=0xa0

{table="0", duration_sec="944", priority="100", flags ="0x0",idle_timeout="0", hard_timeout="0", cookie="0x0", packet_count="23", byte
_count="1472", match=oxm{eth_type="0x806"} instructions=[apply{acts=[output{port="normal"}]}]}
xid=3936, sync_flag=0x0, ss_index=0x9d

{table="0", duration_sec="7", priority="100", flags ="0x0",idle_timeout="0", hard_timeout="0", cookie="0x0", packet_count="0", byte_co
unt="0", match=oxm{eth_type="0x800", ipv4_src="10.10.10.2", ipv4_dst="10.10.10.1"} instructions=[apply{acts=[output{port="23"}]}]}
xid=7186, sync_flag=0x0, ss_index=0xa1

/******************************** openflow flow table end ****************************************/
flow total number = 5
```

图 8-30　查看下发流表项的操作结果

（2）在 PC1 上执行 ping 命令，测试与 PC2 的通信。

```
pc1#ping 10.10.10.2
```

ping 10.10.10.2 的操作结果如图 8-31 所示。

```
pc1#ping 10.10.10.2
Sending 5, 100-byte ICMP Echoes to 10.10.10.2, timeout is 2 seconds:
  < press Ctrl+C to break >
!!!!!
Success rate is 100 percent (5/5), round-trip min/avg/max = 2/2/2 ms.
```

图 8-31　ping 10.10.10.2 的操作结果

（3）返回 OpenFlow 交换机，查看测试后的流表项匹配情况。

```
S1#show of flowtable
```

查看测试后的流表项匹配情况的操作结果如图 8-32 所示。

```
{table="0", duration_sec="76", priority="100", flags ="0x0",idle_timeout="0", hard_timeout="0", cookie="0x0", packet_count="5", byte_c
ount="730", match=oxm{eth_type="0x800", ipv4_src="10.10.10.1", ipv4_dst="10.10.10.2"} instructions=[apply{acts=[output{port="24"}]}]}
xid=7101, sync_flag=0x0, ss_index=0xa0

{table="0", duration_sec="989", priority="100", flags ="0x0",idle_timeout="0", hard_timeout="0", cookie="0x0", packet_count="23", byte
_count="1472", match=oxm{eth_type="0x806"} instructions=[apply{acts=[output{port="normal"}]}]}
xid=3936, sync_flag=0x0, ss_index=0x9d

{table="0", duration_sec="52", priority="100", flags ="0x0",idle_timeout="0", hard_timeout="0", cookie="0x0", packet_count="5", byte_c
ount="730", match=oxm{eth_type="0x800", ipv4_src="10.10.10.2", ipv4_dst="10.10.10.1"} instructions=[apply{acts=[output{port="23"}]}]}
xid=7186, sync_flag=0x0, ss_index=0xa1
```

图 8-32　查看测试后的流表项匹配情况的操作结果

由图 8-32 可以看出，PC1 与 PC2 间 ping 数据发出的 5 个数据包均被 OpenFlow 交换机监控统计，且数量匹配，均为 packet_count="5"。

8.5 项目习题

一、选择题

1. 在 YangUI 中，IP 编号为（　　）。
   A. 0x0806　　　　　B. 0x0800　　　　　C. 0x08cc　　　　　D. 0x08dd
2. 在 YangUI 中，ARP 编号为（　　）。
   A. 0x0806　　　　　B. 0x0800　　　　　C. 0x08cc　　　　　D. 0x08dd
3. 锐捷 OpenFlow 交换机默认通过（　　）端口与 OpenDayLight 控制器对接。
   A. 6653　　　　　　B. 6633　　　　　　C. 6622　　　　　　D. 3890

二、填空题

1. ＿＿＿＿＿＿＿是整个 OpenFlow 网络的核心部件，主要用于管理数据层的转发。
2. OpenFlow 交换机由＿＿＿＿＿＿、＿＿＿＿＿＿和＿＿＿＿＿＿组成。
3. OpenFlow 协议支持 3 种信息类型：＿＿＿＿＿＿、＿＿＿＿＿＿和＿＿＿＿＿＿。
4. OpenFlow 交换机分为＿＿＿＿＿＿和＿＿＿＿＿＿。
5. 锐捷 OpenFlow 交换机具有＿＿＿＿＿＿、＿＿＿＿＿＿、＿＿＿＿＿＿、＿＿＿＿＿＿和＿＿＿＿＿＿
等特性。

项目9
使用RG-ONC
管理锐捷SDN设备

09

学习目标

（1）了解RG-ONC商用SDN控制器的应用场景。
（2）了解RG-ONC商用SDN控制器的功能模块。
（3）掌握RG-ONC控制器的部署流程。
（4）掌握RG-ONC控制器的功能及流表策略的操作方法。

9.1 项目背景

　　某单位自从进行网络建设后，随着接入用户数的增多，网络规模逐渐增大；与此同时，各业务间的互访安全需求实现成为管理员维护网络的重要工作。面对流量及安排互访限制等需求的增多，也为了减轻网络运维压力，灵活拓展网络，信息中心采购了一台 RG-ONC SDN 控制器，主要用于园区网内业务互访安全限制。采购的 SDN 控制器架设在园区网核心交换机上，针对园区网业务流程进行流量策略下发，以满足定向安全互访需求。传统网络已经部署，网络设备间的管理协议依旧由各网络设备自行管理和运行，数据层转发将由 SDN 控制器接管。网络结构拓扑如图 9-1 所示。

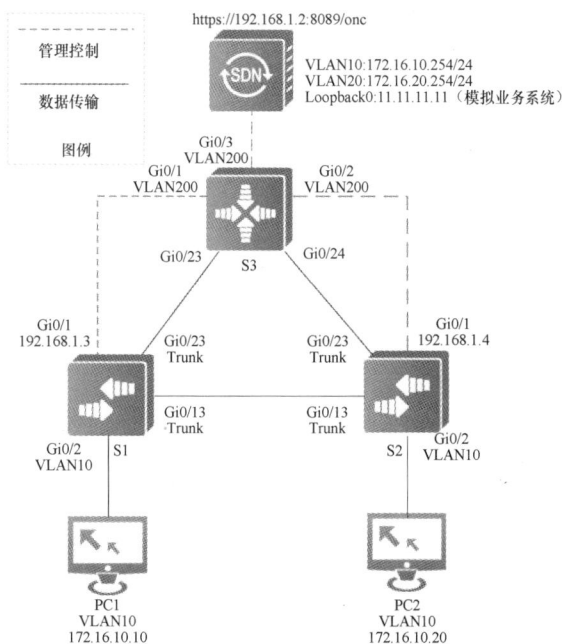

图 9-1　网络结构拓扑

角色规划如表 9-1 所示，网络规划如表 9-2 所示，流量规划如表 9-3 所示。

表 9-1 角色规划

角色	硬件型号	主机名称	系统版本
控制器	RG-ONC	SDN	RG-ONC_2.10
交换机	S5310E	S3	S5310E_RGOS 12.5(4)B0701
交换机	S5300E	S2	S5300E_RGOS 12.5(4)B0701
交换机	S5300E	S1	S5300E_RGOS 12.5(4)B0701

表 9-2 网络规划

主机名称	端口	IP 地址	用途	备注
SDN	Ge0	192.168.1.2/24	SDN 控制网	
S3	VLAN10	172.16.10.254/24	业务数据网	除 Gi0/1～3 外，其余端口均为业务数据网
	VLAN20	172.16.20.254/24	业务数据网	
	VLAN200	交换口	SDN 控制网	
S2	Gi0/1	192.168.1.4/24	SDN 控制网	其余端口均为业务数据网
S1	Gi0/1	192.168.1.3/24	SDN 控制网	
PC1	VLAN10	172.16.10.10/24	业务数据网	
PC2	VLAN10	172.16.10.20/24	业务数据网	

表 9-3 流量规划

源地址	目的地址	动作	协议类型	优先级
any	any	丢弃	IP	500
any	any	转发	ARP	600
172.16.10.0/24	11.11.11.11/32	转发交换机 S1 2 端口至 23 端口的流量	IP	600
11.11.11.11/32	172.16.10.0/24	转发交换机 S1 23 端口至 2 端口的流量	IP	600

9.2 项目需求分析

传统网络已经部署运行，RG-ONC 控制器在网络中承担的主要任务为定向互访业务流量策略的配置、下发与维护。

综上所述，本项目设计如下几项任务。

（1）登录授权 RG-ONC 设备，使其具备管控 OpenFlow 交换机的能力。

（2）OpenFlow、SSH、NETCONF 相关协议在网络设备上的初始配置。

（3）RG-ONC 网络设备的相关配置。

（4）RG-ONC 下发三层流表实现通信控制。

9.3 项目相关知识

9.3.1 RG-ONC 概述

1. 开放

锐捷网络 SDN 控制器 RG-ONC 采用开放的、业界通用的协议标准管理和控制整个网络。RG-ONC 支持 ONF 组织定义的业界通用的协议，利用 OpenFlow 协议进行流表下发，进而对网络内所有支持 SDN 的转发设备进行控制。目前 RG-ONC 支持到 OpenFlow V1/V2/V3，并且向下兼容。

RG-ONC 北向采用开放的 RESTful API。RESTful API 调用起来十分方便，遵循标准 HTTP。调用者与被调用者之间为完全松耦合关系，无需传统复杂的调用过程（包括无需 SDK 库函数加载、识别，不受编程平台与编程语言约束）。因此，RG-ONC 采用 RESTful API，能够让 SDN 控制器提供的北向 API 更加轻易地和各类云平台、网络运营/运维平台、大数据分析平台及其他第三方应用进行对接调用。

2. 可编程

RG-ONC 具备很强的可编程性，并提供了一系列完善的调用接口，用户可以通过详细的调用案例进行模拟和学习，完成与上层平台对接。通过调用 RG-ONC 提供的北向 API，用户可以对网络资源进行个性化定义，并可以编写多个应用对整个网络进行定义。这样使得网络、SDN 控制器、客户管理与运维等系统形成完整的链条，并能够通过不同场景所需的 App 来优化、控制、管理整网。

3. 灵活交付能力

RG-ONC 提供了软硬件一体和纯软件两种交付方式。

在软硬件一体交付方式中，硬件采用通用 x86 服务器，进行稳定性、可靠性等整体二次定制化开发，并出厂预灌装控制器软件，设备上电即可开机使用，只需要按照操作说明进行授权，即可激活不同的 App 方案。同时，硬件载体 RG-ONC-AIO-E 机箱可支持最多同时装载 4 张 RG-ONC-AIO-CTL 控制节点插卡，每个控制卡均配置 8 核 CPU、32GB 以上的内存。软硬件一体交付方式在满足高性能的同时，还能提供良好的部署方式选择。客户对网络规模较小的系统进行初次部署时，则可以选择使用一张控制器节点卡进行单机部署，后续随着网络规模扩大，可继续添加新的控制节点卡，利用多张控制节点卡分别控制不同的网络区域，或者部署 SDN 控制器集群，从而提升整网稳定性。

纯软件交付方式意味着 SDN 控制器可以部署在满足性能要求的任意品牌 x86 服务器上，或者部署在虚拟机中。这种方式具有高度的灵活性和可扩展性，且用户可以根据自己的实际需求和使用环境选择合适的硬件平台来运行 SDN 控制器。

4. 支持 NFV 功能

RG-ONC 支持 NFV 功能，并能够利用网络功能虚拟化技术将多种不同的网络设备提供的功能进行分离，如将虚拟防火墙、虚拟应用网关等关键应用一起放入 SDN 控制器内部运行。这样不仅管理简便，还能够降低成本。未来如果虚拟防火墙等功能性设备用处不大，则完全可以直接登录 SDN 控制器进行功能卸载，也可以采用类似手机安装 App 方式将新增功能加入 SDN 控制器。一台控制器具备了 NFV 功能后，不仅可以灵活控制网络资源，还可以将很多网络功能加入统一的控制器内部，这样全网即可实现统一化管控。

5. 高可用性

RG-ONC 支持主备、集群等部署方式，提供至少 64 台设备的集群能力。采用集群部署能够避免单点 SDN 控制器带来的不稳定风险。当控制器组成集群后，只要网络中还有控制器存在，就不会出现网络不可控、不可管的状态。当然，如果所有控制器均失去作用，则原流表依然会在所有支持 OpenFlow 的交换机中进行正常通信。换而言之，控制面的失效不会影响数据面的正常通信。

9.3.2 RG-ONC 应用场景

1. SDN 云园区网场景

RG-ONC 构建的园区 SDN 可以从接入终端管理、网络运维、出口资源管理、业务网络规划等方面展开，完全替代传统园区网络的部署模型。RG-ONC 通过 OpenFlow、NETCONF 等南向接口协议实现对所有网络设备的统一管理，从而实现快速部署、资源整合、统一规划、按需调用。SDN 云园区网场景如图 9-2 所示。

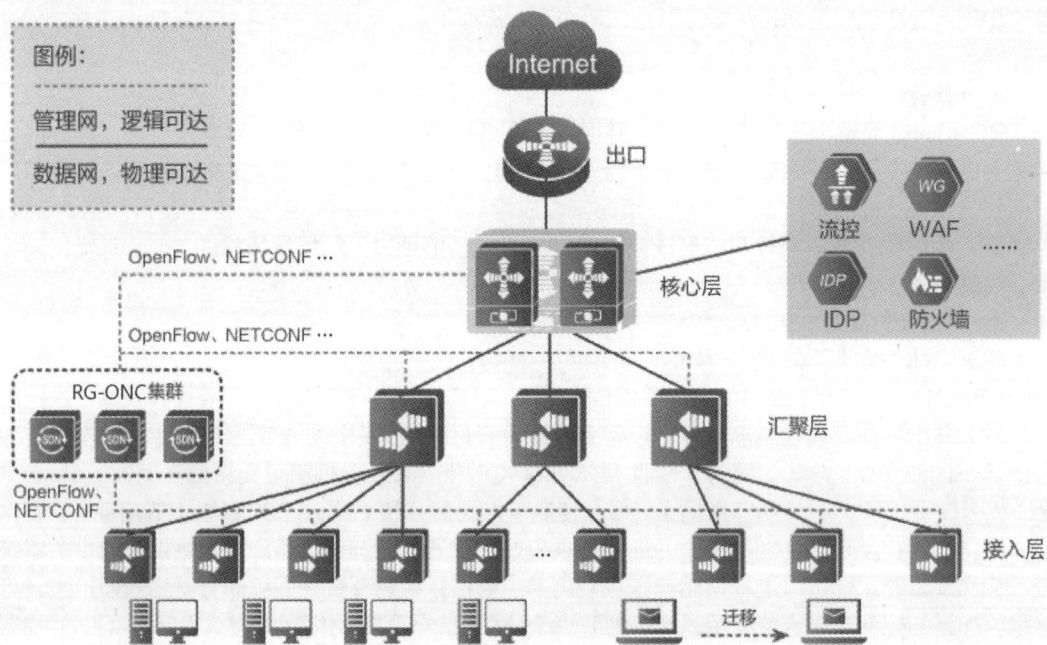

图 9-2　SDN 云园区网场景

该场景的作用如下。

（1）有效管理接入终端，使终端接入更安全。

（2）全网自动化部署，使网络部署上线更快。

（3）IP 即用户，全网迁移，策略自动跟随。

（4）整网流量可视化，提供快速故障定位手段，快速恢复生产网络。

（5）根据业务定制专属的虚拟网，使网络真正为业务服务，资源灵活调整，高效利用。

2. SDN 云数据中心网络场景

使用 RG-ONC 构建云数据中心网络时，可利用 SDN 控制器实现基于 VxLAN 技术的 Overlay

网络自动化创建,以及 Underlay 和 Overlay 网络的统一运维管理,从而实现资源池化,按需调用和弹性扩展。SDN 云数据中心网络场景如图 9-3 所示。

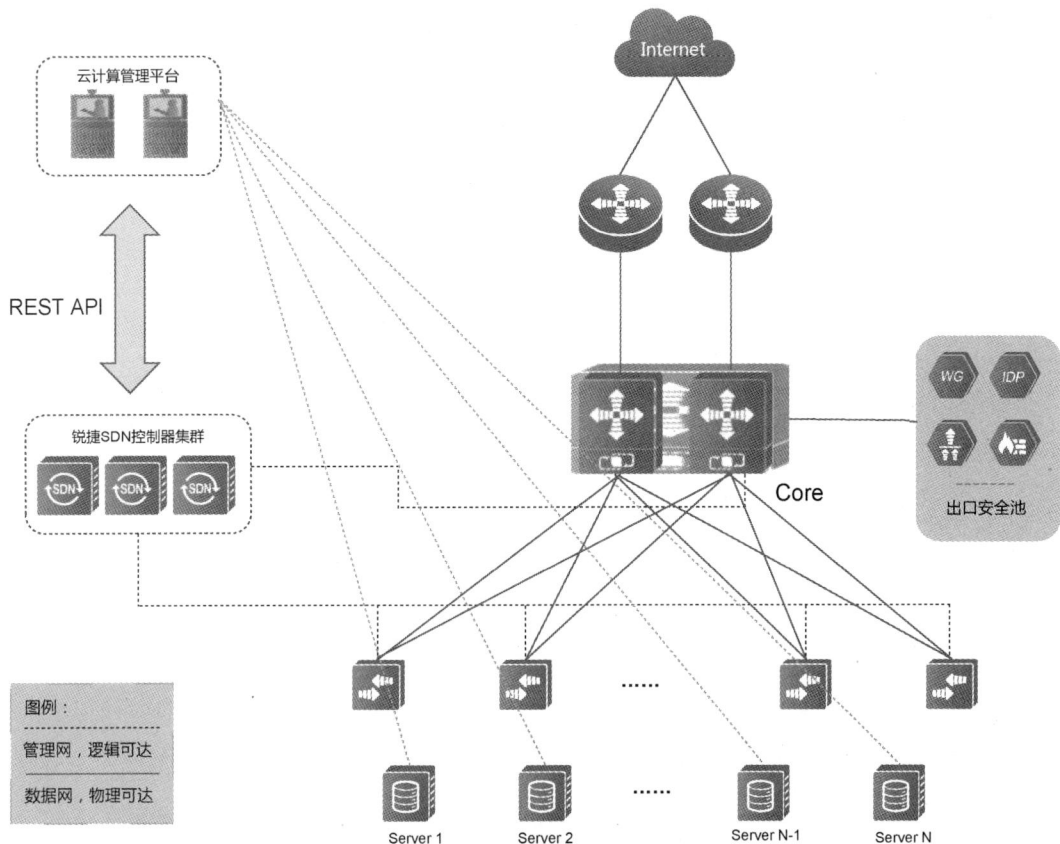

图 9-3   SDN 云数据中心网络场景

该场景的作用如下。

(1)软硬件交换网络资源一体化管控,简化运维管理,提高网络配置与业务部署效率。

(2)为租户提供逻辑上独立的网络资源专项体验。

(3)租户之间共享物理网络资源,提高网络资源利用率,同时满足租户在虚拟网络上的任意网络规划和策略部署。

(4)出口安全资源池化,租户按需隔离、防护,有效提升安全设备资源利用率。

(5)虚拟租户网络开放接口,便于与 OpenStack、CloudStack 等云管理平台对接,以实现计算、存储、网络等 IT 资源自动化管理。

3. SDN 广域网链路负载均衡网络场景

RG-ONC 可基于整网链路状态及预设阈值来智能选择全网适合的单条或多条路径,进行数据转发,实现比传统负载均衡更优的广域网传输效果。SDN 广域网链路负载均衡网络场景如图 9-4 所示。需要说明的是 IG(Intermediate Gateway)泛指在广域网区域间的中继流量。

该场景的作用如下。

(1)提升整体带宽利用率,帮助用户降低广域网链路扩容成本。

(2)可灵活根据链路负载、时延、丢包率等参数调整选路规则。

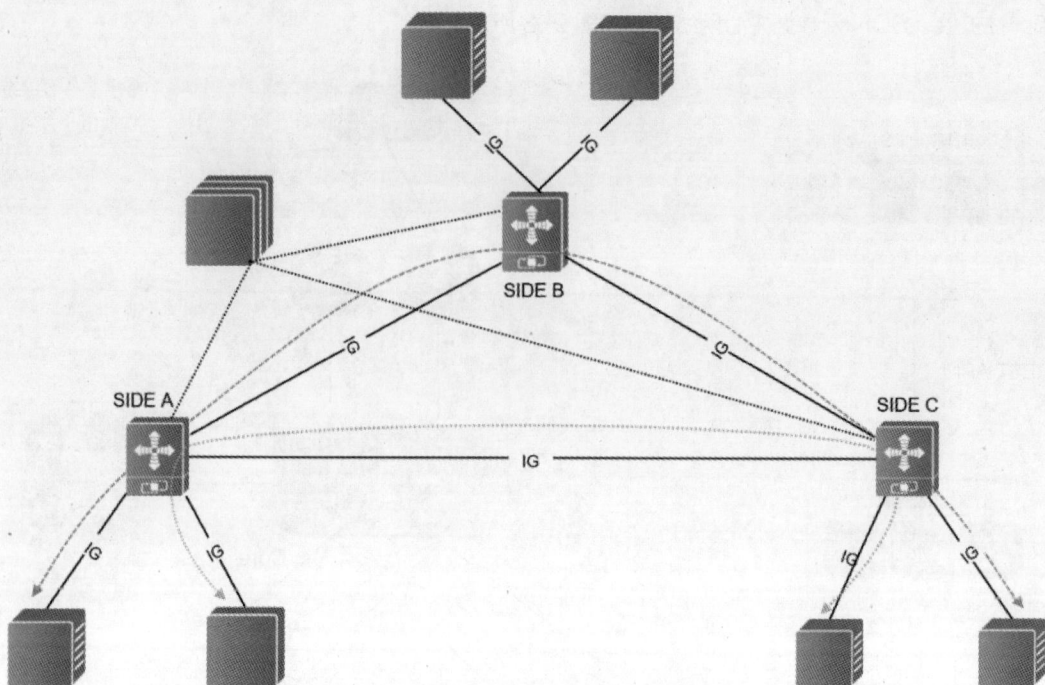

图 9-4　SDN 广域网链路负载均衡网络场景

9.4　项目实践

9.4.1　任务 1　RG-ONC 登录及授权

任务规划

　　RG-ONC 需要先对网络内的硬件设备进行产品授权，才能够正常进行网络设备管理。为了保证 RG-ONC 可以正常纳管所有网络设备，需要针对 ONC 设备进行登录及授权。其具体步骤如下。

　　（1）开机登录 RG-ONC。
　　（2）收集硬件设备信息。
　　（3）申请授权码。
　　（4）导入授权码。
　　（5）查看授权状态。

任务实施

　　本任务具体实施过程如下。
　　（1）SDN 控制器在上电开机后，可通过 Web 页面进行登录。登录地址为 https://192.168.1.2:8089/onc，用户名为 admin，密码为 rgsdn，如图 9-5 所示。

图 9-5　RG-ONC Web 登录页面

（2）依次选择【用户】→【系统管理】→【授权管理】→【授权】选项，进行 RG-ONC 授权管理，如图 9-6 所示。

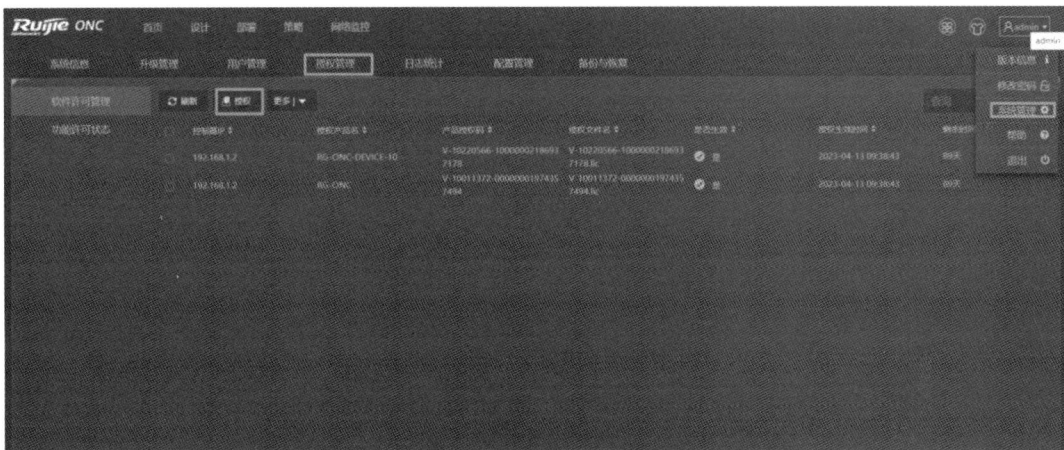

图 9-6　RG-ONC 授权管理

（3）将随机覆盖的授权码输入【产品授权码】中，单击生成文件，收集硬件信息，如图 9-7 所示。

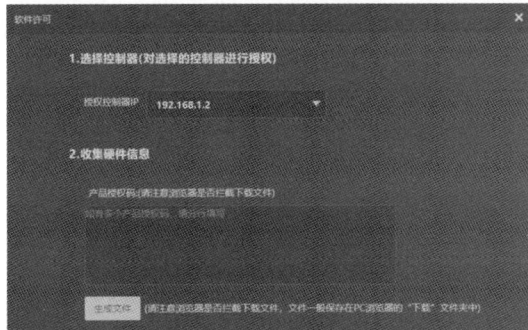

图 9-7　收集硬件信息

（4）在浏览器的地址栏中输入 https://www.ruijie.com.cn/fw/license，登录锐捷官方网站服务支持的产品授权申请页面，单击【软件产品授权申请】按钮，进入 RG-PA 锐捷产品授权系统，基于向导指引填写注册信息，并将步骤（3）中生成的硬件特征码作为附件上传，如图 9-8～图 9-10 所示。申请后，正式授权文件可以从网站直接下载或登录注册邮箱下载使用。

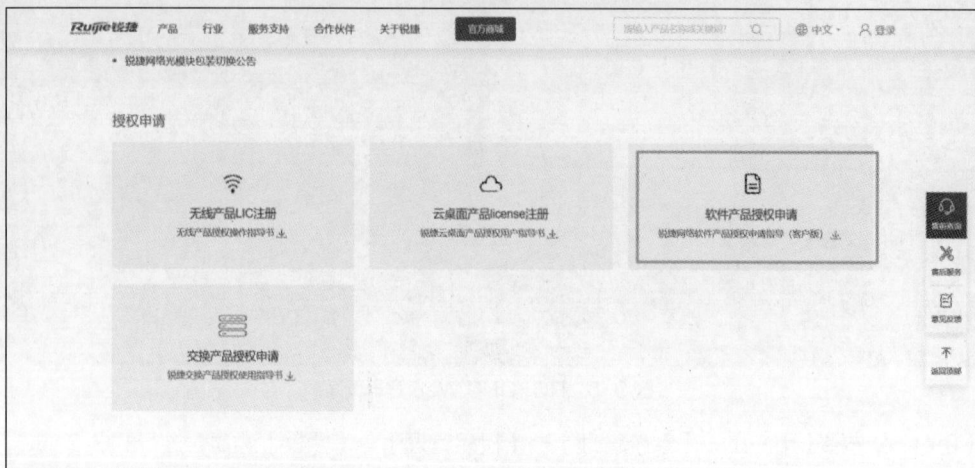

图 9-8　RG-ONC 软件产品授权申请

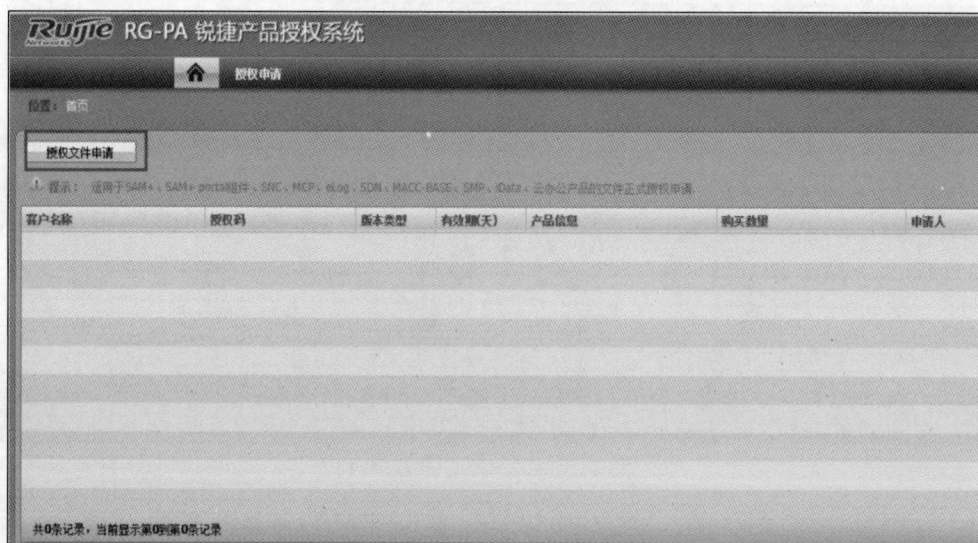

图 9-9　RG-ONC 授权文件申请

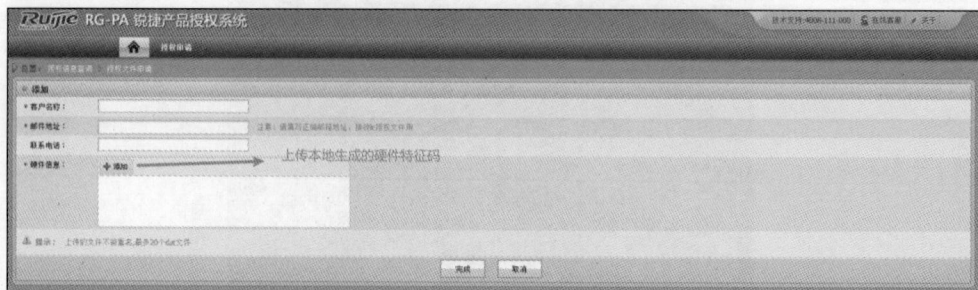

图 9-10　RG-ONC 授权文件填写

（5）将正式授权文件下载并上传到本地 ONC 控制器中，如图 9-11 所示。

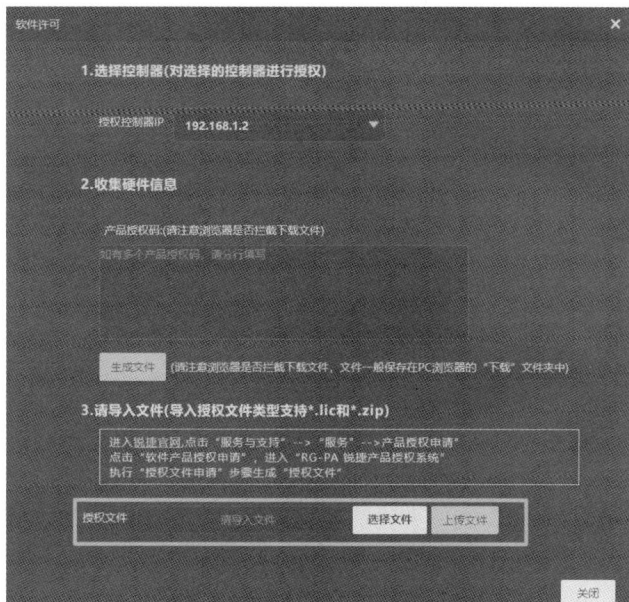

图 9-11　RG-ONC 授权文件上传

任务验证

本任务的具体验证过程如下。

导入授权文件后查看 RG-ONC 授权状态，如图 9-12 所示。

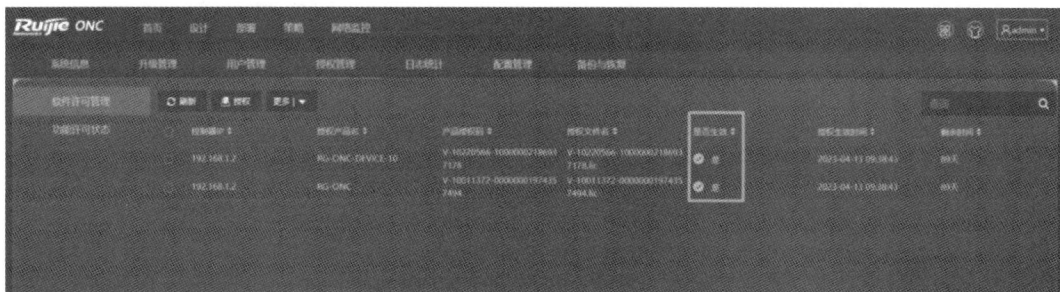

图 9-12　查看 RG-ONC 授权状态

9.4.2　任务 2　网络设备连接 RG-ONC 控制器

微课视频

任务规划

RG-ONC 在对接入层、汇聚层、核心层设备进行纳管时，交换设备需要配置 SNMP、OpenFlow 协议、NETCONF 协议与控制器进行对接，从而实现设备和控制器之间的消息交互。因此，交换机 S1 和 S2 需要先与 ONC 进行对接，其中 NETCONF 需要借助 SSH 通道进行对接。因此，本任务需要在网络设备上配置 OpenFlow、SSH、SNMP 这 3 种协议。

其具体步骤如下。

（1）配置 SNMP，与 ONC 对接。

（2）配置 NETCONF 协议，与 ONC 对接。

（3）配置 SSH 协议，与 ONC 对接。

（4）配置 OpenFlow 协议，与 ONC 对接。

任务实施

本任务具体实施过程如下。

（1）配置 SNMP，与 SDN 控制器对接，其中 key 与 onc-ip 根据实际项目环境自行定义。

```
S1(config)# snmp-server community  (key)  rw                    #配置 SNMP 团体 key
S1(config)#snmp-server host (onc-ip) informs version 2c (key)   #必配 traps、informs
S1(config)# mac-address-table notification                      #全局使能 MAC 地址消息通告
```

（2）配置 SSH 与 NETCONF 协议，与 ONC 对接。NETCONF 协议是一种网管协议，设计目的主要是弥补 SNMP 无法配置设备的不足，以期取代 SNMP。NETCONF 协议分为 4 层，分别是安全传输层、消息层、操作层和内容层。NETCONF 协议规定需要支持安全加密通道，如 SSH、TLS 等，当前一般使用 SSH（SDN-controller 连接设备端的 TCP dport 830）。

```
S1(config)#enable service ssh-server         #全局使能 SSH Server
S1(config)#username key password key         #配置 SSH 使用的用户名及密码
S1(config)#crypto key generate dsa           #加密方式选择 DSA 或者 RSA 均可
% You already have DSA keys.
% Do you really want to replace them? [yes/no]:y
Choose the size of the rsa key modulus in the range of 512 to 2048
and the size of the dsa key modulus in the range of 360 to 2048 for your
Signature Keys. Choosing a key modulus greater than 512 may take
a few minutes.
How many bits in the modulus [512]:
% Generating 512 bit DSA keys ...[ok]

#vty 用于指定采用本地的用户名+密码登录
S1(config)#line vty 0 6
S1(config-line)#login local
```

（3）配置 OpenFlow 协议，与 ONC 对接。

```
S1(config)#interface GigabitEthernet 0/1
S1(config-if-GigabitEthernet 0/1)#no switchport
S1(config-if-GigabitEthernet 0/1)#ip address 192.168.1.3 255.255.255.0
S1(config)#of controller-ip (onc-ip) port 6653 interface  (GigabitEthernet 0/1)
#/指定 ONC 的 IP 地址及本端的出接口
```

任务验证

本任务的具体验证过程如下。

（1）查看 NETCONF 协议启动状态。

```
S1#show tcp connect
Number Local Address        Foreign Address       State          Process name
8        192.168.1.3:22     192.168.1.2:46356     ESTABLISHED    rg-sshd
```

NETCONF 协议当前仅能通过 rg-sshd 进程的 TCP（established）状态来确认是否成功。

（2）查看 OpenFlow 协议对接状态。

```
S1#show of
version:openflow1.3, controller[0]:tcp:192.168.1.2 port 6653 interface GigabitEthernet 0/1, main is
connected, aux is disable, role is master.
Current controller mode : multiple.
Current packet process mode : Lookup all flow.
```

9.4.3　任务 3　RG-ONC 控制器纳管网络设备

微课视频

任务规划

完成网络设备 S1/S2 网管协议配置后，为了使其可在 RG-ONC 中进行统一管理，需要匹配网络设备的 SNMP、SSH、NETCONF 及 OpenFlow 相关参数，以进行同步配置。其具体步骤如下。

（1）创建网络分区。

（2）设置设备 SNMP 凭证。

（3）设置设备 SSH 凭证。

（4）设置设备 NETCONF 凭证。

（5）设置设备 Telnet 凭证（可选）。

（6）新增网络设备模板，逐一添加 OpenFlow 交换机。

任务实施

本任务具体实施过程如下。

（1）创建网络分区。选择【设计】→【网络分区】→【新增区域】选项，这里新建一个 test 区域。

（2）设置设备 SNMP 凭证。选择【设计】→【网络设置】→【设备凭证】→【SNMPV2】→【新增】选项，之后填写模板名称和团体名，如图 9-13 所示。

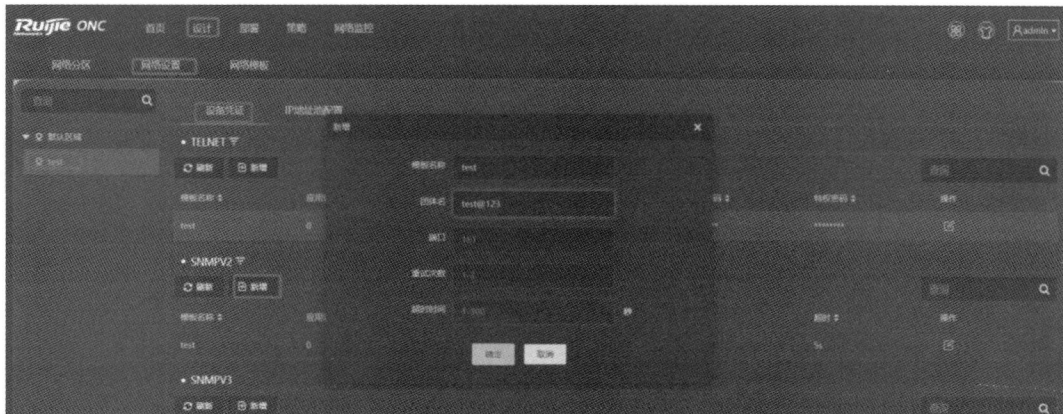

图 9-13　设置设备 SNMP 凭证

（3）设置设备 SSH 凭证，如图 9-14 所示。

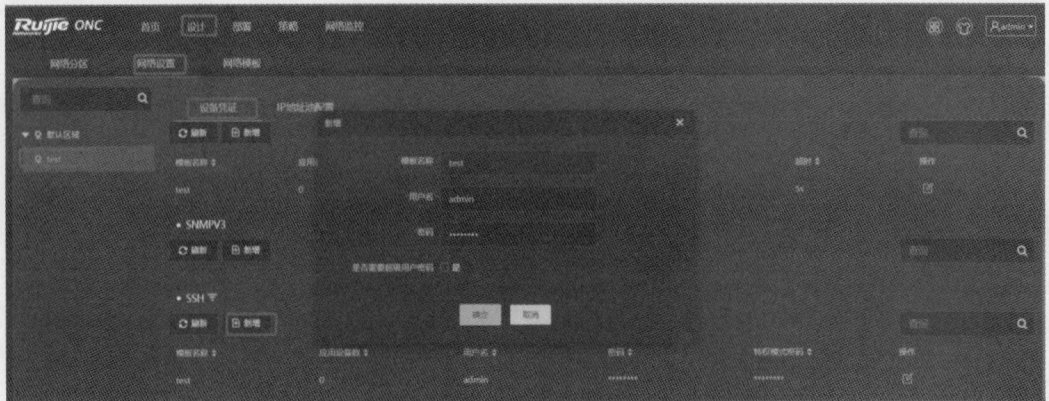

图 9-14　设置设备 SSH 凭证

（4）设置设备 NETCONF 凭证，如图 9-15 所示。

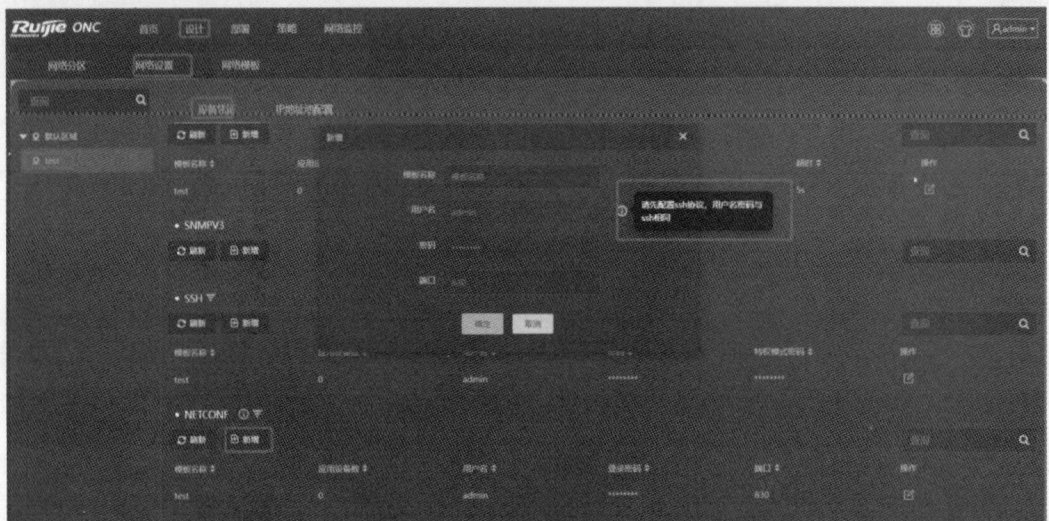

图 9-15　设置设备 NETCONF 凭证

（5）设置设备 Telnet 凭证（可选），如图 9-16 所示。

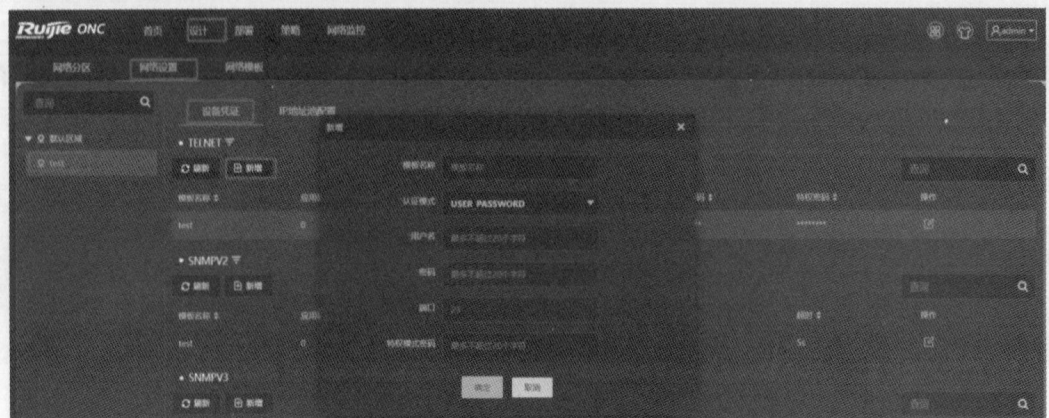

图 9-16　设置设备 Telnet 凭证（可选）

（6）新增网络设备模板，逐一添加 OpenFlow 交换机，如图 9-17 所示。

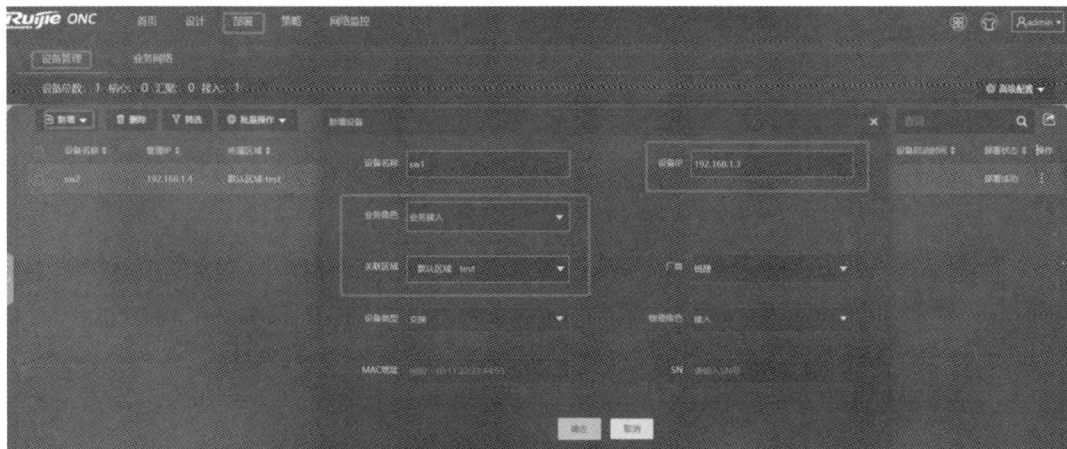

图 9-17　添加 OpenFlow 交换机

任务验证

本任务的具体验证过程如下。

在 RG-ONC 控制器上查看纳管设备 SNMP/NETCONF/OpenFlow 这 3 种协议的连接状态，如图 9-18 所示。

图 9-18　在 RG-ONC 控制器上查看纳管设备的连接状态

9.4.4　任务 4　使用 RG-ONC 下发流表实现通信控制

微课视频

任务规划

RG-ONC 控制器可以正常纳管园区网 OpenFlow 交换机后，便可以基于业务互访需求进行相应流表规则的下发。基于当前网络和业务互访需求及规划信息，该任务的具体步骤如下。

（1）配置 ONC 在 S1/S2 交换机的下发流表规则，阻断所有业务流量。

（2）配置 ONC 下发流表规则，放通 ARP 流量。

（3）配置 ONC 下发流表规则，放通指定 IP 流量。

任务实施

本任务具体实施过程如下。

（1）配置 ONC 在 S1/S2 交换机的下发流表规则，阻断所有业务流量。这里阻断所有业务流量主要有两个目的：其一，将业务互访功能转交 SDN 控制器统一管理；其二，当前园区网拓扑内存在二层环路，通过阻断所有流量的操作，可达到阻断局域网环路的目的。配置 ONC 下发流表，匹配所有数据包均执行丢弃动作，丢弃数据包。设置优先级为 500（默认优先级）。依次选择【部署】→【设备管理】→【S1 设备】→【设备详情】选项，进入配置界面后选中“流表信息”复选框，单击“新增”按钮，添加流表规则，如图 9-19 所示（以 S1 配置为例）。

优先级	表ID	输入端口	二层匹配	三层匹配	四层匹配	其他匹配	指令	硬超时	空闲超时	其他	状态	备注	操作
500	0						执行动作(apply-actions)(丢弃(drop))	0	0	匹配包数0 匹配字节数 0 B 匹配持续时间（秒）0	normal	成功	

图 9-19　下发流表阻断 S1/S2 所有流量

（2）配置 ONC 下发流表规则，设置所有 ARP 数据包均执行 NORMAL 动作，即正常转发。保证二层通信正常，优先级为 600（必须大于 500），如图 9-20 所示。

优先级	表ID	输入端口	二层匹配	三层匹配	四层匹配	其他匹配	指令	硬超时(秒)	空闲超时(秒)	其他	状态	备注	操作
600	0		以太网类型=ARP;				执行动作(apply-actions)(增加输出端口(output): 输出端口=NORMAL)	0	0	匹配包数0 匹配字节数0 B 匹配持续时间（秒）0	normal	成功	

图 9-20　下发流表放通 ARP 流量

（3）配置 ONC 下发流表规则，放通指定 IP 流量。根据 PC1 需求规划及 IP 通信的双向性，首先下发 PC1 网段至目的地址的流表，其中源 IP 地址与目的 IP 地址分别为 172.16.10.0/24、11.11.11.11/32，处理动作为将数据包由 S1 的 2 端口转发至 23 端口，流表项优先级为 700，如图 9-21 所示；其次下发 11.11.11.11/32 至 PC1 网段的流表，其中源 IP 地址与目的 IP 地址分别为 11.11.11.11/32、172.16.10.0/24，处理动作为将数据包由 S1 的 23 端口转发至 2 端口，流表项优先级为 700，如图 9-22 所示。

优先级	表ID	输入端口	二层匹配	三层匹配	四层匹配	其他匹配	指令	硬超时(秒)	空闲超时	其他	状态	备注	操作
700	0	Gi0/2	以太网类型=IPv4;	源IPv4=172.16.10.0/24;目的IPv4=11.11.11.11/32;			执行动作(apply-actions)(增加输出端口(output): 输出端口=Gi0/23)	0	0	匹配包数94 匹配字节数7,160 KB 匹配持续时间（秒）219	normal	成功	

图 9-21　下发流表放通指定 IP 流量（源 IP 地址：PC1）

优先级	表ID	输入端口	二层匹配	三层匹配	四层匹配	其他匹配	指令	硬超时(秒)	空闲超时	其他	状态	备注	操作
				1.11.11/32;			23)			（秒）219			
700	0	Gi0/23	以太网类型=IPv4;	源IPv4=11.11.11.11/32;目的IPv4=172.16.10.0/24;			执行动作(apply-actions)(增加输出端口(output): 输出端口=Gi0/2)	0	0	匹配包数0 匹配字节数0 B 匹配持续时间（秒）0	normal	成功	

图 9-22　下发流表放通指定 IP 流量（目的 IP 地址：PC1）

任务验证

本任务的具体验证过程如下。

（1）在 S1 上使用如下命令查看阻断所有流量的策略是否已经正常被 S1 收到。观察可知，packet_count（包统计）值为 682，byte_count（比特统计）值为 126921，说明流表项已经成功匹配到数据，且按照规定动作对数据进行丢弃动作。

```
S1#show of flowtable | include priority="500"
{table="0", duration_sec="443", priority="500", flags ="0x0",idle_timeout="0", hard_timeout="0",
cookie="0x16ff553499c000", packet_count="682", byte_count="126921". match=oxm{all match}
instructions=[apply{acts=[]}]}
```

（2）在 S1 上使用如下命令查看放通 ARP 流量的策略是否已经正常被 S1 收到。观察可知，packet_count（包统计）值为 14，byte_count（比特统计）值为 924，说明流表项已经成功匹配到数据，且按照规定动作对数据进行转发。

```
S1#show of flowtable | include eth_type="0x806"
{table="0", duration_sec="116", priority="600", flags ="0x0",idle_timeout="0", hard_timeout="0",
cookie="0x16ff53a0014000", packet_count="14", byte_count="924". match=oxm{eth_type="0x806"}
instructions=[apply{acts=[output{port="controller", max_len="0"}, output{port="normal"}]}]}
```

（3）在 S1 上使用如下命令查看放通指定 IP 流量策略是否已经正常被 S1 收到。

```
S1#show of flowtable | include 11.11.11.11
#放通 172.16.10.0/24 到 11.11.11.11 的 IP 流量
{table="0", duration_sec="1170", priority="700", flags ="0x0",idle_timeout="0", hard_timeout="0",
cookie="0x16ff48bb84c000", packet_count="1033", byte_count="80574". match=oxm{in_port="2",
eth_type="0x800", ipv4_src="172.16.10.0", ipv4_src_mask="255.255.255.0", ipv4_dst="11.11.11.11"}
instructions=[apply{acts=[output{port="23"}]}]}

#放通 11.11.11.11 到 172.16.10.0/24 的 IP 流量
{table="0", duration_sec="949", priority="700", flags ="0x0",idle_timeout="0", hard_timeout="0",
cookie="0x16ff4992cc8000", packet_count="939", byte_count="76998". match=oxm{in_port="23",
eth_type="0x800", ipv4_src="11.11.11.11", ipv4_dst="172.16.10.0", ipv4_dst_mask="255.255.255.0"}
instructions=[apply{acts=[output{port="2"}]}]}
```

（4）在 PC1 上执行 ping 命令，测试与 11.11.11.11 的通信。

```
C:\Users\administrator>ping 11.11.11.11
正在 Ping 11.11.11.11 具有 32 字节的数据:
来自 11.11.11.11 的回复: 字节=32 时间=49ms TTL=113
来自 11.11.11.11 的回复: 字节=32 时间=49ms TTL=113
来自 11.11.11.11 的回复: 字节=32 时间=49ms TTL=113
来自 11.11.11.11 的回复: 字节=32 时间=53ms TTL=113

11.11.11.11 的 Ping 统计信息:
数据包: 已发送 = 4，已接收 = 4，丢失 = 0 (0% 丢失)，
往返行程的估计时间(以毫秒为单位):
最短 = 49ms，最长 = 53ms，平均 = 50ms
```

9.5　项目习题

一、选择题

1. RG-ONC 纳管 OpenFlow 交换机的默认监听端口为（　　　）。

    A. 6654　　　　　　　B. 6633　　　　　　　C. 8181　　　　　　　D. 6653

2. RG-ONC Web 页面的默认监听端口为（　　　）。

    A. 6654　　　　　　　B. 6633　　　　　　　C. 8181　　　　　　　D. 8089

二、填空题

1. RG-ONC 支持 OpenFlow 的版本有_____。

2. RG-ONC 北向采用开放的_____ API。

3. RG-ONC 的主要特点有_____。

4. RG-ONC 默认登录管理地址为_____。